分户热计量采暖系统设计与安装

李向东　于晓明　主编

王慧　楚广明　王宗华　参编

牟灵泉　审校

中国建筑工业出版社

图书在版编目(CIP)数据

分户热计量采暖系统设计与安装/李向东,于晓明主编.—北京:中国建筑工业出版社,2004
ISBN 7-112-06611-5

Ⅰ.分... Ⅱ.①李... ②于... Ⅲ.①居住建筑-采暖设备-建筑设计②居住建筑-采暖设备-安装 Ⅳ.TU832.5

中国版本图书馆 CIP 数据核字(2004)第 048942 号

本书包括两大部分,第一部分为分户热计量采暖系统的设计,全面论述了集中供暖住宅分户热计量的负荷计算、热费分摊、系统设计,对辐射供暖、分户热源系统、冷暖户式中央空调、热计量设备等也作了详细的介绍。第二部分为分户热计量采暖系统的安装,列出了分户热计量系统采用的系统形式、安装大样等。本书力求做到论述清晰、实用性强。

本书可供暖通空调设计人员作为设计参考,工程施工人员作为施工指导,也可为大专院校师生、房地产开发、暖通运行管理人员等参考。

责任编辑:齐庆梅 姚荣华
责任设计:彭路路
责任校对:王 莉

分户热计量采暖系统设计与安装
李向东 于晓明 主编
王慧 楚广明 王宗华 参编
牟灵泉 审校
*
中国建筑工业出版社出版、发行(北京西郊百万庄)
新 华 书 店 经 销
北京市彩桥印刷有限责任公司印刷
*
开本:787×1092毫米 1/16 印张:11½ 字数:278千字
2004年8月第一版 2006年5月第二次印刷
印数:4 001—6 000册 定价:**19.00**元
ISBN7-112-06611-5
TU·5781(12565)

本社网址:http://www.cabp.com.cn
网上书店:http://www.china-building.com.cn

前　　言

我国是一个建筑大国，又是一个耗能大国，建筑能耗过高成为制约国民经济发展的一大因素，建筑节能工作任重道远。住宅供暖系统的温控与热计量技术就是实现建筑节能的关键措施之一。集中供热发达的西欧和北欧国家以及俄罗斯、东欧、蒙古等国家早已实现了供热分室控制、分户计量。我国部分城市如北京、天津、哈尔滨、烟台等地也进行了这方面的试点。实践证明，采用分室控制及分户计量后，均可达到节能20%～25%的效果。

住宅分户热计量采暖系统对于我国暖通专业人员是一个全新的课题，它从设计、安装到运行管理都有别于传统的供暖系统。《民用建筑节能设计标准（采暖居住建筑部分）》(JGJ26—95) 提出新建住宅的采暖能耗在原有基础上降低50%，其中供热系统的节能率应达到23.6%的要求。为此，许多专业人员做了大量的工作，包括对系统形式、负荷计算、水力计算等的探讨、研究、试验等。经过几年的摸索，分户热计量系统技术上已基本成熟，即将在集中供暖地区进入实际应用阶段。笔者根据设计实践和对分户热计量技术的研究，编撰此书，以求全面归纳分户热计量技术的发展状况，从而对广大设计、施工及管理人员提供借鉴和参考，共同促进这一技术的健康发展。

本书包括两大部分，第一部分为分户热计量系统的设计，全面论述了集中供暖住宅分户热计量系统的负荷计算、热费分摊和系统设计，对辐射供暖、分户热源系统、冷暖户式中央空调、热计量设备等也作了详细的介绍。第二部分为分户热计量系统及设备的安装，列出了分户热计量系统采用的系统形式、安装大样等。

本书力求做到论述清晰、实用性强，可供暖通设计、施工、运行管理、房地产开发等人员参考。

本书的编写得到了牟灵泉研究员亲自指导，并对全书进行了审校。

本书的出版凝结了中国建筑工业出版社同志们的心血，在此谨表谢意。

作者在编写过程中，得到了许多同行专家的支持与帮助，参阅了许多国内外公开发表的有关专业书籍、文献和资料，引用了部分工程实例，在此一并表示感谢。

虽然作者已竭尽全力，但水平所限，书中缺点错误在所难免，恳请专家及读者批评指正。

目　录

第1部分　分户热计量采暖系统设计

第2部分 分户热计量采暖系统安装图

第 1 部分

分户热计量采暖系统设计

第1章 名词术语

1 集中采暖

以集中供热或分散锅炉房作热源，通过管道系统向各幢建筑物或各户提供热媒供给热量的采暖方式。

2 分户热源采暖系统

以住宅户内的燃气、电力以及集中供热的热媒水作为能源，制备户内采暖的热源的采暖方式。

3 集中供热

从一个或多个热源通过热网向城市或其中某些区域热用户供热。

4 区域供热

城市某一个区域的集中供热。

5 分散供热

热用户较少、热源或热网规模较小的单体或小范围的供热方式。

6 城市热力网

由城市供热企业经营，供热规模大于10MW，对多个用户供热，自热源至用户热力站的管网。

7 区域锅炉房

为两个或两个以上用热单位服务的锅炉房。包括城市分区供热、住宅区和公用设施供热、若干个热用户的联合供热等。

8 建筑物耗热量指标

在采暖期室外平均温度条件下，为保持室内计算温度，单位建筑面积单位时间需由采暖设备供给的热量。

9 采暖设计热负荷指标

在采暖期室外计算温度条件下，为保持室内计算温度，单位建筑面积单位时间需由采暖设备供给的热量。

10 分户热计量采暖系统

以住宅的户（套）为单位，分别计量向户内供给热量的采暖系统。

11 户间传热负荷

由于户间室温差异，通过户间隔墙和楼板而形成的传热负荷。

12 建筑物热力入口

连接热力网和建筑物内采暖系统，具有调节、检测、关断等功能的装置。

13 建筑物内采暖系统

自建筑物热力入口起至户内系统分支阀门止的采暖系统。

14　入户装置

安装在户外管道井或热量表箱内，具有调节、计量、检测、关断等功能的装置。

15　户内采暖系统

自连接共用立管的分支阀门后的采暖系统。

16　共用立管

多层或高层住宅内，用以连接各层户内系统的垂直供回水管道，区别于传统的连接各层散热器的户内立管。

17　锁闭调节阀

需用专用工具方可启、闭和调节的阀门。

18　锁闭阀

需用专用工具方可启、闭的阀门。

19　散热器温控阀（恒温阀）

装在散热器支管上，随室温变化自动调节热媒流量的阀门。

20　热计量装置

用以测量热媒流经热交换系统、热传输系统或住宅户内的采暖系统所释放或吸收热量的装置。

21　热量表

利用热媒的焓差和质量流量在一定时间内的积分进行热量计量的装置。

22　热分配表

安装在散热器上用于间接反映散热量的装置，分为蒸发式和电子式两种。

23　散热器标准散热量

当热媒为热水，散热器进口水温为95℃，进出口平均水温和室内空气的温度的温差为64.5℃的散热器散热量。

24　热价

单位热量的价格。

25　一次水系统

热源设备侧的热媒循环系统。

26　二次水系统

热用户侧的热媒循环系统。

27　一次泵系统

热源设备系统和热用户系统的热媒，用一级水泵完成循环的系统。

28　二次泵系统

热源设备系统和热用户系统的热媒，分别用一级水泵完成循环、且通过管道和构件相互连接的系统。

第2章　住宅节能设计

《民用建筑节能设计标准（采暖居住建筑部分）》（JGJ26—95）提出新建居住建筑应在各地1980～1981年住宅通用设计能耗水平基础上节能50%，其中建筑物节能率应达到35%（即建筑物耗热量指标降低35%）。建筑物节能是采暖供热系统节能的前提。建设部《民用建筑节能管理规定》明确规定：建设单位应当按照节能要求和建筑节能强制性标准委托工程项目的设计；建设工程质量监督机构对达不到节能设计标准要求的项目，在质量监督文件中应当予以注明；建设单位未按照建筑节能强制性标准委托设计或者擅自修改节能设计文件的，处20万元以上50万元以下的罚款。因此，居住建筑必须进行节能设计，其中一个主要工作是做好节能建筑的热工计算，即计算建筑物的各项耗能指标是否满足节能标准的规定。

2.1　节能指标

2.1.1　采暖能耗与建筑物耗热量

采暖能耗指在采暖期内用于建筑物采暖所消耗的能量，其中包括锅炉及其附属设备运行过程中消耗的热量和电能。建筑物耗热量指在采暖期内为保持室内计算温度需由室内采暖设备供给的热量。采暖能耗与建筑物耗热量单位均为kW·h/a，a为年，实际为每个采暖期。

2.1.2　建筑物耗热量指标与采暖设计热负荷指标

建筑物耗热量指标指在采暖期室外平均温度条件下，为保持室内计算温度，单位建筑面积在单位时间内消耗的、需由室内采暖设备供给的热量，其单位是W/m^2。它是用来评价建筑物能耗水平的一个重要指标，节能标准给出了不同地区采暖住宅建筑耗热量指标。

采暖设计热负荷指标（工程中常常简称为采暖设计热指标）指在采暖室外计算温度条件下，为保持室内计算温度，单位建筑面积在单位时间内需由锅炉或其他供热设施供给的热量，其单位是W/m^2。它是用来确定供热设备容量及供热管网的一个重要指标，采暖设计热负荷在数值上大于建筑物耗热量指标，对于节能建筑，二者可以相互推算。

2.1.3　采暖耗煤量指标

采暖耗煤量指标系指在采暖期室外平均温度条件下，为保持室内计算温度，单位建筑面积在一个采暖期消耗的标准煤量，其单位是kg/m^2。它是用来评价建筑物和采暖系统组成的综合体的能耗水平的一个重要指标，不同地区住宅建筑的采暖耗煤量指标也已在节能标准中同时给出。

2.2　节能指标计算

2.2.1　建筑物耗热量指标应按下式计算：

$$q_H = q_{H-T} + q_{INF} - q_{I-H} \tag{2-1}$$

式中　q_{H}——建筑物耗热量指标（W/m^2）；

q_{H-T}——单位建筑面积通过围护结构的传热耗热量（W/m^2）；

q_{INF}——单位建筑面积的空气渗透耗热量（W/m^2）；

q_{I-H}——单位建筑面积的建筑物内部得热（包括炊事、照明、家电和人体散热），住宅建筑取 $3.8W/m^2$。

2.2.2　单位建筑面积通过围护结构的传热耗热量应按下式计算：

$$q_{H-T}=(t_i-t_e)\frac{\Sigma\varepsilon_i\times K_i\times F_i}{A_0} \tag{2-2}$$

式中　t_i——全部房间平均室内计算温度，一般住宅建筑取 16℃；

t_e——采暖期室外平均温度（℃）；

ε_i——围护结构传热系数的修正系数，可查节能标准；

K_i——围护结构的传热系数［$W/(m^2\cdot K)$］，对于外墙应取其平均传热系数；

F_i——围护结构的面积（m^2）；

A_0——建筑面积（m^2）。

2.2.3　单位建筑面积的空气渗透耗热量应按下式计算：

$$q_{INF}=(t_i-t_e)\frac{c_p\times\rho\times N\times V}{A_0} \tag{2-3}$$

式中　c_p——空气比热容，取 $0.28W\cdot h/(m^3\cdot K)$；

ρ——空气密度（kg/m^3），取 t_w 条件下的值；

N——换气次数，住宅建筑取 0.51/h；

V——换气体积（m^3）。

2.2.4　采暖耗煤量指标应按下式计算：

$$q_c=\frac{24\cdot Z\cdot q_H}{H_c\cdot\eta_1\cdot\eta_2} \tag{2-4}$$

式中　q_c——采暖耗煤量指标（kg/m^2 标准煤）；

q_H——建筑物耗热量指标（W/m^2）；

Z——采暖期天数（d），按室外日平均温度≤5℃的天数；

H_c——标准煤热值，取 $8.14\times10^3W\cdot h/kg$；

η_1——室外管网输送效率，采取节能措施前，取 0.85，采取节能措施后，取 0.90；

η_2——锅炉运行效率，采取节能措施前，取 0.55，采取节能措施后，取 0.68。

2.2.5　不同地区采暖住宅建筑耗热量指标和采暖耗煤量指标不应超过节能标准规定的数值。

2.3　节能建筑围护结构的传热系数

节能标准中通过围护结构的传热耗热量是采用“有效传热系数”进行计算的，围护结构的有效传热系数 $K_{i\cdot eff}$数值上等于围护结构传热系数的修正系数 ε_i 与围护结构传热系数的乘积 K_i，即

$$K_{i\cdot eff}=\varepsilon_i\cdot K_i \tag{2-5}$$

住宅建筑各部分围护结构的传热系数不应超过节能标准规定的传热系数限值，其中外

墙的传热系数是考虑周边热桥影响后的外墙平均传热系数。传热系数、有效传热系数、平均传热系数既有联系，又有区别，各有不同的适用范围。

2.3.1 传热系数与有效传热系数的区别

围护结构的传热系数系指在围护结构两侧空气温度差为1K时，单位面积在单位时间内的传热量。在此认为传热仅仅是由两侧空气温差引起的。但在实际的围护结构中，不仅存在由两侧空气温差引起的热损失（q_{aa}），而且还存在由太阳辐射引起的得热（q_{sol}），以及由天空辐射引起的热损失（q_s）。这三部分传热的代数和即为围护结构的净热损失（q_{net}）：

$$q_{net}=q_{aa}+q_s-q_{sol} \tag{2-6}$$

净热损失除以两侧空气温差即为有效传热系数。

$$K_{i\cdot eff}=\frac{q_{net}}{T_i-T_e} \tag{2-7}$$

因此，有效传热系数的定义是：在两侧空气温差为1K时，单位面积在单位时间内的净热损失。

实际计算时，有效传热系数是通过修正系数进行的，由式（2-8）得围护结构传热系数的修正系数：

$$\varepsilon_i=\frac{K_{i\cdot eff}}{K_i} \tag{2-8}$$

即围护结构有效传热系数与围护结构传热系数的比值，它实质上是考虑太阳辐射和天空辐射对围护结构传热产生的影响而采取的修正系数。

节能标准中给出了八个地区的 ε_i 值，可以直接采用，其他地区可根据采暖期室外平均温度就近采用。其他注意事项：

（1）标准中未给出东南和西南朝向按南朝向采用，东北和西北朝向按北朝向采用，其他朝向按就近朝向采用。

（2）不采暖楼梯间隔墙和户门，以及不采暖地下室上面的楼板等的 ε_i 应以温差修正系数 n 代替，见表2-1。

温差修正系数 n 值 **表2-1**

围护结构及其所处情况	n 值
带通风间的平屋顶、坡屋顶顶棚、与室外空气相通的不采暖地下室上面的楼板	0.90
与有外门窗的不采暖楼梯间相邻的隔墙，	
1～6层建筑	0.60
7～30层建筑	0.50
不采暖地下室上的楼板：	
外墙上有窗户时	0.75
外墙上无窗户且位于室外地坪以上时	0.60
外墙上无窗户且位于室外地坪以下时	0.40

（3）封闭阳台内的窗户和阳台门上部按双层窗考虑。封闭阳台内的外墙和阳台门下部：南向阳台取 $\varepsilon_i=0.5$；北向阳台取 $\varepsilon_i=0.9$；东西向阳台取 $\varepsilon_i=0.7$；其他朝向就近采用。

（4）接触土壤的地面取 $\varepsilon_i=1$。

2.3.2　外墙平均传热系数

外墙因受周边热桥影响，其传热系数应采用按面积加权平均法求得的平均传热系数：

$$K_m=\frac{(K_p\cdot F_p+K_{B1}\cdot F_{B1}+K_{B2}\cdot F_{B2}+K_{B3}\cdot F_{B3})}{F_p+F_{B1}+F_{B2}+F_{B3}} \tag{2-9}$$

式中　K_m——外墙的平均传热系数［W/（$m^2\cdot K$）］；

K_p——外墙主体部位的传热系数［W/（$m^2\cdot K$）］；

$K_{B1}\cdot K_{B2}\cdot K_{B3}$——外墙周边热桥部位的传热系数［W/（$m^2\cdot K$）］；

F_p——外墙主体部位的面积（m^2）；

$F_{B1}\cdot F_{B2}\cdot F_{B3}$——外墙周边热桥部位的面积（$m^2$）。

外墙主体部位和周边热桥部位如图 2-1 所示。

2.4　节能设计步骤

2.4.1　建筑方案阶段。校核建筑物体形系数、窗墙面积比是否符合节能标准要求。

(1)建筑物朝向对太阳辐射得热量和空气渗透耗热量都有影响。建筑物的主立面朝向冬季主导风向，会使空气渗透耗热量增加。

(2)体形系数是指建筑物与室外大气接触的外表面积 F_0（不包括地面和不采暖楼梯间隔墙与户门的面积），与其所包围的体积 V_0 的比值。住宅建筑体形系数宜控制在 0.30 及 0.30 以下；若体形系数大于 0.30，则屋顶和外墙应加强保温，其传热系数应符合节能标准要求。

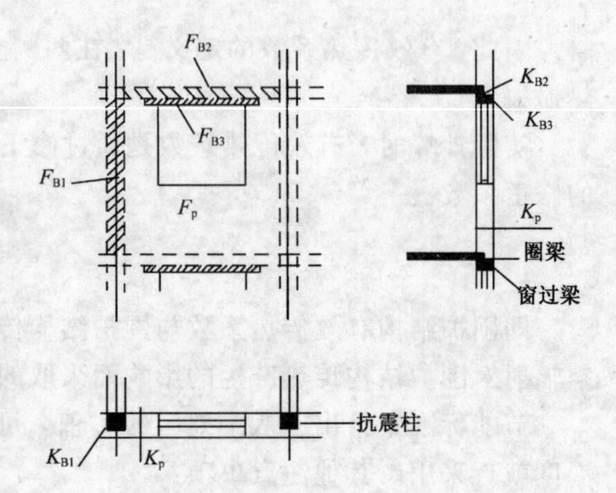

图 2-1　外墙主体部位和周边热桥部位示意图

(3) 窗墙面积比是窗户洞口面积与房间立面单元面积（即房间层高与开间定位线围成的面积）的比值。对于采暖居住建筑，不同朝向的窗墙面积比不应超过表 2-2 中的数值。

不同朝向的窗墙面积比　　表 2-2

朝　　向	窗墙面积比
北	0.25
东、西	0.30
南	0.35

2.4.2　围护结构设计

根据已选定的围护结构形式，计算各部分围护结构的传热系数。对于外墙，计算其平均传热系数，将计算结果与节能标准中规定的围护结构传热系数限值进行比较，若超过限值，应调整围护结构的构造，重新计算。

2.4.3　校核建筑物耗热量指标

将传热系数乘以该地区相应的传热系数修正系数，利用有效传热系数法计算建筑物耗热量指标。将计算结果与节能标准中规定的耗热量指标进行比较，当大于标准值时，应调整围护结构形式，从步骤二开始重新计算。虽然耗热量指标满足要求，但所采用窗户的传热系数比其限值低 0.5 及 0.5 以上时，也应重新确定外墙和屋顶所需的传热系数，以降低造价。

2.4.4　当部分围护结构形式已定，可以根据耗热量指标，通过计算选择其余围护结构的形式。表 2-3 为一份建筑节能热工计算表格式样。

节能住宅热工计算表格式样　　　　**表 2-3**

工程号：

工程名称：　　　　层数：　　　　层高：　　　　建筑面积 A_0：

围护结构传热量计算数据								
计算项目			ε_i	K_i [W/(m²·K)]	F_i (m²)	$\varepsilon_i \cdot K_i \cdot F_i$	传热系数限值 [W/(m²·K)]	
屋顶			0.94					
外墙		南	0.79					
外墙		东、西	0.88					
外墙		北	0.91					
外窗	有阳台 单层	南	0.69					
外窗	有阳台 单层	东、西	0.80					
外窗	有阳台 单层	北	0.86					
外窗	有阳台 双层	南	0.60					
外窗	有阳台 双层	东、西	0.76					
外窗	有阳台 双层	北	0.84					
外窗	无阳台 单层	南	0.52					
外窗	无阳台 单层	东、西	0.69					
外窗	无阳台 单层	北	0.78					
外窗	无阳台 双层	南	0.28					
外窗	无阳台 双层	东、西	0.60					
外窗	无阳台 双层	北	0.73					
不采暖楼梯间		隔墙	0.60					
不采暖楼梯间		户门	0.60					
地板	接触室外空气地板							
地板	不采暖地下室上部地板							
地面	周边地面							
地面	非周边地面							
$\sum_{i=1}^{m} \varepsilon_i \cdot K_i \cdot F_i$								

1. 建筑物体形系数：
建筑物的外表面积 $F_0=$(m²)
建筑物的体积 $V_0=$(m³)
体形系数:F_0/V_0
2. 单位建筑面积通过围护结构的传热耗热量(W/m²)：
$$q_{M\cdot T}=(16-t_e)(\sum_{i=1}^{m}\varepsilon_i \cdot K_i \cdot F_i)/A_0$$
3. 单位建筑面积空气渗透耗热量(W/m²)
当楼梯间不采暖时，$V=0.6V_0$
$$q_{INT}=(16-t_e)(C_p \cdot \rho \cdot N \cdot V)/A_0 =(16-t_e)0.28\cdot\rho\cdot 0.5\cdot 0.6V_0/A_0$$
4. 建筑物耗热量指标[W/(m²·K)]
$$q_H=q_{H.T}+q_{INT}-3.8$$
5. 采暖耗煤量指标(kg/m²)
$$q_c=24\cdot Z\cdot q_H/(H_c\cdot\eta_1\cdot\eta_2) =24\cdot Z\cdot q_H/(8140\times0.85\times0.55)$$

注：①当计算屋顶的传热面积时，如果楼梯间不采暖，应减去楼梯间的屋顶面积；计算外墙的传热面积时，应减去窗户和外门的洞口面积。

②本表建筑面积(A_0)，围护结构各部分的传热面积(F_i)，建筑物的体形系数(F_0/V_0)，由建筑专业计算，其余由设备专业计算。

③表中数据以山东地区为例，其他地区可查节能标准。

第3章　分户热计量系统采暖热负荷计算

采取分户热计量设计的住宅采暖热负荷包括基本热负荷及户间传热负荷两部分。基本热负荷按现行《采暖通风与空气调节设计规范》的有关规定进行计算。现就计算中应注意的一些问题进行说明。

3.1　基本热负荷

3.1.1　为满足热计量后温度调节的需要，住宅室内设计温度，应按相应的设计标准提高2℃。

3.1.2　计算住宅围护结构传热耗热量时应注意以下几个问题：

(1) 外墙传热系数应采用考虑热桥作用后的平均传热系数。

(2) 轻质墙体应结合供热制度进行修正。

(3) 贴土非保温地面根据计算精度不同可有三种计算方法：

1) 从外墙开始划分地带法；

2) 根据房间具有一面还是两面外墙，不同面积房间确定不同平均传热系数，详见《实用供热空调设计手册》；

3) 所有房间面积均按平均传热系数计算。

(4) 当房间地面沿外墙有供热管道地沟时，该房间可不计算地面耗热量。

(5) 不采暖地下室顶板必须采取保温措施，并计算其温差传热量。

(6) 封闭阳台内窗户及阳台门上部可按双层窗考虑。

3.1.3　计算住宅围护结构传热耗热量的朝向修正、风力附加、外门附加时应注意以下几个问题：

(1) 冬季日照率小于35%的地区，主要是夏热冬冷区如湖北、湖南、江西、四川、贵州、浙江等地的部分地区，当这些地区冬季需要采暖时，其朝向修正率，东南、西南、南向宜采用－10%～0，东、西向可不修正。

(2) 城市住宅小区一般不存在风力附加，但计算独立式别墅时需加以注意，根据实际情况选择合适的风力附加系数。

(3) 对于住宅来说，分户门一般开于楼梯间，阳台门也不属于外门，且开启的频率均非常低，因此，一般情况下住宅不考虑外门附加，亦不计算外门开启冲入冷风耗热量。但当住宅有直接对外的开门时，应计算外门附加。

(4) 对于高层、超高层建筑来说，室外风速随建筑高度的增加而加大。因为对流换热与室外风速有关，风速愈大，传热愈快，所以风速对耗热量的影响有时不容忽视，必须通过计算确定。

3.1.4　计算住宅冷风渗透耗热量时应注意以下几个问题：

(1) 冷风渗透量可采用换气次数法或缝隙法计算。

（2）换气次数法仅用于多层住宅估算负荷时采用，换气次数可按房间有外窗或外门的围护结构面数确定，厨房开启抽油烟机、厕所开启排气扇的排风量不应作为计算耗热量的换气次数。

（3）缝隙法计算冷空气耗热量需乘以不同朝向风压单独作用下的空气渗入量修正系数，当室外风速非常小时，热压作用的影响可能要大于风压作用，应根据实际情况决定是否考虑热压作用。

3.1.5　房间内部得热（包括炊事、照明、家电和人体散热）可参照节能标准取3.8W/m^{2}建筑面积。但大部分时候，计算房间热负荷时不考虑内部得热。对于上供下回的散热器采暖系统，应计算顶层干管散热量，以减轻垂直及水平失调现象。

3.1.6　一般情况下采用集中供热的住宅应按连续采暖设计，不考虑间歇附加系数，但当每天供热时间不足16h时应按间歇采暖设计。

3.1.7　封闭阳台温差修正系数根据文献5可采用以下数值：南向取a=0.50，北向取a=0.70，东西向取a=0.60。

3.2　户间传热负荷

3.2.1　户间传热负荷的成因

住宅采暖采取分户计量后，由于各种原因某房间或某户与其相邻房间或邻户之间产生了温度差别，因该温差而形成了传热现象，对计量结果产生影响的只是户间的传热，我们称其为户间传热负荷。形成温差的原因有以下几个：

（1）住户的主动调节。由于住户要求的舒适度不同，作息时间不同等，室内温度的设定值不同，产生了户间的传热温差。

（2）入住率不满，空房户的存在。由于相邻房间无人居住，室温设定在值班温度（5℃）甚至更低，形成户间温差。

（3）邻户因欠缴热费而被停止采暖。对于设置了锁闭阀的户内采暖系统，供热部门可以实施对用户的强行停止采暖，导致与其周围的户间传热温差的存在。

（4）对于采用家用热水采暖炉、电热直接式采暖、户式中央空调等家用热源的采暖系统，由于其方便的调控特性，形成了事实上的间歇采暖，户间传热温差不可避免存在。

3.2.2　对户间传热负荷的不同看法

对于分户热计量采暖系统中是否要考虑户间传热负荷，存在着不同的看法。认为可以不考虑户间热负荷的理由如下：

（1）根据人的舒适要求不同而设定的室内温度差别不大，实际生活中对传热量影响较小。

（2）暂时未售出的空房应由房产开发商维持正常采暖（至少应保持室温高于值班采暖温度）。毕竟空房是暂时的，而一栋楼房的使用寿命是几十年甚至上百年，考虑空房因素加强建筑保温（指内隔墙保温）、增加采暖系统投资是不合适的。

（3）欠缴热费而完全锁闭采暖系统的做法是不合适的。催缴热费可以通过其他方法如法律诉讼等。在严寒地区停止住户采暖将极大影响住户的正常生活，并且有冻坏采暖及上下水管道的危险，影响整栋楼房或整个系统的正常使用。即使设置锁闭阀，所采用的锁闭阀也应像恒温阀一样，具有防冻功能。关闭时仍可保持一较小流量，维持室温在一定数值同时采暖系统不致冻结。

(4) 热费组成中的基础热费已经考虑了户间传热的因素。基础热费即按住户使用面积，而不管住户是否使用采暖系统收取的固定费用，一般要占到用户总采暖费用的30%～50%。基础热费的比例取决于邻户传热量的多少，邻户传热量越大，基础热费的比例也越大。

(5) 计算分户热计量系统的热负荷时已提高了室内计算温度，其增加的热负荷可以补偿户间传热负荷。

认为应考虑户间传热负荷的理由如下：

(1) 因各种原因形成的户间温差是客观存在的，对于某些房间户间传热负荷数值上也较大，不应忽视。

(2)因室内计算温度提高 2 ℃所增加的热负荷不足以补偿户间传热负荷，由于室温的提高这种热传递反而加强了。这种户间热负荷的产生已经能够影响室内温度。

(3) 只有通过加强内外围护结构保温，降低户间传热量，从而降低基础热费在用户采暖费中的比例才能调动用户主动节能的积极性。

3.2.3　户间传热负荷的有关规定

(1)《采暖通风与空气调节设计规范》(GB50019—2003)

第 4.9.3 条　在确定分户热计量采暖系统的户内采暖设备容量，计算户内管道时，应计入向邻户传热引起的附加，但所附加的热量不应该统计在采暖系统的总热负荷内。

(2) 北京市地方标准《新建集中采暖住宅分户热计量设计技术规程》(DBJ01—605—2000)

第 3.0.4 条　户间因室温差异而形成的热传递，应按下列原则计算传热负荷：

一应计算通过户间楼板和隔墙的传热量。

二与邻户的温差，暂按 6 ℃计算，采用地板供热时，暂按 8 ℃计算。

三以各向户间传热量总和的适当比例，作为户间总传热负荷。

第 3.0.5 条　按 3.0.4 条计算的户间传热量，不宜大于基本采暖负荷的 80%（条文说明为：中间层为 50%，底层、顶层为 70%～80%）。

(3) 天津市地方标准《集中供热住宅计量供热设计规程》(DB29—26—2001)

第 3.1.1 条　采暖设计热负荷应按《采暖通风与空气调节设计规范》的有关规定进行计算。

第 3.2.1 条　户间热负荷计算应按下列原则进行：

①应计算通过户间楼板和隔墙的传热量。

②户间热负荷的计算温差宜为 5～8 ℃。

③确定户间热负荷时，应考虑户间各方向热传递同时发生的概率。

第 3.2.2 条　户间热负荷不宜大于该房间采暖设计热负荷的 50%，当计算结果大于 50%时，应取 50%。

第 3.2.3 条　户间热负荷不计入建筑总采暖设计热负荷。

第 3.2.4 条　户间热负荷与采暖设计负荷之和为散热设备热负荷，仅作为选择散热设备的依据。

3.2.4　户间传热问题研究

3.2.4.1　不同建筑构造对户间传热的影响

文献 1 中对于三种不同建筑构造类型的住宅（砖混、钢筋混凝土、外墙内保温），当其中某一典型房间停止采暖，通过数值计算表明：

1）室温下降到最低值所需时间从短到长依次为：外墙内保温结构、钢筋混凝土结构、砖混结构。

2）室温降低程度或户间温差从大到小依次为：钢筋混凝土结构（4.6～10.2 ℃）、砖混结构（3.3～7.6 ℃）、外墙内保温结构（2.1～5.1 ℃）。

3.2.4.2　入住率对户间传热量影响

文献 2 中对一栋节能住宅在不同入住率下计算了其户间传热量。算例建筑的平面图如图 3-1，建筑户型图如图 3-2。围护结构热工性能符合节能标准，计算条件为：不考虑太阳辐射及围护结构辐射换热；使用用户室温均为 18 ℃，不使用用户室温均为 5 ℃；按稳态传热计算。计算结果见表 3-1。

一单元		二单元		三单元		四单元		五单元		六单元	
611	612	621	622	631	632	641	642	651	652	661	662
511	512	521	522	531	532	541	542	551	552	561	562
411	412	421	422	431	432	441	442	451	452	461	462
311	312	321	322	331	332	341	342	351	352	361	362
211	212	221	222	231	232	241	242	251	252	261	262
111	112	121	122	131	132	141	142	151	152	161	162

图 3-1　建筑平面示意图

实际采暖负荷与基本设计负荷比例关系列表　　**表 3-1**

用户编号	设计供热量（W）	入住率				
		50%	60%	70%	80%	90%
132	2372	1.40	1.32	1.24	1.16	1.08
162	2855	1.23	1.18	1.14	1.09	1.05
662	2855	1.20	1.16	1.12	1.08	1.04
632	2837	1.34	1.27	1.20	1.13	1.06
462	2011	1.46	1.37	1.27	1.18	1.09
432	1528	1.70	1.56	1.42	1.28	1.14

从表 3-1 中可以看出：入住率低时邻室传热所引起的附加供热量数值很大。因此当入住率达不到一定要求时，房产开发商应向用户提供补贴或采取措施保证空房室温达到某一温度要求；考虑入住率因素邻室传热对基本热负荷附加系数，在保证入住率 80% 情况下，该系数为 10%～30%，在保证入住率为 60% 情况下，该系数为 20%～50%。处于建筑中间的的住户取大值，顶层、底层、两侧端头部位的住户取小值。

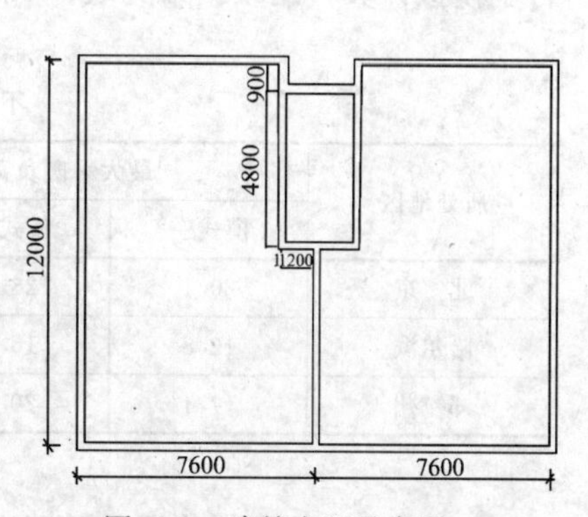

图 3-2　建筑户型示意图

3.2.4.3　户间传热对设计负荷及全年耗热量的影响

文献 3 中仍以图 3-1、图 3-2 所示的建筑为例，采用建筑环境模拟软件分析了典型房间户间传热对设计负荷及全年耗热量的影响，结果列于表 3-2。表中模式一为邻室无传热的情况，模式二为模拟实际的工况，即认为有 60％的房间在工作日期间 8：00～12：00 及 14：00～18：00不采暖，30％的房间随机采暖，少量房间保持全天采暖或者处于无人居住状态。

不同位置单元房间采暖负荷的比较　　表 3-2

房间号	位　置	最大采暖负荷（W/m²）			累计采暖负荷（MJ）		
		模式一	模式二	百分比	模式一	模式二	百分比
132	底层中	26.4	29.2	111％	10332	10600	103％
162	底层边	39.2	42.6	109％	15409	15677	102％
432	中间中	20.1	28.9	144％	4454	4810	108％
462	中间边	33.8	41.1	121％	9709	9887	102％
632	顶层中	25.5	28.8	113％	6859	6948	102％
662	顶层边	39.6	43.9	111％	12470	12737	103％

从表 3-2 中可以看出，最大采暖负荷即设计热负荷受户间传热影响较大，且中间住户较四周住户明显。对于累计的采暖负荷，受邻室传热的影响要小很多。从运行的角度看，由于平均温度较设计温度高，邻室间温差也较小，而且大部分房间为间歇采暖，受围护结构热惰性的影响，外温对室内温度的影响被大大的衰减和延迟，短时间停止采暖几乎不引起邻室传热。总的来说，户间传热对累计采暖负荷的影响是较小的。

极端情况下，某户采暖而其相邻的各户在整个采暖季均不采暖时，累计采暖负荷要比基本负荷高出 40％以上，而最大采暖负荷也要高 40％左右。而当某户不采暖而其相邻的各户均采暖时，因户间传热的存在，其室内温度要大大高于无邻室传热时的温度，整个采暖季的平均温度可达到 16.3 ℃。

3.2.4.4　不同地区对户间传热负荷的影响

虽然各地气候条件差异很大，但各地围护结构不同，在同样达到节能标准的前提下，户间传热的影响差别不大。文献 3 针对上述算例就哈尔滨、北京和郑州三地对 432 号住户进行了模拟计算，比较结果见表 3-3。

不同地区建筑采暖负荷比较　　表 3-3

所处地区	最大采暖负荷（W/m²）			累计采暖负荷（MJ）		
	模式一	模式二	百分比	模式一	模式二	百分比
北　京	20.1	28.9	144％	4454	4810	108％
哈尔滨	12.8	15.5	121％	2155	2363	110％
郑　州	17.1	20.8	122％	3246	3478	107％

3.2.4.5　邻室传热温差的确定

文献 4 给出了计算户间传热温差的方法。计算条件为满足节能标准的住宅，“不采暖”房间与采暖房间相邻，且不采暖房间除邻室传热外无热量来源。计算选取的不采暖房间有：北向中间层、中间位置；南向中间层、中间位置；北向中间层、端头位置；北向顶层、端头位置。

由房间热平衡关系，当不采暖房间从邻室获得的热量与该房间耗热量相等时，该房间达到温度稳定。故有：

$$\sum_{i=1}^{n} K_i F_i \Delta t_l = \beta \ (t_{nx} - t_w) \tag{3-1}$$

式中 K_i、F_i——户间楼板或隔墙的传热系数［W/（m^2·℃）］和传热面积（m^2）；

n——户间传热面的总个数；

Δt_l——邻室传热温差（℃），$\Delta t_l = t_n - t_{nx}$；

t_n——采暖房间室内设定温度，$t_n = 20$℃；

t_{nx}——不采暖房间的平衡温度（℃）；

t_w——室外采暖计算温度，$t_w = -9$℃（天津）；

β——房间综合热特性，其物理意义为，计算房间在室内外温差为 1 ℃时的热负荷值，$\beta = \theta / (t_n - t_w) = \theta / 29$（W/℃）；

θ——房间基准热负荷，（W）。

根据式（3-1）可计算出某一不采暖房间与相邻采暖房间的传热温差。该计算过程是按稳态传热模型进行的，而实际传热过程是非稳态，建筑砌体及室内家具的蓄放热作用（南向房间尤为明显）使室内平衡温度 t_{nx} 向高于按稳态传热理论计算值的方向漂移。实际使用（不考虑空房）也并不存在这种“不采暖”房间，一般情况是：用户早上出门前，将散热器恒温阀设置在较低水平，晚上回家恢复至正常水平。考虑建筑砌体、家具的蓄热作用及实际的散热器运行情况，将式（3-1）改写为：

$$\sum_{i=1}^{n} K_i F_i \Delta t_l + Q_s' + Q_f' = \beta \ (t_{nx} - t_w) \tag{3-2}$$

式中 Q_s'——散热器在恒温阀低档设定值的散热量。据实测数据，当散热器的相对流量为10％时，其相对散热量最低为 36％。

Q_f'——家具散热量。其含义是，当室温低于设计状态 t_n 时，室内家具必然产生向房间的散热，而且这种散热过程是非稳态的。为计算家具散热量，引入家具充满系数 α，$\alpha = V_f / V_R$，V_f 为家具体积，V_R 为房间体积。此处将家具视为一种单质实体，具有某个均匀密度和某个固定比热的“当量家具”，一般“当量家具”的密度取 300kg/m^3，比热取 2000J/（kg·K），$\alpha = 0.1$。

通过计算，给出 Δt_l 的取值范围为 2～6 ℃。具体数值应根据计算房间的位置确定，见表 3-4。

不同位置房间的 Δt_l **表 3-4**

位 置	北向中间层	南向中间层	端头中间层	端头顶层
Δt_l（℃）	2.5～3.0	2～2.5	4～5	5～6

第4章　热量计量及热费分摊

4.1　热量计量

4.1.1　热量计量方式

（1）采用分户热量表直接测量供热系统供给热用户的热量。

（2）采用蒸发式或电子式热分配表测量每组散热器的相对用热量，结合楼用总热量表确定用户用热量。

（3）采用热水表测量供给热用户的热水流量。造价低廉，但由于未考虑不同用户处的水温差异，误差较大。

（4）测量室内外温度并对时间积分计算热用户的热负荷。造价低廉，但无法计量用户开窗散热造成的热损失。

（5）测量室内温度及散热器平均温度并对时间积分计算散热器的散热量。缺点与（4）相同。

从计量的准确性以及可操作性上，并结合中国的国情，采用分户热量表和热分配表的热计量方式是较为合适的做法。根据采用的热计量方式不同，适用的采暖系统形式也不同。采用分户热量表时，应采用共用立管分户独立采暖系统形式；采用每组散热器上分设热分配表方式时，宜采用垂直双管系统或垂直单管跨越式系统。前者适用于新建住宅建筑，后者适用于既有住宅分户热计量改造。通过经济技术比较合理时，共用立管分户独立采暖系统也可采用热分配表计量方式。

4.1.2　热量表

热量表是通过对热媒的焓差和质量流量在一定时间内的积分进行热量计量的，采用如下公式运算：

$$Q_g = \int KGC_p(t_g - t_h)dt \tag{4-1}$$

式中　Q_g——供热系统向热用户供给的热量；

G——热媒的体积流量；

C_p——水的定压比热容；

t_g，t_h——热媒流经热用户的进、出水温度；

dt——时间间隔；

K——水的密度和比热的修正系数。

因为流量计测得的是体积流量，换算成质量流量时，应考虑水的密度随温度的变化。同理，水的比热随水温的不同也不同，对于供回水温度不同的两个工况，即使温差相同，所携带的热量也不同。

热量表的测量原理明确，测量数值准确，而且直观、可靠、读数方便，技术比较成熟。

我国已有相应的行业标准《热量表》(CJ/T128—2000)，国际上有欧洲标准EN1434(热计量表)。

4.1.3　蒸发式热分配表

蒸发式热分配表固定在散热器表面上，热分配表内的测量液体由于散热器表面的热效应而蒸发。对于某一确定的测量液体，其蒸发速度与散热器的表面温度密切相关，散热器表面温度越高液体蒸发越快。某一段时间内测量液体的蒸发量表征了散热器表面温度对时间的积分值，实际上也是反映了散热器的散热量的相对大小，但是其读数并不能直接得出散热器的散热量值，必须把楼用总热量表的读数及与该热量表连接的所有热分配表的读数联系起来，才能得到每个散热器的实际散热量。

由于蒸发式热分配表的测量结果只和散热器的温度和时间有关，其他因素的不同并不能体现出来，因此要对热分配表的读数进行修正才能参与用户用热量的计算。一般考虑的修正系数包括以下几种：散热器功率修正、传热热阻修正、房间设定温度修正等。

散热器功率修正是用来修正类型相同，但额定功率不同的散热器上热分配表读数的，它一般为各个散热器在标准状况下的散热量。传热热阻修正是用来修正因散热器形式不同，使得热分配表与散热器表面传热热阻不同，从而对蒸发液的蒸发量产生影响。房间设定温度修正考虑房间设定温度与热分配表标定温度(一般为20℃)之间的差别对读数的影响。

另外还要考虑散热器连接方式、每组散热器片数多少以及不同房间在整座楼的位置等的修正系数。

蒸发式热分配表造价低廉、易安装、寿命长、对采暖系统无限制。缺点是测量受散热器类型、规格尺寸、供热能力、散热器位置等多方面的影响，需要有大量的试验工作；需要考虑以上多种因素来进行热量计算，计算工作量大，结果不直观；其安装位置、安装方法有严格要求，每年需要入户更换每个分配表的玻璃管和进行读表。

蒸发式热分配表目前国内没有相应的标准，国际上有欧洲标准EN835(蒸发式热分配表)可供参考。

4.1.4　电子式热分配表

电子式热分配表的使用方法与蒸发式相近。它直接测定室内温度及散热器平均温度，利用以下公式计算散热器放出的热量。

$$Q=\int A\cdot K\cdot F(t_{p}-t_{n})^{B}\mathrm{d}t \tag{4-2}$$

式中　Q——散热器向房间散发的热量；

K——散热器传热系数；

F——散热器传热面积；

t_p——散热器平均温度；

t_n——室内温度；

A、B——与散热器有关的系数；

$\mathrm{d}t$——时间间隔。

电子式热分配表将测得的散热器平均温度与室温差值存储于微处理器内，高集成度的微处理器可预先写入程序，也可根据需要，进行现场编程。电子式热分配表具有较高的精度和分辨率，可以现场读表，也可以远传集中读表，而且不必每年更换部件，管理方便。但造价高于蒸发式热分配表。电子式热分配表的欧洲标准为 EN834。

4.1.5　热计量方式选择

选用什么样的热计量方式，一般根据以下几个条件：

1）采暖系统形式的限制。如既有住宅垂直式的采暖系统只能采用蒸发式或电子式的热分配表方式。

2）计量装置的精确度。对具体的供热系统，从技术和经济方面考虑，并不需要过高的精确度，而是应满足在一定精度要求下足够的稳定和持续可靠的运行特性。

3）在读取测量数据时对用户的影响。

4）每年系统计量与结算所花费的费用。

5）用户对所采用的计量系统的认可程度。

实行供热计量的目的，一是收费，二是节能，根本目的是通过收费来实现节能。因此，确定热计量方式最重要的是保证为供热计量而额外增加的费用不应超过实行计量供热所节省下来的费用。

实行供热计量的节能效果，国外的经验一般认为是 20%～30%。1996 年欧洲计量供热联合会编写的《计量供热指南》指出总的计量供热节能范围大约在 15%～32.5%之间。2001 年德国出版的《计量供热手册》（第五版）中指出：在德国，1995 年实行了新的《建筑保温法》后，用热计量费用的上限定为总采暖费用的 20%。国内一些供热计量试点工程表明，增加采暖温控热计量设施具有显著的节能效果，但由于试点工程大部分没有收费制度支持，节能效果缺乏合理可信的数据。由于我国目前普遍存在的高采暖能耗，采暖热计量的节能潜力是较大的。因此，目前把节能效果定在 25%还是较为合适的。

花费在热计量方面的费用包括：热计量仪表的购置费和安装费；抄表读数、分摊计算、账单制作及发送等服务费。按 2001 年德国出版的《计量供热手册》（第五版），德国规定的计量仪表的折旧年限为：热量表 5 年；蒸发式热分配表 15 年；电子式热分配表 10 年。散热器恒温阀国外一般不计入热计量的费用，但在我国温控技术是与热计量联系在一起的，一般将其列入热计量费用，其折旧年限暂定 10 年。按目前热计量设备的市场价格，户用热量表国产的每只 800～1000 元，进口每只 1200～1500 元；蒸发式热分配表国产每只 40～50 元，进口每只 60～70 元；电子式热分配表每只 120～160 元；恒温阀每只 140 元；楼用总热量表每只 16000 元；安装费用取设备价格的 80%，每年每组散热器的读数记账费用按 10 元。总的采暖热费按济南市 2003 年价格为 19.8 元/m^2。基于以上折旧原则，以每户采暖面积 100m^2（三室二厅一卫，6 组散热器）、一梯两户的六层三单元砖混住宅，可以算出不同热计量系统每年在总热费中所占的比例，见表 4-1（括号内数值是不包括每户恒温调节阀情况）。

不同热计量系统在总热费中所占比例　　表 4-1

计量方式		每年所需的热计量费用（元/年）	热计量费用占总热费的比例（%）
蒸发式热分配表	国产	218.16（127.44）	11.0（6.4）
	进口	226.8（136.08）	11.5（6.9）
电子式热分配表	进口	259.2（168.48）	13.1（8.5）
户用热量表	国产	393.12（302.4）	19.9（15.2）
	进口	490.3（399.6）	24.8（20.2）

表中数据仅是说明热计量方式选择的案例，不同地区、不同类型的住宅、不同市场情况以及不同的仪表来源等会有不同的结果，如考虑采暖系统形式不同，比较会更准确。

4.2 热计量收费

4.2.1 热价组成

热是一种特殊的商品。目前，在我国热价的确定不仅仅是个技术经济问题，还涉及到诸多社会问题和政策问题。对于供热企业，热价包括生产成本和盈利。生产成本是指生产过程中各种消耗的支出，包括供热设备的投资、折旧，锅炉的煤耗、水泵电耗、软化水的药、水耗，人员工资等，而盈利则包括企业利润和税金两部分。我国目前的热价难以确定，其主要原因之一就是我国的供热企业95%都为国有，其制热和输配设施的归属与折旧难以确定。对于新建住宅小区的锅炉房，其供热设施都已包括在房屋的配套费中，也就是说这些供热设施都是住户的财产，热价的确定比较容易，不含设备折旧、利息和税收，仅包括：消耗的燃料及其运费；系统运行的耗电费：设备的操作、监控和养护；由专业人员对设备的运行可靠性、安全性所进行的定期检查和设定；设备和工作间的清洁维护；环保监测；热费计量装置及使用。

由于供热系统的特殊性，国外供热系统发达的国家一般执行两部热价法。其一为固定热费，也称容量热费，即仅根据用户的采暖面积收费而不管用户是否用热或者用热多少收取的费用。其二为实耗热费，也称热量热费，是根据用户实际用热量的多少来分摊计算的热费。

固定热费的收取基于以下理由：

1）为用户供热兴建的锅炉房、供热管网等固定资产的年折旧费和投资利息以及供热企业管理费用等，并不因为使用或停用、用的多少而变化，这部分费用应由用户按建筑面积分摊。

2）建筑物共用面积的耗热量以及公共的采暖管道散热未包括在各户热量表的读值内，此部分热量应由各户分摊。

3）由于热用户所处楼层、位置不同，其外围护结构数量不同，部分用户要多负担屋顶、山墙、地面等围护结构的耗热量，而这些围护结构是为整个建筑、所有用户服务的，应由所有用户分摊。

4）邻室传热的存在，使得某户当关小或关闭室内散热设备时，可以从邻户获得热量，而这部分热量显然未包括在该户的热计量表读值内，需另外收取予以补偿。

固定热费与实耗热费的比例的确定与建筑物性质（如为住宅、商业、办公等）、能源种类（如煤、天然气等）、热源形式（如集中供热的一次供热、二次供热等）等有关。固定热费比例高，有利于供热企业的收费，但不利于用户的节能。在“欧洲计量供热协会”的《计量供热指南》和德国标准DIN4713第五部分中都明确界定了这两部分的比例。固定热费应占总热费的30%～50%，实耗热费应占总热费的70%～50%。而德国规定一般取50%作为固定部分的上限。我国应采取什么比例，笔者认为，应根据各地的情况，摸索一个适合当地气候、能源、建筑围护结构状况、供热企业运行等方面的分配比例。国内一些研究与试点工程在这方面作了一些探索。

4.2.2 热价制定

热费分摊的原则是用热公平、公共耗热量共摊的原则。不同楼层、不同建筑位置但户型相同、面积相同的用户维持相同的室温所缴纳的热费相同，不应受到山墙、屋顶、地面等外围护结构及户间传热的影响。

无论是分户热量表还是热分配表的读值，它们仅反映了用户室内用热量的多少。基于上述原则，耗热量与邻户传热耗热量应计入各户的热费中。这部分耗热量是与各户的建筑面积相关联的，与其相关的热费也应与建筑面积相关。因此，用户的热费应为：

$$C_{Ti}=C_{Bi}+C_{mi} \tag{4-3}$$

式中 C_{Ti}——某户的年度采暖费（元/年）；

C_{Bi}——与该户建筑面积相关的基础热费（元/年）；

C_{mi}——按热表读值确定的实耗热费（元/年）。

供热站所收缴的全部费用应为：

$$\Sigma C_{Ti}=x\Sigma C_{Ti}+\Sigma C_{mi} \tag{4-4}$$

式中 ΣC_{Ti}——供热站全部用户所缴纳的费用，理论上等于供热站总预算 C_T。包括供热站运营成本及合理盈利；

x——按面积收取的费用占总费用的比例，一般 $x=0.3\sim0.5$，

$$x=\Sigma C_{Bi}/\Sigma C_{Ti} \tag{4-5}$$

ΣC_{mi}——全部用户实耗热费，元/年，

$$\Sigma C_{mi}=\Sigma C_{Ti}\ (1-x) \tag{4-6}$$

由于沿程热损耗等因素，供热站所供给的总热量 Q_T 与供热站全部用户热表读值总和 ΣQ_i 存在一定差额。因此，在计算每 kWh 热价时，应考虑予以补偿，即：

$$\Sigma Q_i=y\Sigma Q_T \tag{4-7}$$

根据不同情况，$y=0.90\sim0.97$。

按各用户热计量表读值的计费热价 C ［元/kWh］：

$$C=\Sigma C_{mi}/\Sigma Q_i=\Sigma C_{Ti}\ (1-x)\ /\Sigma Q_i=\ (1-x)\ C_T/\ (yQ_T) \tag{4-8}$$

按各户建筑收取的基本费用 P（元/m^2）：

$$P=x\Sigma C_{Ti}/\Sigma A_i=xC_T/\Sigma A_i \tag{4-9}$$

式中 ΣA_i——供热站各户供热面积的总和。

各地供热主管部门可会同物价部门，根据各供热站提供的年度报表、年度预算等资料，选择具有先进性、代表性的供热企业的成本，制定出本地区的合理收费指标 x、C 及 P 值。

4.2.3 热费分摊

对于末端用户来说，由于层位差异引起的耗热量差异之大，难以通过固定热费的调整达到平衡。对于图 4-1 所示户型，表 4-2 计算了在不进行另外修正的情况下，用户实耗热量相差 170%，实缴热费相差 70%。对于末端采暖用户来说，应该通过楼用热量表读数 ΣQ、建筑面积 ΣA、固定热费 P 及热价 C 确定该楼总采暖费 H（$H=C\Sigma Q+P\Sigma A$）后，再通过修正进行合理的分摊，达到公平用热的目的。热费修正是基于公共耗热量共担原则，对公共围护结构产生的传热耗热量进行。推导如下：

某住户的采暖费可表示为：

$$h_i=C\times\overline{\omega}\times S_i \tag{4-10}$$

式中　h_i——某住户的采暖费（元/年）；

C——热价（元/kWh）；

$\overline{\omega}$——该栋建筑的单位面积平均耗热量（kWh/m^2）；

S_i——该住户的建筑面积（m^2）。

其中
$$\overline{\omega}=\frac{\Sigma\omega_i S_i}{\Sigma S_i} \tag{4-11}$$

在式（4-10）等号右边第二项乘以$\frac{\omega_i}{\omega_i}$，变为：

$$h_i=C\times\overline{\omega}S_i\times\frac{\omega_i}{\omega_i}=C\times S_i\times\omega_i\times\frac{\overline{\omega}}{\omega_i}=C\times q_i\times\beta_i \tag{4-12}$$

式中　ω_i——某住户单位面积耗热量（kWh/m^2）；

q_i——某住户实际耗热量，$q_i=S_i\times\omega_i$（kWh）；

β_i——某住户传热耗热量修正系数，$\beta_i=\frac{\overline{\omega}}{\omega_i}$。

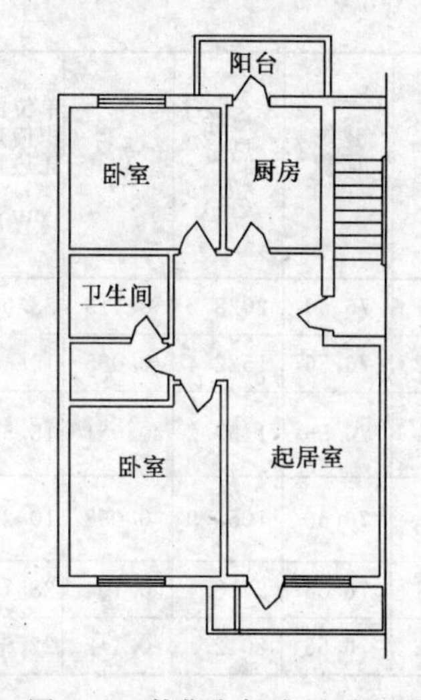

图 4-1　某住宅标准层平面图

用户实际热费分固定费用与变动费用两部分，热费分摊公式应为：

$$h_i=H\times\left[0.01x\times\frac{S_i}{\Sigma S}+(1-0.01x)\times\frac{q_i}{\Sigma q_i}\times\beta_i\right] \tag{4-13}$$

式中　H——该栋楼的总采暖费（元/年）；

q_i——某住户实际耗热量（热表读值）（kWh）；

ΣS——总建筑面积（含公共分摊面积）（m^2）；

x—固定费用比例百分数（%）。

以下以实例说明热费分摊的计算方法。

某六层住宅，三个单元，户型平面如图 4-1，户内建筑面积 76.56m^2。计算假定围护结构符合节能标准要求，室温维持平均 16℃，按单元设置总热量表。以节能标准计算，步骤如下：

1）根据节能标准，计算得出各户的传热耗热量及单位面积传热耗热量，带入公式（4-11）算出整栋楼房平均单位面积耗热量。

2）由 β_i 的定义，计算各住户的修正系数。

3）利用公式（4-13）计算各户采暖费。计算结果列于表 4-2。

从表中可以看出，未进行传热修正时，各户采暖费相差较大，并随固定热费比例增大差别有所减小；进行修正后，各户采暖费较好地得到平衡（差别小于10%），并且与固定热费比例基本没有关系。因此，采用传热修正方法进行热费分摊，在保证供热公司固定运转费用前提下，应尽可能降低固定费用比例，以鼓励用户节能。该方法加大了收费的工作量，实际工作中可采用供热公司收费到楼，并由供热公司或相应权威部门一次性提供每栋楼、每个用户的传热耗热量修正系数，由小区或单位的物业管理人员进行每户的热费分摊计算及收缴。

热费分摊计算表 表 4-2

住户编号	建筑面积 (m^2)	户耗热量 q_i (W)	$q_i/\Sigma q_i$	单位面积传热耗热量 (ω) (W)	平均单位面积传热耗热量 ($\bar{\omega}$) (W)	$s_i/\Sigma s$	修正系数 β_i	采暖费（元）					
								$x=30\%$		$x=40\%$		$x=50\%$	
								不修正	修正	不修正	修正	不修正	修正
101	76.56	2028.2	0.113	23.00	15.24	0.08	0.66	0.103	0.076	0.100	0.077	0.097	0.077
102	76.56	1522.4	0.085	16.44	15.24	0.08	0.93	0.084	0.079	0.083	0.079	0.083	0.080
201～501	76.56	1457.2	0.081	15.59	15.24	0.08	0.98	0.081	0.080	0.081	0.080	0.081	0.080
202～502	76.56	1050.9	0.058	10.28	15.24	0.08	1.48	0.065	0.084	0.067	0.084	0.069	0.083
601	76.56	2418.4	0.134	28.14	15.24	0.08	0.54	0.118	0.075	0.112	0.075	0.107	0.076
602	76.56	2012.1	0.112	22.84	15.24	0.08	0.67	0.102	0.077	0.099	0.077	0.096	0.078

第5章　集中采暖住宅分户热计量系统

5.1　既有集中采暖住宅分户热计量改造

5.1.1　既有住宅采暖系统形式

既有住宅采暖系统形式　　表 5-1

序号	形式名称	图　示	使用范围	特　点
1	双管上供下回式	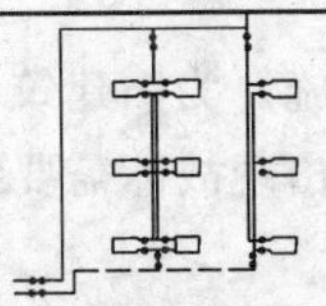	不超过5层的住宅	1. 排气方便 2. 每组散热器可单独调节 3. 层数多时垂直失调严重 4. 顶层须保证干管带坡敷设空间 5. 回水干管设于地沟或地下室
2	双管下供下回式	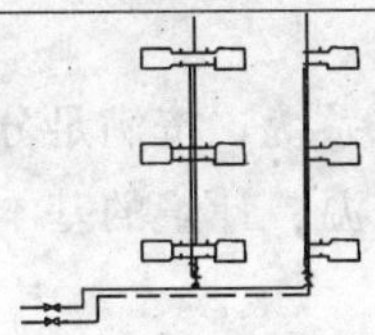	1. 别墅式住宅 2. 顶层无干管敷设空间的多层住宅（≤6层）	1. 合理配管可有效消除垂直失调现象 2. 供回水干管设于地沟或地下室，室内无干管 3. 每副立管都要设自动排气阀，否则只能靠散热器手动跑风，排气不便
3	垂直单管跨越式	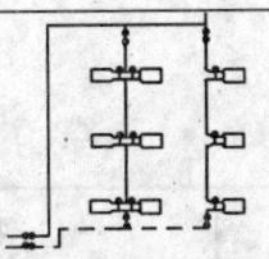	多层住宅和高层住宅（一般不超过12层）	1. 可解决垂直失调 2. 散热器可单独调节和关断 3. 三通阀也可仅装上部几层
4	垂直单（双）管上供中回式	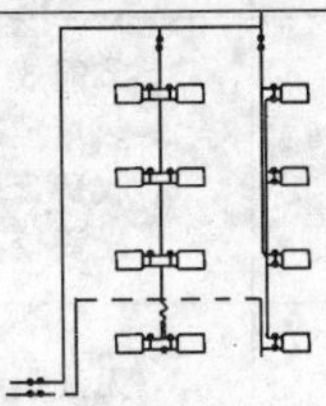	1. 不宜设置地沟的多层住宅 2. 旧楼加装暖气	1. 系统泄水不方便 2. 影响底层室内美观 3. 排气不便 4. 检修方便 5. 为保证底层采暖效果，双管系统底层应做成单管系统
5	单双管式（多级双管式）	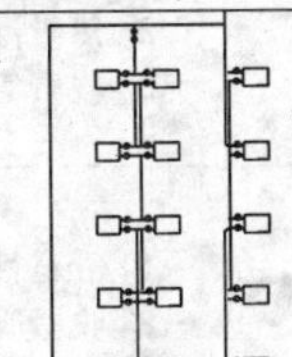	5层以上住宅	1. 克服双管系统垂直失调问题 2. 克服单管系统不能调节问题 3. 每级双管不超过4层 4. 各级的散热器应按不同水温选择 5. 通过每级的水量为各级按负荷计算所得水量的总和
6	分区采暖	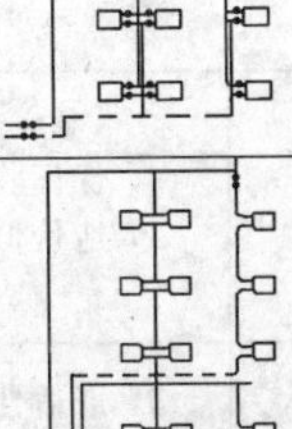	1. 建筑高度超过50m的住宅 2. 高温水热源	1. 室外管网为低温热水时，高区散热器用量大 2. 宜采用板式等高效换热器 3. 造价较高

5.1.2 既有住宅采暖系统存在的问题

（1）调控困难、能源浪费严重

无论室内系统还是室外热网，由于缺乏有效的调节手段，多存在严重的水力工况失调，造成热用户冷热不均。一些用户的室温达不到设计要求，影响正常生活；而另一部分用户则室温过高，需要开窗散热，造成热能浪费。而供热部门为了保证尽可能多的用户达到供热标准，只得加大循环流量，系统以“大流量、小温差”方式运行，致使能耗加大。由于热用户缺少有效的调控设备，当居民外出或上班，无法调节室内温度，使热能白白浪费。

（2）热费收取不合理，收费困难

由于既有系统无法进行有效热计量，供热部门按供热面积计取热费，跟用户实际用热多少无关，用户缺乏自主节能意识。而达不到室温要求的用户怨声不断，热费收缴困难。供热体制形成恶性循环，极大阻碍了进一步的发展。

（3）系统管理困难

当某一用户欲停止用热或拒交热费，系统缺乏关闭措施。为旧建筑增设采暖系统，当某一用户不配合时，系统本身很难处理。当某一组散热器出现故障需要维修，需多家留人方可进行。自动排气阀的管理困难。

5.1.3 既有住宅采暖系统的分户热计量改造

改造的途径有两个，一是结合室内管道更新，拆除原系统，按满足分户热计量的要求重新设计；二是尽量利用原系统，进行适度改造，满足控温、计量的基本要求。

（1）双管系统改造方案（表5-2）

双管系统改造方案　表5-2

序号	改造内容	图示	特点
1	锁闭阀、恒温阀、热分配表	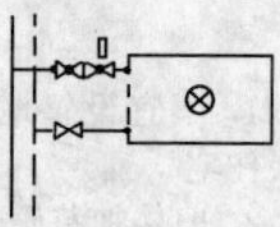	1. 节能效果明显 2. 热量准确计量 3. 收费管理方便 4. 投资较高
2	恒温阀、热分配表	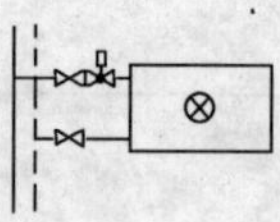	1. 无法强制收费 2. 热量准确计量 3. 收费管理方便
3	锁闭阀、热分配表	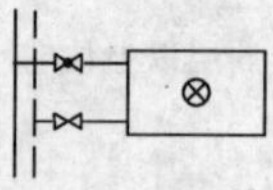	1. 舒适性、节能性差 2. 收费管理方便
4	热分配表	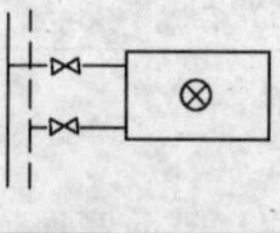	1. 保证收费 2. 造价低
5	恒温阀、热力入口设热表	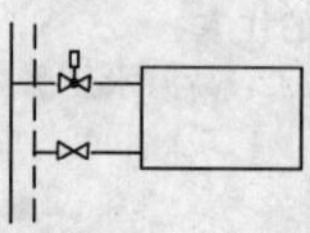	1. 舒适性、节能性好 2. 造价低 3. 不适用于住宅，适用于办公、宾馆等公共建筑

（2）单管系统改造方案（表 5-3）

单管顺流式系统改造方案 表 5-3

序号	改造内容	图示	特点
1	增设跨越管、三通锁闭阀、恒温阀和热分配表	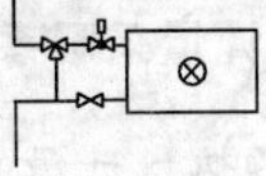	1. 满足计量、温控、锁闭各项要求 2. 造价太高
2	跨越管、恒温阀、热分配表	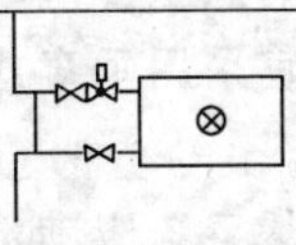	不具有锁闭功能
3	跨越管、热分配表	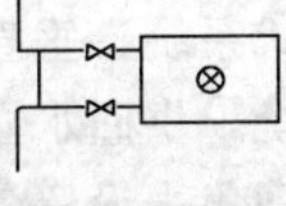	普通手动调节阀或截止阀代替恒温阀，节能效果有限，造价低
4	跨越管、锁闭阀、热分配表	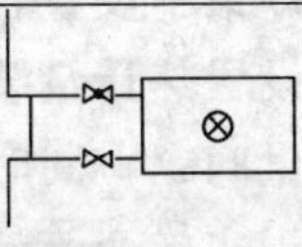	保证热费收缴
5	跨越管、恒温阀、供热入口设热表	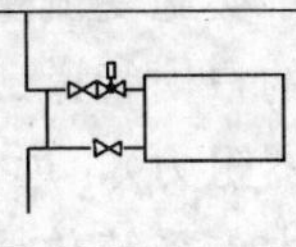	不适于住宅
6	热分配表、供热入口设热表	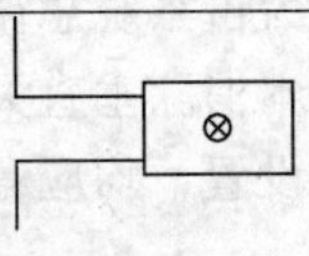	适用于仅要求分户计量收费的住宅

分户热计量改造要点：

单管跨越式系统由于已有跨越管，改造内容可参照表 5-3，视情况增设恒温阀、锁闭阀、热分配表等。

根据室内采暖系统形式确定散热器支管恒温阀或调节阀型号、规格。垂直单管系统应采用低阻力恒温阀，垂直双管系统应采用高阻力恒温阀。垂直单管系统可采用两通型恒温阀，也可采用三通型恒温阀，垂直双管系统应采用两通型恒温阀。

垂直单管系统三通调节阀的主要作用在于调节散热器进流系数，避免“短路”，同时便于管理。当散热器进流系数通过管径匹配可以保证≥30％时，可不设三通调节阀，而采用两通调节阀代替。

当设三通调节阀时，垂直单管系统的跨越管管径宜与立管管径相同，不设三通调节阀时，特别是散热器为串片等高阻力类型时，跨越管管径宜较相应立管管径小一号。

由于以下原因，系统改造时宜将原有的散热器罩拆除：原有垂直单管顺流系统改造为设跨越管的垂直单管系统后，上部散热器特别是第一、二组散热器的平均温度有所下降；单双管系统改造为设跨越管的垂直单管系统后，散热器水流量减小；散热器罩影响感温元件内置式的恒温阀和热分配表的正常工作；散热器罩拆除后，所增加的散热量基本可以补偿由于系统变化对散热器散热量的不利影响。当散热器罩不能拆除时，应采用感温元件外置式的恒温阀。

既有住宅室内采暖系统实施计量供热改造后，应对相应的室外管网系统重新进行平衡计算和水压图分析，以保证建筑物热力入口处具有足够的资用压差。

改造系统若采用共用立管的分户独立系统，应按新建系统要求设计。

5.2 新建集中采暖住宅分户热计量采暖系统

新建集中采暖住宅应根据采用的热量计量的方式选用不同的采暖系统形式。当采用热分配表加楼用总热量表计量方式时宜采用垂直式采暖系统；当采用户用热量表计量方式时应采用共用立管分户独立采暖系统。

适于热量计量的垂直式室内采暖系统应满足温控、计量的要求，必要时增加锁闭措施。因此，适宜的系统为垂直单管跨越式系统、垂直双管系统。从克服垂直失调的角度，垂直双管系统宜采用下供下回异程式系统，供回水立管比摩阻宜采用 50～60Pa/m。

共用立管分户独立采暖系统，即集中设置各户共用的供回水立管，从共用立管上引出各户独立成环的采暖支管，支管上设置热计量装置、锁闭阀等，便于按户计热的采暖系统形式，是一种既可解决供热分户计量问题，同时也有利于解决传统的垂直双管式和垂直单管式系统的热力失调问题，并有利于实施变流量调节的节能运行方案。

由进户总阀门、热量表和较长的户内管道、散热器及恒温阀等环节组成的分户独立系统阻力（设户用换热机组时为换热器阻力），远大于传统垂直双管系统单组散热器的阻力。使得共用立管的阻力和自然作用压力占系统总循环阻力的比例相对较小，垂直失调的可能性降低，通过水力平衡计算，可基本消除垂直失调现象。

多户共用立管的位置及热表的设置，均应考虑管理和维修的方便，并尽量避免对住户的干扰，以户外设置为宜。

共用立管分户独立采暖系统可分为建筑物内共用采暖系统及户内采暖系统两部分。

5.2.1 建筑物内共用采暖系统

建筑物内共用采暖系统由建筑物热力入口装置、建筑内共用的供回水水平干管和各户共用的供回水立管组成。

（1）建筑物热力入口装置

在满足户内各环路水力平衡和总体热计量的前提下，应尽量减少建筑物热力入口的数量。

热力入口装置的设置位置：

1）新建无地下室的住宅，宜于室外管沟入口或底层楼梯间息板下设置小室，小室净高不应低于 1.4m，操作面净宽不应小于 0.7m。室外管沟小室宜有防水和排水措施。

2）新建有地下室的住宅，宜设在可锁闭的专用空间内，空间净高应不低于 2.0m，操作面净宽应不小于 0.7m。

3）对补建或改造工程，可设于门洞雨棚上或建筑物外地面上，并采取防雨、防冻及防盗等保护措施。

建筑物热力入口装置做法：

1）户内采暖为单管跨越式定流量系统时，热力入口应设自力式流量控制阀；室内采暖为双管变流量系统时，热力入口应设置自力式压差控制阀。两种控制阀两端的压差范围宜为 8～100kPa。

2）热力入口供水管上应设两级过滤器，顺水流方向第一级宜为孔径不大于 3mm 的粗过滤器，第二级宜为 60 目的精过滤器。

3）应根据采暖系统的热计量方案，确定热力入口是否设置总热量表。设总热量表的热力入口，其流量计宜设在回水管上，进入流量计前的回水管上应设滤网规格不小于 60 目的过滤器。

4）供回水管上应设必要的压力表或压力表管口。

5）热力入口供回水管上应设置关断阀，供回水管之间应设旁通管和阀门。

典型的建筑物热力入口装置图式见图 5-1。

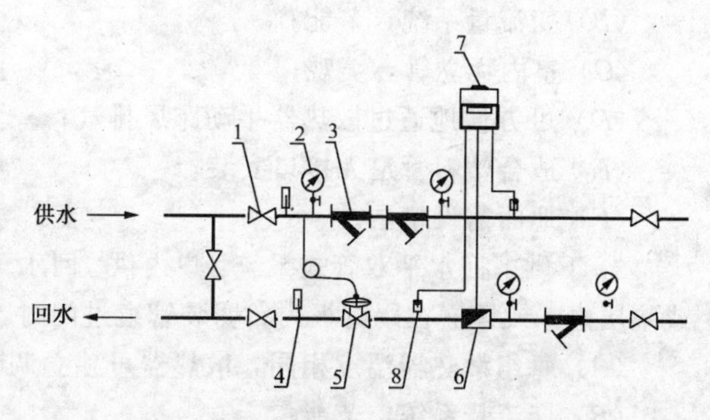

图 5-1 典型建筑物热力入口图示

1—阀门；2—压力表；3—过滤器；4—温度计；5—自力式压差控制阀或流量控制阀；6—流量传感器；7—积分仪；8—温度传感器

（2）共用水平干管和共用立管

建筑物内共用水平干管不应穿越住宅的户内空间，通常设置在住宅的设备层、管沟、地下室或公共用房的适宜空间内，并应具备检修条件。共用水平干管应有利于共用立管的布置，并应有不小于 0.002 的坡度。

建筑物内各副共用立管压力损失相近时，共用水平干管宜采用同程式布置。

建筑物内共用立管宜采用下供下回式，其顶端设自动排气阀。

除每层设置分、集水器连接多户的系统外，一副共用立管每层连接的户数不宜大于 3 户。

新建住宅的共用立管，应设在管道井内并应具备从户外进入检修的条件。既有住宅改造或补建工程的共用立管，宜设在管道井内或者户外的共用空间内。

5.2.2 户内采暖系统

户内采暖系统应与采用的热计量方式相适应。通常是指采用户用热量表的一户一环的系统形式，由户内采暖系统入户装置、户内的供回水管道、散热器及室温控制装置等组成。

（1）户内采暖系统入户装置

采用户用热量表计量方式时，户内系统入户装置包括供水管上的锁闭调节阀（或手动调节阀）、户用热量表、滤网规格不低于 60 目的水过滤器及回水管上的锁闭阀（或其他关断阀）等部件。典型户内系统入户装置见图 5-2。

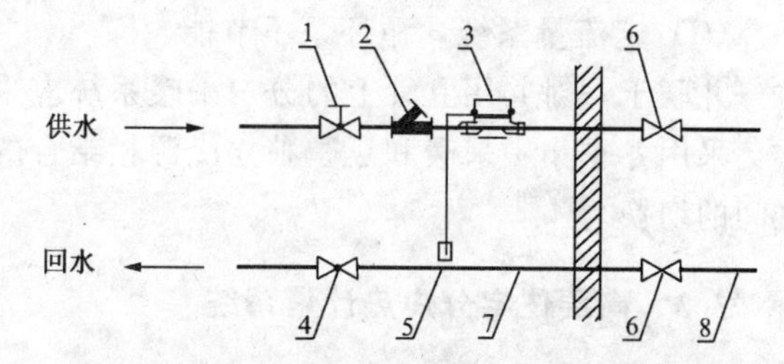

图 5-2 典型户内系统热力入口图示

1—锁闭调节阀；2—过滤器；3—热量表；4—锁闭阀；5—温度传感器；6—关断阀；7—热镀锌钢管；8—户内系统管道

新建住宅的户内系统入户装置，应与共用立管一同设于邻楼梯间或户外公共空间的管道井内。管道井应层层封闭，其平面位置及尺寸应保证与之相连的各分户系统的入户装置能安装在管道井内，并具备查验及检修条件。管道井的门应开向户外。

既有住宅改造或补建工程户内系统的入户装置，宜设于安装在楼梯间的热量表箱内。

（2）户内采暖系统形式

根据住宅建筑平面、装饰标准、施工技术条件的不同，对采用共用立管分户独立采暖系统的户内管道布置，可采用以下几种形式：

1）放射双管式系统或低温热水地板辐射采暖系统：户内管道暗敷在本层地面垫层内。系统特点：

（*A*）室温独立调节；

（*B*）变流量系统，节能；

（*C*）室内无立管，美观；

（*D*）可方便地通过散热器手动跑风排气；

（*E*）适合塑料管道无接口安装；

（*F*）地面需设垫层。

2）下供下回水平双管式系统：户内供、回水干管沿地面明装或暗敷在本层地面下沟槽或垫层内，或镶嵌在踢脚板内。明装管道过门时，应局部暗敷在沟槽内。系统特点：

（*A*）每组散热器温度相同，散热器可独立调节；

（*B*）变流量系统，节能；

（*C*）室内无立管；

（*D*）可方便地通过散热器手动跑风排气；

（*E*）地面需设垫层，如地面上明装过门不易处理，如下层明装不美观，对邻户有影响。

3）上供上回水平双管式系统：户内供、回水干管沿本层顶棚下水平布置。系统特点：

（*A*）每组散热器温度相同，散热器可独立调节；

（*B*）变流量系统，节能；

（*C*）管道不出户，易于管理，符合住宅设计规范要求；

（*D*）顶板下敷设两根明管，影响室内美观。

4）水平单管跨越式系统：户内采暖干管沿地面明装，或暗敷在本层地面下沟槽或垫层内，或镶嵌在踢脚板内。明装管道过门时，应局部暗敷在沟槽内。系统特点：

（*A*）采用跨越管，散热器可设置恒温阀，房间温度可调；

（*B*）每组散热器上设置恒温阀和跨越管，将会使工程的造价和施工复杂程度提高；

（*C*）定流量系统，循环泵不节能。

并联于一对共用立管上的分户采暖系统应采用相同的布置方式。

采用冬季集中采暖和夏季独立冷源相结合的分户空调系统时，应便于采暖和供冷系统之间的切换。

5.3 高层住宅分户热计量系统

高层住宅分户计量采暖系统采用共用立管分户独立采暖系统时，每副共用供回水立管每层连接的户数不宜大于三户，当每层户数较多时，应增加共用立管数量或采用分集水器连接。

建筑物高度超过 50m 时，共用立管应根据系统水力平衡、散热设备承压能力以及管材的性能等因素进行竖向分区设置，并应考虑管道热补偿问题。户内系统采用金属管道和散热器时，竖向分区应保证各区采暖系统最低层最低点散热器处的工作压力不大于散热器本身的承压能力；户内管道采用塑料或复合管材时，应保证各区采暖系统最低层最低点管道处的工作压力不大于管材的承压能力。对钢制、铜铝复合型或钢铝复合型等工作压力较高的散热器，采取一定措施可以突破该分区限制。当每户采用独立换热机组时，只要换热器承压足够，分区的建筑高度还可加大。

因高层住宅封闭性强，住户复杂，热表应尽量出户，土建应预留足够的管井空间。

第 6 章　低温热水地板辐射采暖系统

6.1　辐射换热机理

辐射换热的机理与导热和对流换热不同，它不依靠物体的直接接触或中间介质进行热量传递，而是靠物体本身发出辐射线向周围空间辐射能量，这种作用称为辐射热交换。辐射热交换实质是两次能量转化的过程，即物体的一部分内能转化为电磁波能发射出去，在真空的环境中以光速传播，当此电磁波到达另一物体表面而被吸收时，电磁波能又转化为物体的内能，而使物体产生热效应。由于热辐射线是物体内部电子振荡的结果，而电子振荡又取决于物体的温度，当两个物体温度不同时，高低温物体都在不停地发射出电磁波，而高温物体辐射给低温物体的能量大于低温物体辐射给高温物体的能量，结果是高温物体向低温物体传递了能量。

辐射采暖时，人体和物体同时受到辐射热，室内围护结构内表面和物体表面的温度比对流采暖时高，从而对人体进行第二次辐射，所以尽管室内空气温度比对流采暖时低，人也会感到舒适。因此，衡量采暖的效果就不能像对流采暖时那样，仅以室内空气干球温度为指标，也不能单纯以辐射强度为衡量标准。辐射采暖时，人体舒适感取决于辐射强度与周围空气温度综合作用的结果，这种综合作用的数值称为实感温度。实感温度可用下式计算：

$$T_e = 0.52t_n + 0.48t_s - 22 \tag{6-1}$$

式中　T_e——实感温度（℃）；

t_n——室内空气干球温度（℃）；

t_s——平均辐射温度（℃）；

$$t_s = \frac{S_1t_1 + S_2t_2 + \cdots + S_mt_m}{S_1 + S_2 + \cdots + S_m} \tag{6-2}$$

其中　S_1，S_2……S_m 为四周围护结构面积（m^2）；

t_1，t_2……t_m 为各围护结构温度（℃）。

实感温度也称黑球温度，可用黑球温度计测出。

6.2　低温热水地板辐射采暖简介

6.2.1　辐射采暖分类

辐射采暖根据辐射板表面温度不同可分为三类：

（1）辐射板表面温度低于 80 ℃时称为低温辐射采暖。根据其安装位置分为顶棚式、地板式、墙壁式、踢脚板式等；根据其构造分为埋管式、风道式和组合式。各类辐射采暖的特点见表 6-1。目前常用的低温热水地板辐射采暖（简称地暖）是以低温热水（一般≤60 ℃，最高≯80 ℃）为加热热媒，加热盘管采用塑料管，预埋在地面混凝土垫层内。低温辐射采暖在建筑美感与人体舒适感方面都比较好，但表面温度受到一定限制，如地面温度不能超过 30 ℃，辐射墙板的墙面和顶棚温度不能超过 45 ℃等。由此带来的缺点是散热面积大，造价较高。

低温辐射采暖系统分类表 表 6-1

分类根据	类　型	特　　点
辐射板位置	顶棚式	以顶棚作为辐射表面，辐射热占 70%左右
	墙壁式	以墙壁作为辐射表面，辐射热占 65%左右
	地板式	以地面作为辐射表面，辐射热占 55%左右
	踢脚板式	以窗下或踢脚板处墙面作为辐射表面，辐射热占 65%左右
辐射板构造	埋管式	直径 15～32mm 的管道埋设于建筑表面内构成辐射表面
	风道式	利用建筑物构件的空腔使其间热空气循环流动构成辐射表面
	组合式	利用金属板焊以金属管组成辐射板

采用电热膜、发热电缆等为发热体的采暖方式，也属于低温辐射采暖。

(2) 辐射板表面温度为 80～200 ℃时称为中温辐射采暖。一般采用钢制辐射板，以高压蒸汽（≥200kPa）或高温热水（≥110 ℃）为热源，一般应用于厂房或车间。

(3)辐射板表面温度为 500～900 ℃时称为高温辐射采暖。一般指电力或红外线采暖，应用较少。

6.2.2　低温热水地板辐射采暖构造

低温热水地板辐射采暖的管道布置形式有联箱排管、平行排管、S 形盘管和回形盘管四种。联箱排管式管路易于布置，系统阻力小，但板面温度不均匀，温降小，排管与联箱间采用管件或焊接连接，应用较少。其余三种形式的管路均为连续弯管，系统阻力适中，特别适用于较长塑料管弯曲敷设。其中，平行排管管路易于布置，但板面温度不均匀，管路转弯处转弯半径小；S 形盘管温降适中，板面温度均匀，但管路的一半数目转弯处的转弯半径小；回形盘管温降适中，板面温度均匀，盘管管路只有两个转弯处的转弯半径小。各种布置形式的图示见本书安装图集部分。

地板采暖因水温低，管路基本不结垢，多采用管路一次性埋设于垫层中的作法。地面结构一般由楼板、找平层、绝热层（上部敷设加热管）、填充层和地面层组成。其中找平层是在填充层或结构层之上进行抹平的构造层，绝热层主要用来控制热量传递方向，填充层用来埋置、保护加热管并使地面温度均匀，地面层指完成的建筑地面。当楼板基面比较平整时，可省略找平层，在结构层上直接铺设绝热层。当工程允许地面按双向散热进行设计时，可不设绝热层。但对于住宅建筑，由于涉及分户热量计量，不应取消绝热层。与土壤相邻的地面，必须设绝热层，并且绝热层下部应设防潮层。直接与室外空气相邻的楼板、外墙内侧周边，也必须设绝热层。对于潮湿房间如卫生间等，在填充层上宜设置防水层。

绝热层的材料宜采用聚苯乙烯泡沫塑料板。楼层之间的楼板上的绝热层厚度不应小于 20mm，与土壤或室外空气相邻的地板上的绝热层厚度不应小于 40mm，沿外墙内侧周边的绝热层厚度不应小于 20mm。当工程条件允许时，绝热层厚度宜比以上数值增加 10mm。

填充层的材料应采用 C15 豆石混凝土，豆石粒径不宜大于 12mm，并宜掺入适量的防裂剂。填充层的厚度，宜采用50mm，最小不应小于40mm。如地面荷载大于20kN/m^{2}时，应会同结构设计人员采取加固措施。

6.2.3　低温热水地板辐射采暖管材

早期的地板采暖均采用钢管或铜管，存在如下缺点：埋管接头多，施工难度大且渗漏无法彻底解决；管道胀力大，易胀裂地面；管材寿命短，可靠性低。随着化学工业的发展，经过特殊处理和加工的新型塑料管已能满足地板采暖对管材温度、压力和耐老化的要求，而且管道长度可以按设计要求截取，埋管部分无接头，杜绝了埋地管道的渗漏。另外，塑料管容易弯曲，易于施工。因此，现在地板采暖均采用塑料管。地板采暖所采用的塑料管有：

交联聚乙烯塑料管(PE-X)：以密度≥0.94g/cm^{3}聚乙烯或乙烯共聚物，添加适量助剂，通过化学或物理的方法，使其线形的大分子交联成三维网状的大分子结构的加热管。

聚丁烯管（PB）：由聚丁烯-树脂添加适量助剂，经挤出成型的热塑性加热管。

交联铝塑复合管(XPAP或M/P)：内层和外层为密度近似等于0.94g/cm^{3}的交联聚乙烯，中间层为增强铝管，层间采用专用热熔胶，通过挤出成型的方法复合成一体的加热管。

无规共聚聚丙烯管（PP-R）：以丙烯和适量乙烯的无规共聚物，添加适量助剂，经挤出成型的热塑性加热管。

嵌段共聚聚丙烯管（PP-B或PP-C）：以丙烯和乙烯嵌段共聚物，添加适量助剂，经挤出成型的热塑性加热管。

耐高温聚乙烯管（PE-RT）：应用乙烯和辛烯共聚物，添加适量助剂，经挤出成型的一种热塑性加热管。是20世纪末推出的新型地板辐射采暖专用管道。

这几种塑料管均具有耐老化、耐腐蚀、不结垢、承压高、无污染、沿程阻力小等优点。加热管壁厚可参照本书第二部分塑料管使用条件分级表中的使用条件分级4，按设计压力0.8MPa的条件确定。当热水地板辐射采暖系统的工作压力大于0.8MPa，或建筑物高度超过50m时，宜按竖向分区设计。加热管的几何尺寸及壁厚见表6-2。考虑管材生产和施工过程中可能产生的缺陷，对于管径≥15mm的管材壁厚不应小于2.0mm，对于管径≤15mm的管材壁厚不应小于1.8mm。

加热管的几何尺寸及壁厚（mm）　　表6-2

外径(mm)	PE-X管	M/PEX-1管③ M/PEX-2管④	M/PEX-5管⑤	PE-RT管	PP-R管	PB管	PP-B管
12	2.0	1.60	—	2.0	1.8①	1.3①	2.0
14	2.0	1.60	—	2.0	—	—	—
15	2.0	—	—	2.0	—	—	—
16	2.0	1.65	2.25	2.0	2.2	1.3①	2.4
17	2.0	—	—	2.0	—	—	—
18	2.0	—	—	2.0	—	—	—
20	2.0	1.90	2.50	2.0	2.8	1.5①	4.1
25	2.3	2.25	3.00②	2.3	3.5	1.9	5.1
32	2.9	2.90	3.00	2.8	4.4	2.4	6.5

①需进行热熔焊接的管材，其壁厚不得小于1.9mm。

②外径为26mm。

③M/PEX-1管：PEX与搭接焊铝层复合管。

④M/PERT-2管：PERT与搭接焊铝层复合管。

⑤M/PEX-5管：PEX与对接焊铝层复合管。

6.3 低温热水地板辐射采暖在住宅中应用的特点

6.3.1 优点

(1) 舒适性强

地板辐射采暖是最舒适的采暖方式之一。原因：1）室内地表温度均匀，温度梯度合理，室温由下而上逐渐递减，给人以脚暖头凉的感觉，符合人体生理需要，能够改善血液循环，促进新陈代谢；2）辐射采暖不像对流采暖易引起室内污浊空气对流，室内洁净，卫生条件好；3）整个地板作为蓄热体，热稳定性好，在间歇采暖条件下，温度变化缓慢；4）地板采暖须铺设地面保温层，既减少了层间传热，又增强了隔声效果。

(2) 节能

辐射采暖方式较对流采暖方式节省能量。实践证明：1）在相同舒适感（实感温度相同）的情况下，辐射采暖的室内温度可比对流采暖低（约2～3℃），减少了采暖热负荷；2）由于地板采暖沿高度方向特有的负梯度温度分布，热量集中在人体活动区域，房间顶部不会过热，围护结构无效热损失少；3）地板采暖设计水温低，可利用其他采暖系统或空调系统的回水、余热水、地热水等低品位能源；4）热媒温度低，在输送过程中热量损失小。

(3) 可方便地实施按户热计量，便于物业管理

在各种适于计量的室内采暖系统中，地板采暖易于实现分户计量、分室控制、强制收费等，同时又克服了其他系统的缺点。

(4) 为住户二次装修创造了条件

1）地板采暖室内无暖气片、无外露管道，既增大了用户使用面积，又节省了做暖气罩、隐蔽管道的费用；2）便于在室内设置落地窗或矮窗；3）用户不受传统挂墙散热器限制，可遵照自己的意愿灵活设置轻质隔墙，改变室内布局。

(5) 使用寿命长，日常维护工作量小。

地板采暖采用的塑料管使用寿命大都在50年左右，远高于普通焊接钢管。埋地盘管采用整根管铺设，地下不留接口，消除了渗漏隐患。管道不腐蚀、不结垢，系统运行期间，只需定期检查过滤器，维护费用低。

(6) 适应住宅商品化需要，提高住宅的品质和档次。

住宅从福利化到商品化的改革，使得购房者对住宅的品位、质量、舒适性以及综合投资效益等提出了更高要求。地板采暖由于以上特点而使住宅档次得以提高，容易给开发商带来效益。

(7) 热源灵活

热源既可以是集中供热，也可以是单户热水采暖炉或其他合适的能源，可因地制宜，灵活方便。

（8）对湿度的影响

实测表明，室外相对湿度对室内的影响，采用低温地板辐射采暖较散热器采暖小。由于低温地板辐射采暖的采暖方式为远红外辐射，辐射表面温度较低，水分的蒸发速度较慢，并且红外线辐射穿过透明的空气，不改变空气的湿度，较好地克服了传统采暖方式造成的室内燥热、口干舌燥等不适，明显改善皮肤的微循环。

6.3.2 缺点

1）集中供热用户一般要换热降低供水温度以满足塑料管对温度的限制，增加了投资和运行管理的工作量，属于不合理的用能方式。

2）增加了楼板厚度，室内净高减小，结构荷载增加。

3）暖气费用较普通采暖系统高，另外还要增加混凝土垫层投资以及由于荷载增加必须提高结构强度的投资。

4）地板采暖施工要求高，需由经过专门训练的专业队伍施工。

5）室内地面装饰材料、家具摆放的位置、数量都影响地板采暖的效果，而这些在设计阶段是难以考虑周全的。

6）管理部门应加强对用户的管理，防止对地面的破坏性装修。

7）虽然地板采暖使用寿命长，但一旦损坏，进行维修几乎不可能。

8）每个采暖季的启动运行必须遵循一定的程序，物业管理和售后服务要跟上，以保证系统的正常运行。

6.4 低温热水地板辐射采暖设计

6.4.1 热负荷计算

地板采暖房间热负荷计算有两种方法：一是按折减 2～3 ℃后的室温作为计算依据；二是按原方法（计算温度不折减）进行计算，最后乘以 0.9～0.95 的热量折减系数。

按折减温度法计算地板采暖房间的热负荷：

$$Q_A=\eta_2\ (Q_W+\eta_1 Q_H)$$

式中 Q_A——地暖房间热负荷（W）；

Q_W——按现行设计规范计算的围护结构的耗热量（W）；

Q_H——室内换气耗热量（W）；

η_1——换气耗热量修正系数；

η_2——附加系数：连续采暖不采用分户计量 $\eta_2=1.0$

间歇采暖不采用分户计量 $\eta_2=1.1\sim1.2$

分户计量且带强制收费措施 $\eta_2=1.2\sim1.4$

说明：

1）室内设计温度比按规范计算时低 2～3 ℃。

2）根据国外资料介绍及国内辐射采暖的实际测试表明，墙壁及屋顶的保温程度、房间高度、宽度等对辐射采暖的供热量影响不大，但房间换气次数对辐射采暖供热量影响较大。因此，辐射采暖按对流采暖计算耗热量时，须对换气耗热量加以修正，见表 6-3。

换气耗热量修正系数表　　表 6-3

Q_H/Q_W	0.25	0.50	0.75	1.0	1.25	1.5	1.75	2.0
η_1	0.86	0.82	0.77	0.73	0.70	0.67	0.64	0.61

3）分户计量地板采暖系统最好通过计算确定户间传热负荷（见本书有关章节），尽量避免采用附加系数法。

4）对于高大空间公共建筑不考虑高度附加。

5）计算局部辐射采暖系统的采暖热负荷时，可按以上方法计算的热负荷乘以采暖面积与房间总面积的比值和表 6-4 的附加系数确定。

局部辐射采暖热负荷的附加系数　　表 6-4

采暖面积与房间总面积比值	0.55	0.40	0.25
附加系数	1.30	1.35	1.50

6）进深大于 6m 的房间，宜以距外墙 6m 边界分区，分别计算热负荷和进行管线布置。

6.4.2　热力计算

6.4.2.1　地板散热量

（1）公式法

地板采暖的散热由辐射散热和对流散热两部分组成。辐射散热量和对流散热量可根据室内温度和辐射板（地板）表面温度求出。其计算公式如下：

辐射散热量：

$$q_f = 5\times10^{-8}[(t_b+273)^4-(t_f+273)^4] \tag{6-3}$$

对流散热量

$$q_d = 2.13\ (t_b-t_n)^{1.31} \tag{6-4}$$

式中　q_f——辐射散热量（W/m^2）；

q_d——对流散热量（W/m^2）；

t_b——地板表面平均温度（℃）；

t_f——室内非加热表面的面积加权平均温度（℃）；

t_n——室内温度（℃）。

地板表面平均温度与单位地板散热量 q 之间的近似关系为：

$$t_b = t_n + 9(q/100)^{0.909} \tag{6-5}$$

（2）线算图

地面散热也可由图 6-1 查出。

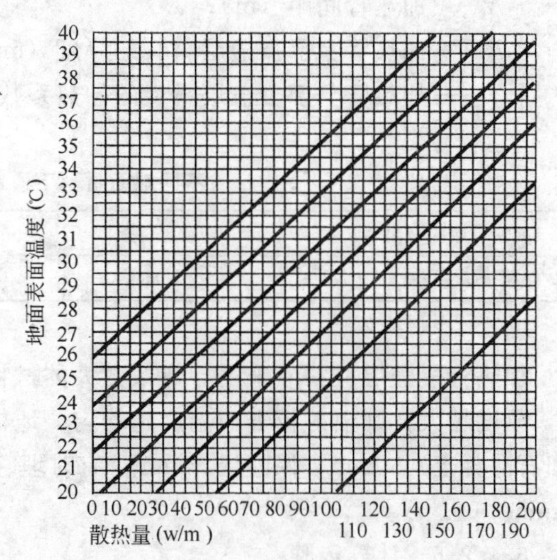

图 6-1　地板采暖散热量线算图

（3）查表法

根据不同的地面装饰层，制成不同管道间

距、不同水温下的地板散热量表，可直接查取，见本书第2部分。

6.4.2.2　辐射板表面的平均温度

对于地板采暖的辐射板表面即地面温度，为了保证人体舒适感，应符合下列规定：

人员经常停留区24～26℃，最高不应超过28℃；

人员短期停留区28～30℃，最高不应超过32℃；

无人停留区为35～40℃，最高不应超过42℃；

浴室及游泳池30～35℃。

地面温度取值应根据房间面积大小进行适当的增减，房间面积大者取小值，房间面积小者取大值。

当通过计算地面温度超出以上数值,应改善建筑热工性能或设置其他辅助采暖设备,减少地面辐射采暖系统负担的负荷。

6.4.2.3　加热管间距

加热管间距宜为100～300mm，沿围护结构外墙间距为120～150mm，中间地带为300mm左右。加热管间距影响辐射板表面温度，减小盘管间距，可以提高表面温度，并使表面温度均匀。

6.4.2.4　加热管内热水平均温度

按下式计算：

$$t_p = t_b + \frac{Q}{K} \tag{6-6}$$

$$K = \frac{2\lambda}{A+B} \tag{6-7}$$

式中　t_p——加热管内热水平均温度（℃）；

t_b——地面温度（℃）；

Q——辐射板散热量（W/m^2）；

K——辐射板传热系数［W/（m^2·K)］；

A——加热管间距（m）；

B——加热管上部覆盖层材料的厚度（mm）；

λ——加热管上部覆盖层材料的导热系数［W/（m·K)］，见表6-5。

不同地面材料下覆盖层热阻，δ/λ　　　　表6-5

地面材料	地　毯	瓷　砖	木地板	塑料地板
热阻δ/λ［W/（m·K)］	0.15	0.02	0.1	0.075

加热管覆盖层材料应采用导热系数大的材料，以尽量减少热损失。覆盖层厚度不宜太小，厚度越大，则辐射板表面温度越均匀。地板采暖层厚度不得小于80mm，其中填充层（细石混凝土）50mm，保温层30mm。有时埋管层之上还须做水泥砂浆找平层，厚度20～30mm。

6.4.2.5　计算步骤

热力计算的目的是根据房间热负荷及确定的供回水温度，求出房间加热管间距。计算步骤如下：

1）计算房间热负荷 Q_A；

2）计算房间单位地面面积耗热量 Q，其中距外墙 1.5m 范围内的热量，一般不宜少于外墙部分热负荷的 50%；

3）计算加热管平均水温 t_p：

$$t_p = (t_g + t_h)/2 \tag{6-8}$$

式中 t_g，t_h——设计供回水温度（℃）。

民用建筑供水温度宜采用 45～50 ℃，不应高于 60 ℃，供回水温差宜采用 5～10 ℃。

4）根据房间性质确定地面平均温度 t_b；

5）计算需要的辐射板传热系数 K：

根据式（6-6）

$$K = Q/(t_p - t_b)\ (\mathrm{W/m^2 \cdot K}) \tag{6-9}$$

式中各符号同前。

6）计算加热管上部覆盖层材料的导热系数：

$$\lambda = \frac{\Sigma\delta_i}{\Sigma\dfrac{\delta_i}{\lambda_i}} \tag{6-10}$$

式中 δ_i——各层覆盖层材料厚度（m）；

λ_i——各层覆盖层材料的导热系数［W/(m·K)］；

7）计算加热管平均间距 A：

根据式（6-7）

$$A = \frac{2\lambda}{K} - B \tag{6-11}$$

式中各符号同前。

6.4.2.6 地板采暖计算速查表

直接查表确定地暖盘管间距，见本书第 2 部分。

6.4.3 水力计算

水力计算的目的是确定加热管的管径和必需的压头（阻力损失）。简述如下：

加热管的管径采用限定流速法按下式确定：

$$d = 0.0188\ (G/v)^{0.5} \tag{6-12}$$

$$G = 0.86Q/\Delta t \tag{6-13}$$

式中 d——加热管内径（m）；

G——通过某根加热管的热媒流量（$\mathrm{m^3/h}$）；

v——加热管内热媒流速（m/s），加热管内热媒流速宜为 0.35～0.5m/s，不应小于 0.25m/s；

Q——某根加热管所负担的热负荷（kW）；

Δt——热媒流过加热管的温降（℃）。

盘管管路的阻力包括沿程阻力和局部阻力两部分。由于盘管管路的转弯半径比较大，局部阻力损失很小，可以忽略，因此，盘管管路的阻力可以近似认为是管路的沿程阻力。沿程阻力按下式计算：

$$\Delta P_y = \lambda \cdot \frac{L}{d} \cdot \frac{\rho v^2}{2} \qquad (6\text{-}14)$$

式中 ΔP_y——沿程阻力损失（Pa）；

λ——摩擦阻力系数；

d——管道内径（m）；

ρ——热媒水密度（kg/m^3）；

v——加热盘管内热媒流速（m/s）。

由于塑料管内壁的粗糙度在 0.0007m 左右，内壁比较平滑，而每个盘管的水量基本在 0.15～1.0m^3/h 之间，盘管的水力工况在水力光滑区内。其 λ 值按布拉修斯公式计算：

$$\lambda = 0.3164/\mathrm{Re}^{0.25} \qquad (6\text{-}15)$$

式中 Re——雷诺数，$\mathrm{Re} = \frac{vd}{\mu}$；

μ——流体运动黏滞系数，可取 $\mu = 0.52 \times 10^{-6} m^2/s$。

考虑到分、集水器和阀门等的局部阻力，盘管管路的总阻力可在沿程阻力的基础上附加 10%～20%。一般盘管管路的阻力在 20～50kPa 之间。

每套分（集）水器环路（自分水器总进水管控制阀起，至集水器总出水管控制阀为止）的总压力损失，不宜超过 30kPa。

本书第 2 部分给出地板采暖常用管径的塑料管道的水力计算表。

6.4.4 系统布置

（1）分、集水器设置

低温地板辐射采暖的管路一般采用分水器、集水器与管路系统连接。分、集水器组装在一个分、集水器箱内，每套分、集水器负责 3～8 套盘管的供回水（实际工程表明，5 个支路以上，进出分集水器的管道过于密集，地面易开裂，因此较大户型应增加分、集水器数量）。

分、集水器宜布置于厨房、盥洗间、走廊两头等既不占用主要使用面积，又便于操作的部位。并留有一定的检修空间，且每层安装位置宜相同。分、集水器距共用总立管的距离不得小于 350mm。

分、集水器直径一般为 25mm。在分水器之前的供水连接管上，顺水流方向安装阀门、过滤器、热计量装置和阀门。在集水器之后的回水连接管上，安装阀门，必要时在阀门前可安装平衡阀。分、集水器供回水连接管间应设置旁通管，使水流在不进入地盘管的条件下，对采暖系统进行整体冲洗。

（2）环路设置

为了减少流动阻力和保证供、回水温差不致过大，加热盘管均采用并联布置。原则上采取一个房间为一个环路，大房间一般以房间面积 20～30m^2 为一个环路，视具体情况可布置多个环路。每个分支环路的盘管长度宜尽量接近，一般为 60～80m，最长不宜超过 120m。

卫生间如面积较大有可能布置加热盘管时亦可按地暖设计，但应避开管道、地漏等，并作好防水。一般采用散热器采暖，自成环路，采用类似光管式散热器的干手巾架与盘管连接，烘干毛巾的同时也向卫生间散热。

加热盘管的布置应考虑大型固定家具（如床、柜、台面等）的位置，减少覆盖物对散热效果的影响。此外尚应注意与电线管、自来水管等的合理处理。

(3) 盘管设置

埋地盘管的每个环路宜采用整根管道，中间不宜有接头，防止渗漏。管道转弯半径不应小于 7 倍管外径，以保证水路畅通。

由于地暖所用塑料管的线膨胀系数较金属管要大，在设计过程中要考虑补偿措施，一般当采暖面积超过 $40m^2$ 时应设伸缩缝。当地面短边长度超过 6m 时，沿长边方向每隔 6m 设一道伸缩缝，沿墙四周 100mm 均设伸缩缝，其宽度为 5～8mm，在缝中填充弹性膨胀膏。为防止密集管路胀裂地面，管间距小于 100mm 的管路应外包塑料波纹管。

(4) 热水地板辐射采暖系统室内温度的控制，可采用以下方式：

1）在加热管与分、集水器的结合处，分路设置阀门，通过手动调节来控制室内温度。

2）在加热管与分、集水器的结合处，分路设置恒温控制阀，通过设定保持室内温度恒定。

3）在分、集水器上装设远传型自力式或电动式恒温控制阀，将温度传感器设置在房间内代表位置上，使室内温度保持恒定。

4）采用具有时间－温度预设定功能的温控装置。

6.5 低温热水地板辐射采暖热源

6.5.1 集中供热

集中供热一般采用 95/70 ℃热媒水，应用于地板采暖时必须进行二次换热，使其供水温度不高于 60 ℃。系统示意图如图 6-2。

6.5.2 半集中供热

指建筑物外为城市集中供热，各户单设户用换热机组，依靠机组所配水泵进行户内循环。户内循环水泵性能需考虑与地暖盘管水力状况匹配。

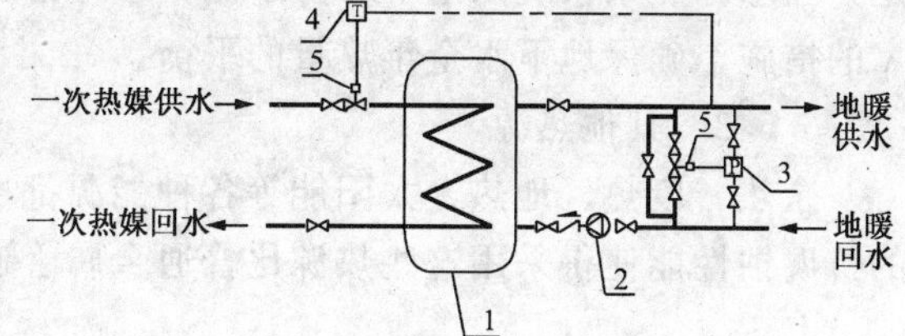

图 6-2 热源为二次换热系统图

1—换热器；2—循环泵；3—压差控制器；4—温度控制器；5—电动二通阀

6.5.3 集中热水锅炉供热

指一栋或几栋建筑物共用专设的热水供热锅炉。一般为燃油、燃气常压热水机组，有直接加热、间接加热两种形式。前者相当于无压锅炉，热媒循环为开式系统；后者热媒循环为有压闭式系统。

6.5.4 独立热源

指每户单设的专用采暖炉，如壁挂式燃气炉、家用电锅炉等。

该类小型采暖炉自带循环水泵的扬程一般为 20kPa 左右，仅满足普通散热器采暖的需要。由于地暖系统加热管敷设长度较长，环路阻力较散热器采暖系统大，一般为 30kPa 以上，对循环水泵应提出特别的要求。

考虑到人们的作息条件，采用独立热源的住宅通常情况下按间歇采暖设计地板辐射采暖系统。但是由于地板辐射层的热惰性较大，为满足人体舒适性的要求，在较短时间内使室内温度达到要求的温度，就不得不增加设备的容量或减少盘管的间距（数值计算表明，如使室内温度在一小时内从 5 ℃上升到 12 ℃，需要基本耗热量的 2.26 倍）。如果仍不能满足要求，就必须采用辅助热源来满足要求，这样不但增加了投资，而且降低了设备的运行效率。因此，采用独立热源的住宅不宜采用地板辐射采暖，而应采用传统的散热器采暖系统。

6.5.5 利用其他采暖或空调系统的回水采暖

当地暖系统仅为建筑的一部分区域，可以考虑采用其他区域采暖或空调的回水作为该部分地暖的热源。地暖系统的供水温度由温度调节器控制电动三通阀，调节采暖或空调系统回水和地暖回水的混合水温至设计温度，如图 6-3 所示。此种方法投资少、占地面积小，但地暖系统受采暖或空调系统运行工况和运行时间以及水质情况的影响，一般只在小系统中采用。

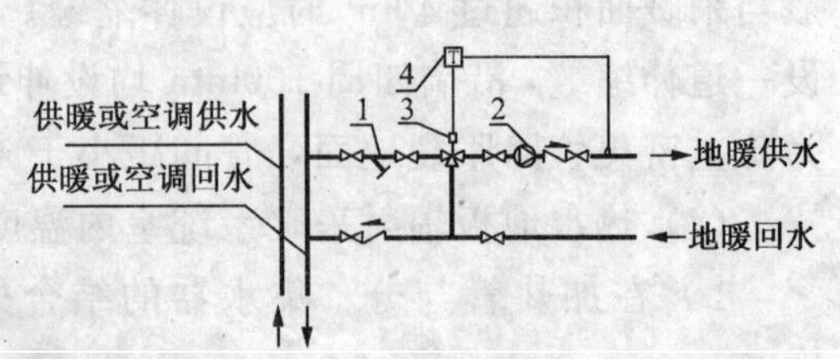

图 6-3 热源为采暖或空调回水系统图

1—过滤器；2—循环泵；
3—电动三通阀；4—温度控制器

6.5.6 热泵型冷热水机组

风冷热泵机组冬季出水温度一般在 40～50 ℃，非常适合作为地板采暖的热源。对于某些特殊情况，夏季采用风冷冷水机组供冷，冬季采用风冷热泵加地暖供热不失一种理想方案。由于热泵机组本身特性的限制，对于室外温度较低的区域，冬季的制热能力衰减较大，选用时要特别注意，有时需增加电辅助加热装置。水源热泵无此问题。

6.5.7 水源热泵系统

当无热力、燃气管网，电力受限，但有合适的水源（地下水或地表水）条件时，利用水源热泵机组，由于其出水温度为 55～60 ℃，可以作为理想的地板采暖的热源。应注意的是，当水源热泵系统以地下水为水源，不考虑夏季制冷仅作为冬季热源运行时，应采取可靠的措施，确保地下水全年热量的平衡。

6.5.8 其他热源

余热、废热、地热、太阳能等各种能源都可以作为地板采暖热源。由于塑料管材优异的抗腐蚀性能使得采用这些热源比普通金属管道采暖系统更具明显优势。

6.6 施工安装及运行管理

6.6.1 材料

地暖系统使用的加热管，应根据其工作温度、工作压力、使用寿命、材料价格、可维修性、施工方便程度和环保性能（如管材回收利用的可能性）等因素，经全面综合考虑和技术经济比较后确定。

加热管的质量必须符合相应标准中的各项规定与要求。加热管和管件的颜色应一致，色泽均匀，无分解变色。加热管外表面应光滑、清洁，不允许有分层、针孔、裂纹、气泡、起皮、痕纹和夹杂等。

地暖管件包括分、集水器及连接件。分、集水器（含连接件等附件）的材料为黄铜。当用于连接 PP-R 管或 PP-B 管时，黄铜连接件直接与 PP-R 或 PP-B 接触的表面必须镀镍。金属连接件间的连接及过渡管件与金属连接件的连接采用专用管螺纹连接密封。金属连接件与管材之间的连接，采用卡套式夹紧结构，当用于连接 PP 管或 PB 管时，卡套式夹紧连接件结构中应有“O”形硅橡胶密封圈。

管材和管件在运输、装卸和搬运时应轻放，不得抛、摔、拖。

管材和管件堆放储存时，库房内的温度不应超过 40℃，且有良好的通风条件；应远离热源及受油、化学物品污染的地方。

管材应水平堆放在平整的地面（板面）上，不得采用块状或条状物体支垫，不得随意堆放和曝晒。

管材切割及端头胀口均应使用专用工具。

当采用可焊塑料管时，应用专用设备焊接。焊后应重做水压试验，确保接头不漏水。

热水地面辐射采暖工程采用的聚苯乙烯泡沫塑料（EPS）板材，其质量应符合《隔热用聚苯乙烯泡沫塑料》（GB10801）中 II 的规定，主要技术指标如表 6-6。当采用其他隔热材料时，其技术指标应具有同等效果。

EPS 板材主要技术指标 表 6-6

项目		单位	II
表观密度	不小于	kg/m³	20.0
压缩强度（即在 10%形变下的压缩应力）	不小于	kPa	100
导热系数	不大于	W/（m·K）	0.041
吸水率	不大于	%	4
氧指数	不小于	%	30
70℃48h 后尺寸变化率	不大于	%	5
熔结性（弯曲变形）	不小于	mm	20

6.6.2 地板采暖施工顺序

1）毛地面抹水泥砂浆找平，不允许有凹凸不平及砂石碎块。

2）铺设保温材料。

3）铺设铝箔纸。

4）按设计要求敷设地暖盘管，用卡钉每隔 30～50cm 固定管材。

5）回填细石混凝土（细石粒径小于 1.5cm），细石混凝土应加膨胀剂以防龟裂。回填前作水压试验，试验压力为系统工作压力的 1.5 倍，并不得小于 0.6MPa，10 分钟压力降不超过 0.02MPa 为合格。试压完毕，带压充填混凝土，充填时避免管道移动。采用人工夯实，不可用振捣器。混凝土凝固后方可泄压。

管道进出分、集水器处，管间距过小，易造成地面开裂。当管间距≤100mm 时，管道外面应套柔性波纹管，上面加设一层钢丝网，再铺设垫层。

6）抹水泥砂浆找平。

7）管道敷设完毕，再次进行水压试验。试验压力为工作压力的 1.5 倍，且不应小于 0.6MPa。加压宜采用手动泵缓慢升压，稳压 1h，压降不大于 0.05MPa 为合格。

8）管网冲洗干净后，再与分、集水器连接。

6.6.3　系统调试与运行管理

1）供热支管后的分、集水器竣工验收后，应对整个供回水环路水温及水力平衡进行调试。

2）地板采暖施工过程中，没有验收前严禁踩踏、重压已铺好的环路。细石混凝土填充后，严禁在上部切割石料、堆砖。若需在地面上凿眼钻洞，必须在确保不会损伤管道的前提下进行。

3）初次供热及每个采暖季的初次运行都应先预热，供热水温不得骤然升高。初温控制在比当时环境温度高 10 ℃左右，且不超过 32 ℃，以此温度循环 48h 后逐日升温，每日 3 ℃，直至设计供水温度为止，方可正常运行。

4）对于新建住宅，当有相当长时间内无人居住时，要考虑冬季防冻问题。建议：一是地板采暖施工时间与住户协商，选择入住前进行，避免试水后地暖管道充水越冬；二是在可能条件下，将盘管内的水由真空泵抽空，并进行空气吹干，确保在正式交付使用前盘管内无水。

5）用户装修铺设木地板，应采用复合木地板、实木复合地板，并在混凝土完全固化干燥后施工。施工时要特别注意不要破坏埋地的管道。采用实木地板或混凝土未完全干透铺设有可能导致木地板干裂。

第7章　分户热源采暖系统

从计量与温控的角度，分户热源采暖系统是一种较为理想的采暖方式。根据采用的热源或能源种类，分户热源采暖系统有燃油或燃气热水炉采暖、电热直接采暖、热泵采暖及利用集中供热的家用换热机组采暖等不同方式。热泵采暖一般与夏季制冷结合使用，将在本书第8章论述；家用燃油热水采暖系统受燃油供应、贮存及安全性等各方面的限制应用较少。本章将对分户式燃气采暖、电热直接采暖、家用换热机组进行论述。由于以下因素，采用单户热源的独立式采暖系统得到发展：

1）随着人们对居住质量要求的提高，我国以长江流域为主的夏热冬冷非采暖地区冬季提出了采暖需要。

2）大量远离城市中心、集中供热达不到的别墅区、高级住宅区的兴建，要求有新的采暖方式。

3）房地产业的发展，开发商为了降低投资，简化建设程序和物业管理，不设置区域锅炉房和供热管网，将供热的问题转化为供气、供电问题。自然回避了集中供热引起的失调问题、热计量问题、拖欠热费问题等。

4）某些地区能源结构的改变以及环保政策的限制。电力供应紧张局面趋于缓和甚至相对过剩，管道煤气、天然气得到普及，使得单一的以燃煤作为采暖热源的格局已经改变。尤其是出于环境保护的需要，许多地区都划出了禁止燃煤的区域，同时出台了一些鼓励用电或天然气的政策。

5）居住者对于热舒适要求的提高。许多地区集中供热的效果得不到人们的满意，促使人们寻找新的采暖方式。而且由于在调节和控制方面的优势，用电或天然气的独立采暖有时可以实现比使用集中供热更少的运行费用。

6）适于单户独立式采暖的新设备不断推出，以及国内外厂商进行的推广销售活动。

7.1　分户式燃气采暖

7.1.1　燃气采暖方式的比较分析

天然气是公认的清洁能源，与燃煤相比，燃烧天然气，CO_2 排放可减少52%，NO_x 可减少45%，SO_2 和灰渣产生量极少。随着国家能源与环保政策的调整，天然气采暖得到了前所未有的重视。许多研究人员对天然气锅炉采暖的几种形式进行了技术经济分析。

在以燃煤为热源的各种采暖方式中，因为大型燃煤锅炉便于集中处理烟尘、灰渣污染物，锅炉型号越大，效率越高，故一般认为大型集中锅炉房的城市集中采暖优于分散锅炉房采暖，但单户采暖最差。而对于以天然气为能源的采暖方式中，燃气锅炉效率高，大、中、小型锅炉效率区别不大，锅炉燃烧过程和出力易于控制。因此，以燃气为热源的采暖系统方案评价不能沿用燃煤锅炉的结论。

以燃气为热源时，可供选择的采暖方式有城市燃气热电联产集中采暖、区域集中燃气锅炉房采暖、分散燃气锅炉房采暖和单户燃气采暖等。在热电联产中可利用燃气易于控制的特点作为系统调荷使用，综合热效率最高。其他几种方式的比较如下：

(1) 应用特点

1) 单户燃气采暖

采用家用燃气锅炉采暖，可同时解决生活热水供应问题。调节灵活，无锅炉房和外网投资及热损失，变热计量为燃气计量，计量准确方便。由于供热效率高（一般在90%以上），并且无热浪费现象，因此这种采暖方式的经济性较好，据对京津地区的抽样调查统计，单户燃气采暖的耗气指标为7～8m^3/（m^2·a），低于其他燃气采暖方式。

存在的问题是，家用燃气锅炉质量参差不齐；烟气无组织、多点、低空排放，产生局部污染；部分燃气炉运行噪音大；在寒冷地区用户长期外出防冻比较麻烦；人们对其安全性有担心。

2) 分散燃气锅炉房采暖

有模块化采暖和分散集中采暖两种方式。一个住宅单元或一栋建筑使用一个燃气锅炉房采暖称为模块化采暖（也称为单元式采暖），多个相邻的使用性质相同的建筑使用一个燃气锅炉房采暖称为分散式集中采暖，二者的区别在于后者存在一次热网，采用外网直供方式。

此二种采暖方式均具有以下优点：锅炉房集中管理，方便维修；每个系统供热面积小，便于调节和控制，无中间换热，热损失和动力消耗小，易克服水力失调，烟气可集中排放。综合供热效率介于单户采暖和区域锅炉采暖之间，一般为80%～90%。据抽样调查北京地区分散燃气锅炉房采暖的耗气指标为9～12m^3/（m^2·a）（无分户计量）。

3) 区域采暖

一个小区或几个小区的多个建筑共用一个燃气锅炉房采暖，采用二次热网，设中间换热站。外热网规模较大，采暖面积可达数百万平方米，烟气高空排放。

特点是锅炉房投资较分散采暖省，集中管理，方便维修，污染小。对煤改气项目，可利用原有的供热管网系统和锅炉房附属设备，节省初投资。但外网和换热损失大、热媒输送动力消耗大、综合热效率低，外网投资大，调节不灵活，水力失调严重。不同性质建筑混在一起，浪费能源严重，北京地区采暖耗气指标10～14m^3/（m^2·a）。

三种燃气采暖方式的特点比较可见表7-1。

各种燃气采暖方式特点比较 表7-1

项目 \ 方案	区域锅炉	分散锅炉	家用锅炉
锅炉房	低	高	无
锅炉	低	低	高
一次管网投资	有	无	无
二次管网投资	有（基本相同）		无
室内系统投资	高（基本相同）		低
管理费用	基本相同		低于前者

续表

项目＼方案	区域锅炉	分散锅炉	家用锅炉
设备寿命	基本相同		低于前者
系统热损失	大	较大	无
综合热效率	低	中	高
可调节性	差	较差	好

（2）投资与运行费用

文献 6 以 100m^2 的采暖建筑面积作为分析单位，根据北京市调研结果得出三种天然气锅炉采暖方式的投资分析，见表 7-2；三种方式的运行费用分析，见表 7-3。

各种燃气采暖方式投资分析　　表 7-2

项目＼方案	区域锅炉	分散锅炉	家用锅炉
面积（m^2）	100	100	100/户
锅炉房	1000～1500	1000～2000	
锅炉	1000～1500	1500～2000	3500～6500
附属设备	500～1000	1000～1500	
外网	1500～2500	1000～1500	
室内系统	500～700	500～700	300～500
合计	4500～7200	5000～7700	3800～7100
平均	5850	6350	5400

注：室内系统区域锅炉及分散锅炉采暖采用共用立管分户独立的温控热计量系统。

各种燃气采暖方式运行费用分析　　表 7-3

项目＼方案	区域锅炉	分散锅炉	家用锅炉
面积（m^2）	100	100	100/户
燃气费	1980 元/1100m^3	1638 元/910m^3	1368 元/760m^3
电费	156.6 元/300kWh	104.4 元/200kWh	78.3 元/150kWh
水费	256 元/80m^3	192 元/60m^3	32 元/10m^3
盐费	5.1 元/15kg	3.4 元/10kg	
维修费	150 元	100 元	150 元
人工费	130 元	200 元	
合计	2397.7 元	2133.4 元	1628.3 元

对比三种采暖方式投资，家用锅炉采暖系统本身具备分户计量与温度控制功能。因此，造价较低，虽增加户内燃气管线，但该部分投资是与生活燃气系统合用的，不再重复计算，同理，燃气开户费也不再计算。对于分散锅炉与区域锅炉，有些地区是不收燃气开户费的。运行费用中未包括折旧费、利润、税收等，其中各种锅炉的使用寿命都为10年，管网系统为20年。

（3）污染物分析

天然气锅炉排放的烟气中只有NO_x、CO_2、水蒸气、少量SO_2、CO和烟尘，无灰渣污染。烟尘浓度主要来自空气和燃烧过程中产生的微量细尘；烟尘中SO_2浓度取决于天然气中的含硫量，一般天然气经过脱硫，含硫量很低。三种采暖方式中，CO_2、SO_2与烟尘排放量燃烧单位体积的燃气基本相同，总量区域采暖最多，分散锅炉次之，家用锅炉最少。NO_x排放量与燃烧方式、炉膛燃烧温度和过剩空气量有关，不同采暖方式NO_x排放量可参考表7-4。

各种燃气采暖方式NO_x排放量　　　　表7-4

燃气锅炉类型	燃烧方式	过剩空气系数	炉膛最高温度（℃）	NO_x（ppm）
壁挂家用锅炉	大气式	1.5～2.5	800～950	5～35
容积式家用锅炉	鼓风式	1.4～3.6	900～1100	21～70
模块化锅炉	鼓风式	1.3～2.1	1000～1200	45～110
区域锅炉	鼓风式	1.2～1.8	1100～1300	60～130

考虑燃气耗量的区别，当烟气排放高度低于30m，在大气中NO_x排放的浓度以单户采暖最低；当区域采暖烟气排放高度超过50m时，在大气中产生的浓度要低于分散采暖，与单户采暖基本相同。单户采暖对低空污染的影响跟小区环境有关，目前尚无确凿证据表明该影响的程度。

7.1.2　家用燃气采暖炉设计

（1）家用燃气采暖炉形式

家用燃气炉按加热方式分为快速式和容积式燃气采暖炉两种。快速式燃气炉也称为壁挂式燃气炉，是冷水流过带有翅片的蛇形管热交换器被烟气加热，得到所需温度的热水。容积式燃气炉内有一个60～120L的储水筒，筒内垂直装有烟管，燃气燃烧产生的热烟气经管壁传热加热筒内的冷水。

排烟方式有强制排气和强制给排气两种。前者属于半密闭式燃具，燃烧需要的空气取自室内，燃烧产生的烟气排至室外；后者属不密闭式燃具，其烟道一般为套管结构，内管将产生的烟气排出室外，外管从室外吸入燃烧所需的新鲜空气。

过去的家用热水采暖装置（土暖气）多采用自然循环。这既是为了节省投资，也是由于当时选配不到合适的小型循环水泵。为了提供采暖系统正常循环所必需的作用压头，散热设备的散热中心必须高于炉子加热中心。这在住宅层高只有2.8m左右的情况下，难以布置，也很不美观。自然循环管内水流速很低，管径较大。目前家用燃气热水采暖炉均采用机械循环，分为开放式和封闭式两种，以封闭式为主。开放式设外置或内置开式水箱，采暖系统运行属常压运行；封闭式家用燃气炉自带内置闭式膨胀水箱，自带循环泵和放气阀。

燃油、燃气热水采暖炉自控程度高，既可以作为单独的采暖热源，也可作为采暖和生活热水两用的热源。

（2）家用热水采暖炉安全保护措施

家用热水采暖炉一般应具有以下安全保护措施：

1）防过热安全保护装置。当炉内水温超过 95 ℃（采暖系统使用塑料管时，应根据塑料管耐温情况确定炉温）时，应能自动停止燃烧并切断电源，同时发出声光报警信号。

2）防低水位安全装置。当炉内水位低于限定水位时，应能自动停止运行，同时发出声、光报警信号。

3）风压控制安全装置。自动检查风压，当风压超标时，油、气源将被切断，停止燃烧。

4）防过压装置。当炉内水压超过最大工作压力时，安全阀自动开启泄压（开式膨胀水箱系统不需装安全阀）。

5）防冻安全装置。当炉内水温低于 5 ℃，将自动点火，防止冬季家中无人时炉体及系统被冻坏。为安全起见，冬季长期家中无人时，还是以放水防冻为宜。

6）防温度传感器失灵装置。当温度传感器失灵时，自动切断气源，停止燃烧，同时发声光报警。

7）熄火安全保护装置。熄火应能自动切断气源。

（3）家用燃气热水采暖炉的安装

1）禁止使用直排式燃气炉。使用半密闭自然排气式燃具，即使室内有良好的通风条件，由于易出现倒烟现象，也不宜在室内安装，在敞开的阳台、走廊上安装应采取防冻措施；密闭式家用燃气炉，可以安装在厨房、厕所、封闭阳台或专用锅炉间内。

2）燃气热水采暖炉与以可燃材料、难燃材料装修的建筑物间的距离不得小于表 7-5 中的数值。

燃气热水采暖炉与以可燃材料、难燃材料装修的建筑物间距离　　表 7-5

种　类	间隔距离（mm）			
	上方	侧方	后方	前方
密闭自然对流式	600	45	45	45
密闭强制对流式	45	45	45	600

3）排气筒、排气管、给排气管与可燃、难燃材料装修的建筑物的安装距离应符合表7-6 的规定。

排气筒、排气管、给排气管与可燃、难燃材料装修的建筑物的安装距离　　表 7-6

<table>
<tr><td colspan="2">烟气温度</td><td>260 ℃及其以上</td><td colspan="2">260 ℃以下</td></tr>
<tr><td colspan="2">部位</td><td colspan="2">排气筒、排气管</td><td>给、排气管</td></tr>
<tr><td rowspan="2">开放部位</td><td>无隔热</td><td>150mm 以上</td><td>$D/2$ 以上</td><td>0mm 以上</td></tr>
<tr><td>有隔热</td><td>有 100mm 以上隔热层取 0mm 以上安装</td><td>有 20mm 以上隔热层取 0mm 以上安装</td><td>20mm 以上</td></tr>
</table>

续表

烟气温度	260 ℃及其以上	260 ℃以下	
部位	排气筒、排气管		给、排气管
隐蔽部位	有 100mm 以上隔热层取 0mm 以上安装	有 20mm 以上隔热层取 0mm 以上安装	20mm 以上
穿越部位措施	应有下述措施之一： 1）150mm 以上的空间 2）150mm 以上的铁制保护板 3）100mm 以上的非金属不燃材料保护板（混凝土制）	应有下述措施之一： 1）$D/2$ 以上的空间 2）1/2 以上的铁制保护板 3）20mm 以上的非金属不燃材料卷制或缠绕	0mm 以上

4）采暖炉的排烟道及多户共用的主烟道应进行合理的处理，既保证排气畅通，又要防止倒烟。有条件时应保证主烟道处于负压状态（屋顶加装屋顶风机），无此条件时按自然排烟的烟道进行设计。

5）设置采暖器具的房间应有良好的通风措施。

7.2 电热直接采暖

单纯的电热采暖方式是高品质能源的低位利用，属于不合理用能，不应推广。但在某些特殊场合，采用电采暖，可以充分发挥其方便、灵活等特点，较其他采暖方式更具优势。

7.2.1 电热直接采暖形式

（1）电采暖器具

自然对流式电暖器，如踢脚板式电暖器；强制对流式电暖器，如各类暖风机；辐射式电暖器，如石英管电暖器；对流辐射式电暖器，如电热油汀。

（2）电热锅炉采暖

模块式电热锅炉：与模块式燃气锅炉类似，一个建筑单元、一栋建筑或者数栋性质相同的建筑共用一个采暖系统。

家用电热锅炉：以户为供热单位，利用散热器或低温热水地板辐射采暖，同时可以兼供生活热水。

（3）电热辐射采暖

1)电热膜　如美国凯乐瑞克的低温辐射电热膜采暖系统。该系统以电热膜为加热体，配以独立的恒温控制器组成。电热膜是采用可导电的油墨印制在柔软的聚酯薄膜之上而形成的电阻式加热片，可安装在顶棚上、墙壁中、地板下的绝热层和装饰板之间，一般以顶棚安装为主。

2）发热电缆　发热电缆是一种通电后发热的电缆，它由实芯电阻线（发热体）、绝缘层、接地导线、金属屏蔽层及保护套构成。如 DE-VI 公司柔韧加热电缆线、法国爱迪士加热电缆、法国泰克尼百公司的尼沃电缆等。尼沃电缆适于中国国情的 TASH 系列主要参数为：电压 220V，功率 20W/m、30W/m。DE-VI 加热电缆有 DTIP-18（220V，17.2 W/m，ϕ=7.4mm，最高温度 65 ℃)，适用于混凝土等地面结构中；DTIP-10（220V，9.6 W/m，

ϕ=7.0mm，最高温度65℃)，适用于混凝土、木地板、薄地板等结构中。加热电缆的使用范围非常广泛，除可作为民用建筑的辐射采暖，还可用做蔬菜水果仓库等的恒温，农业大棚、花房内的土壤加温，草坪加热，机场跑道、路面除冰，管道伴热等。加热电缆的安装与低温热水地板辐射采暖安装相同，可参照本书第6章有关内容。

3）半导体电热带　　以法国泰克尼百公司的尼沃半导体带为代表，其各种安装方式见本书第二部分。

4）电热板　　国内已有定型产品，由纯电阻电路构成的电热元件与特制的材料组成固定的电热板，使用时配以温控器。可以顶棚安装、地板安装、墙壁或墙裙安装、蓄热式地下敷设安装等。目前，一种利用夜间谷段电力的相变蓄热采暖设备已开始应用，随着峰谷电价的进一步拉大及蓄热器本身成本的降低，采用电蓄热采暖，可使电热采暖这一不合理用能的方式变得合理起来。

7.2.2　发热电缆地面辐射采暖设计与施工

发热电缆地面辐射采暖是指保护套表皮最高连续工作温度为65℃的发热电缆埋设在地面下的辐射采暖方式。

(1) 系统设计

热负荷计算与低温热水地板辐射采暖相同，考虑电热采暖具有灵活的调节特性，户间传热温差应取较高值(按分户热源取10℃)。考虑电网电压波动，在确定电采暖设备容量时，应在房间计算热负荷的基础上附加20%的运行系数。

室内地表面平均温度取值与低温热水地板辐射采暖相同。

发热电缆功率应按实际铺设电缆的地面面积（排除壁橱、固定家具等地面遮盖面积）计算。一般情况下，实际配置的加热电缆功率应较所需功率增加30%左右，以确保系统在低温时反应迅速。根据一些工程实践，对于符合JGJ26—95的节能型多、高层住宅，发热电缆的安装功率可为50～70W/m^2，浴室卫生间宜为120～160W/m^2。

发热电缆的布置，宜选择平行型（直列型）。发热电缆的敷设间距，应根据地面散热量、室内设计温度、传热热阻通过计算确定。排列发热电缆时，应根据室内热损失的分布情况采取疏密结合的布置方式，一般靠近外窗、外墙布管应较密，但最大间距不应超过300mm。

在需要采暖的一个区域（房间）中宜安装一根发热电缆，两个不同温度要求的区域（房间）不宜共用一根发热电缆。

(2) 温度控制

单独的采暖区域（房间）宜单独控制温度；对于较大的区域，需要铺设多根发热电缆才能满足要求时，不宜由温控器直接控制发热电缆，可通过设置接触器与发热电缆并联连接，同时感受温控器的信号，控制多根电缆电流的通断；几个温度相同的房间统一进行温度控制时，也可采用温控器和接触器相结合的方式。

发热电缆地面辐射采暖系统中的温控器可根据房间的使用功能、控温范围、额定电流、通断精度等因素选择型号、规格。一般房间可采用室温型温控器或地温型温控器；高大空间、浴室、卫生间、游泳池等潮湿房间，应采用地温型温控器；当需要同时控制室温和限制地面或发热电缆最高温度的场合，如在木地板内铺设的电热系统，应采用双温型温控器，房间传感器用于测量室温，同时配有地面传感器测量地板的温度，地面传感器温度可预先设定；有特殊要求时，温控器还可与定时时钟区域编程器串联起来实现智能控制；对于已实行峰谷电价的地区，宜采用带有分时段功能的温控器。温控器的额定电流不宜大于16A。

室温型温控器应安装在距室内地面1.4m的墙面上，尽量避免安装在外墙上。温控器或传感器应安装在附近无散热体、周围无遮挡物、不受风吹、避光、能正确反映室内温度的位置。

(3) 电气设计

发热电缆地面辐射采暖系统供电方式，应采用AC220V供电，每个回路电流不应大于16A。进户回路负载超过8kW时，可采用AC220/380V三相五线制供电方式。多根发热电缆接入三相系统时应使三相平衡，发热电缆地面辐射采暖系统的电气回路应单独设置和计量。配电箱中应设过流保护和漏电保护功能的装置，每个供电回路应设带漏电保护装置的双极开关。发热电缆必须有接地金属护套、掩蔽物或加固物。地温传感器穿线管宜选用PVC管或半硬塑料管，发热电缆的屏蔽接地线应与温控器的PE线连接，并终结于电源配电箱的PE端子上。

发热电缆温控器可选用类型有：机械式（双金属片、盘）温控器、电子模拟式温控器、电子数字式温控器、同时控制室内空气温度与地面下温度的双温型温控器、智能型温控器等。

(4) 材料

发热电缆的结构从里到外由以下材料组成：发热导体、绝缘体、接地防触电体、防水防潮体、屏蔽体、耐腐蚀护套体等。发热导体宜使用纯金属或金属合金材料，应满足超过50年的非连续使用时间；防水防潮体可使用延展性能好的金属箔粘接在耐腐蚀护套体上或增大耐腐蚀护套体的厚度。发热电缆的外径不宜小于6mm。

(5) 施工

1) 发热电缆的地面结构做法与低温热水地板辐射采暖相同。电缆下的地面结构应很好地绝热，以保证热量向下的损失量最小。绝热材料一般采用聚苯板。在较潮湿的房间中，如浴室，应铺设防潮膜防止潮气进入地面结构。发热电缆下必须铺设钢丝网或金属固定带，以保证发热电缆不被压入隔热材料中。

2) 发热电缆定位后，用塑料扎带固定在钢丝网上或采用金属固定带固定。

3) 填充浇注过程中，为确保发热电缆不被压入隔热材料中，宜使用一些热阻小的垫块放在发热电缆和隔热材料中间，用以抬高发热电缆。填充混凝土中不能参杂坚硬的石块，且应有一定的黏度并不含气孔。待30d左右混凝土干燥后，方可通电使用。覆盖混凝土前后，都要检测电缆的电阻值。

4) 在安装电缆加热系统时，应遵循电缆供应商的说明，针对不同地面材料采用何种粘合剂，以及地板能承受的温度及铺设程序，以使系统达到最佳的效果。

5) 加热电缆安装于木地板中

只要遵循严格的安装使用程序，功率为100W/m的加热电缆可以安装在木地板中。装有地面传感器的恒温器可将地板结构的温度控制在地板生产厂家提供的允许温度范围内。电缆下同样应铺设绝热层。

当安装于有龙骨的实木地板下，最大功率不能超过80W/m。电缆安装于铁丝网上，铁丝网固定在龙骨上。铁丝网与其下面的表面至少应有30mm的距离。电缆与绝热层不能直接接触，也不能与木地板长时间接触。施工时需要在龙骨上刻出凹道，用于电缆穿过，每个凹道应由金属覆盖，每个凹道只能允许一根电缆通过。

(6) 运行与管理

发热电缆辐射采暖系统的采暖效果应以房间中央离地 1.5m 处黑球温度计指示的温度，作为评价和考核的依据。

发热电缆地面辐射采暖系统的调试与初运行，应在施工完毕的第一个采暖季前完成，且应在混凝土填充层养护期满后进行。首次启动发热电缆系统，升温应平缓，温控器应控制在比当时环境温度高 5～10 ℃左右，且不应高于 32 ℃。以此温度连续运行 48h 后，每隔 24h 温控器调升 3 ℃，直至达到 60 ℃使室内温度符合设计要求。

7.2.3 地热膜辐射采暖系统的设计与安装

电热膜系统安装结构为三层：外层是装饰板，中间是电热膜，内层是隔热层。地热膜系统的热工计算与前述发热电缆系统相同，下面简述其电气设计和系统结构设计。

(1) 电气设计

1) 除了专用电源分支截面一律为不小于 2.5mm^2 的单芯铜线外（建议使用 4mm^2 的单芯铜线），其余所有导线截面的选择应符合工业与民用建筑电气设计的要求。

2) 根据热工计算提供的每个房间的负荷量，按照合理布线、三相平衡的原则分配各回路负荷，同时确定各接线盒的位置，然后选择干线截面和配电箱。

3) 一般每一个房间配一个温控器，如果房间面积较大，采暖功率超出单个温控器可控范围，可考虑安装两个以上的温控器或通过温控器控制磁力开关来切断或接通电源。

4) 电热膜供电回路应单独设漏电断路器保护，并不得与其他用电器混用，每条回路最大保护额定电流应不大于 16A。

5) 温控器的安装位置一般应安装在能正确反映室内温度的墙体上（避免置于冷墙、阳光直射、空气流速高的地方），同时应便于使用者操作。

6) 电热膜引出线与电源线的连接采用专用的压线帽，安装方便、可靠。电源线为不小于 2.5mm^2 单芯铜线。

(2) 安装部位

地热膜采暖系统安装方法灵活多样，应根据建筑物的具体情况和不同的特点决定和选择电热膜的安装部位。

1) 住宅、办公室、会议室、客房等可以安装在顶板上。外面覆盖纸面石膏板做成整体平吊顶，一般选用标准规格的纸面石膏板（长 3000mm，宽 1200mm）。

2) 电热膜的宽度是决定纵向龙骨间距的依据，电热膜发热体有效部分应完全落在龙骨的净间距内。

3) 在石膏板接缝外应加装横龙骨。

4) 电热膜的上部覆盖保温材料，防止热量向楼板传导。顶层房间的保温材料厚度宜比中间层房间增加一倍。

5) 布置电热膜时要预留出连接导线的通道，并且以路径最短为原则。

6) 电热膜不能布满房间时，应将其集中于靠近外墙一侧和门口上方，或者在房间内均匀分布。

(3) 安装程序

1) 顶棚下安装

(*A*) 打龙骨。按设计尺寸安装固定好龙骨；

(*B*) 安装隔热材料（岩棉或玻璃棉）；

(*C*) 按龙骨间距剪裁保温材料（比实际尺寸大 10mm），龙骨与隔热层应在同一水平面上；

(*D*) 安装电热膜、接线。按照安装序号将电热膜组平直地铺在金属龙骨之间，用双面胶将安装区与龙骨固定。与龙骨要平行且保证固定点在同一条直线上，铺设在龙骨间的电热膜一定要平整，禁止有褶皱。

(*E*) 测试

(*a*) 系统电阻测试。选择精确的数字式万用表判断是否有短路和开路现象，测试电热膜回路与龙骨是否绝缘，其电阻值不能小于 1MΩ。如不满足规定值，则需检查系统是否有绝缘破损接地情况，必要时进行更换处理；

(*b*) 临时送电五分钟试温，测试电热膜每片是否都工作正常，如一片或几片不热，先关掉临时电源，重新检查这些膜片的连接，以上测试全部正常，方可进行下一道工序。

(*F*) 安装装饰板

(*a*) 上板前认真检查电热膜与待装石膏板之间是否有保温材料，如有必须除去；

(*b*) 用自攻螺钉将石膏板安装到龙骨上；

(*c*) 当吊顶石膏板及其饰面层充分干燥后，送电加热；

(*d*) 隔热层与电热膜和饰面层之间不留间隙；

(*e*) 完成后，再次检测直通电阻和绝缘电阻值，确保安装石膏板时并未损坏电热膜及其接线。

2) 龙骨吊顶安装

(*A*) 吊顶；

(*B*) 铺隔热层，使用玻璃棉等软体材料，禁用聚苯乙烯板；

(*C*) 铺电热膜，接线。

(4) 电热膜安装的注意事项

1) 严格依照厂家提供的技术手册，并符合国家或地方的相关电气设计规范进行设计与安装。

2) 一定要在建筑物内部所有湿作业均已完成，充分干燥，电热膜电源配电箱就位，各分支回路电源管线预留工程结束且室内其他电气配管、穿线工程均已完成，顶板上的铁丝、钢筋头等金属物清除后才能进行电热膜安装的施工。

3) 禁止使用纤维素、箔面保温材料，吊顶安装时，不得使用聚苯乙烯板。

4) 保证金属龙骨的正确接地。

5) 严禁切割电热膜。

6) 严禁在有电热膜采暖系统的天棚位置设置装饰线、雕塑、柱、轨道式灯具或其他结构，因为它们会阻挡热量的散发，从而导致系统过热。

7) 应按龙骨间距剪裁保温材料（实际尺寸可大出 10mm）。

8) 将保温材料铺放在龙骨之间，以塑料胶带加以固定，使龙骨与保温材料之间不要留有空隙，以免热量损失。

9) 所有导线、保险和断路器的使用，都必须符合国家标准。

10）对于新建建筑，在设计时连接系统的每个系统的每个支路都应是采暖系统专用的，禁止将电灯、插座的支路与电热膜采暖系统共用。

11）顶棚内的无关导线离电热膜必须有至少有50mm的距离，并且要用保温材料将这段空隙填满。

12）电热膜布置区域与回风口或排风扇之间的间距不宜小于200mm。

13）电热膜不可安装在距顶棚（或地板）表面固定的配电箱小于200mm的范围内。

14）电热膜与热源之间距离应大于200mm。与表面温度达到80℃以上的物体之间的间距不应小于1m。

15）同一房间的所有电热膜，均应覆盖热阻数一致、材质相同的饰面材料。

16）向吊顶铺石膏板时，严禁在发热区10mm以内钉石膏板，并应尽量减少裁剪，即在发热区采用整片石膏板铺设，非发热区可用小块拼接。（发热区的石膏板铺设时采用错接方式，以避免开成通长的连接缝隙。）

17）在缝隙处须使用穿孔纸带或网格嵌缝带等，有助于防止部位出现裂缝。

18）当顶棚表面石膏板嵌缝材料及其涂层尚未干透时，不得通电开启电热膜，否则易导致顶棚出现开裂现象。

7.3 家用换热机组

我国住宅采暖过去一直以粗陋笨重的铸铁散热器为主，而外形美观、重量轻、承压高的钢制、铝（合金）制散热器难以大力推广，其中一个重要原因是国内采暖热媒水的水质难以控制。我国现行的钢制散热器标准要求热媒水的含氧量≤0.05mg/L，热水锅炉水质要求为0.1mg/L，这些要求在现有供热系统中很少得到保证。由于管道漏损、用户偷热，使得补水量过大，加之除氧设施不完善，含氧量得不到控制，使得钢制散热器氧腐蚀严重。此外，热水锅炉水质要求pH为10～12，而铝合金散热器喜酸怕碱，适宜的pH值为5～8.5，当水质pH达到12时会迅速腐蚀，这就极大地限制了它的使用。只有在二次换热的供热系统中，由于换热器的水质要求pH为8.5，当水质管理和运行稳定可靠时，才可安全使用一般的铝合金散热器。

在分户计量系统中，每户设置一套独立的换热机组，户内系统与热网隔绝，可大大降低热网补水量；户内系统自备热媒水，水质自然容易保证；散热器承压极低，可以采用如塑料散热器等耐压很低的散热器，大大降低工程造价，提高采暖系统安全性。换热器既可以是单独的采暖换热器，也可以与卫生热水换热合成一体。采暖换热系统宜为开式无压系统，设管道循环泵供水。卫生热水换热器可为承压即热式，靠自来水供水，不再设泵；也可作成无压容积式，根据换热器设置高度，可以设泵或不设泵。本书图集部分列出了几种不同系统的流程图。换热器宜采用高效的板式、螺旋板式、铜管换热器。换热器可以与热计量设备组合到一起，成为一个换热计量机组，便于用户选用。

第 8 章　热泵采暖—冷暖结合的户式中央空调系统

在夏季需要空调、冬季需要采暖的地区，宜优先考虑选用冷暖结合的热泵采暖方式，即各种户式中央空调系统。户式中央空调是介于中央空调系统和家用空调设备（窗式空调机、分体空调机等）之间，为高级住宅、别墅、小型办公用房等场所采暖、空调的一种方式。由于户式中央空调兼顾冬季采暖与夏季制冷需要，室内环境舒适，易与室内装修协调，同时具有方便的控制与计费功能，简化建设程序，因此，在高档住宅中得到一定应用。

目前市场上出现的户式中央空调的形式有：

1）变频控制多联分体式空调系统（简称多联机系统）。

2）冷热源为空气-空气热泵，采用可接风管式室内机输送负荷到每个空调房间（简称风管机系统）。

3）冷热源为空气-水热泵机组，空调房间采用风机盘管（简称风机盘管系统）。

4）热源为小型燃油、燃气直燃机组，空调房间采用风机盘管送风（简称直燃机系统）。

5）水环热泵系统。

8.1　多联机系统

由日本大金工业株式会社最先研制推出，并将 VRV 注册为其专属名称。目前市场上类似产品较多，本节以大金 VRV 系统为主介绍这一系统形式的构成及设计方法。

VRV 系统由一台室外机和数台室内机组成。每一台室内机都具备根据房间的要求进行独立的制冷或制热的运转能力。室外机由空气冷却，采用了压缩机变频与冷媒流量分配技术，突破了传统家用空调一拖一、一拖二的限制，大大延长了配管长度及高度，扩大了使用范围和灵活性，节能效果显著，舒适性较好，安装方便。VRV 系统分商用型与家用型两大类，其中商用 VRV 最多可由一台或一组室外机带 30 台室内机，配管长度最长可达 120m，室内外机高差 50m，室内机配置容量可为室外机额定容量的 50%～130%。室外机采用变频控制，并且控制方式灵活多样，可单控或群控、有线控制或无线遥控、集中控制、7 日定时控制等。

8.1.1　家用多联机系统

分单冷型和冷暖热泵型，分别由一台室外机和二～七台室内机组成。适用住宅规模从 $100m^2$ 至 $300m^2$，住宅形式从普通多居室住宅到别墅、跃层式住宅，应用场合从一般居室到 $100m^2$ 左右的大客厅。除普通的挂壁型室内机，家用 VRV 系统可采用部分商用空调室内机如顶棚卡式嵌入型、顶棚嵌入风管连接型，使住宅中可供选择的室内机形式更多。

日本大金家用 VRV 系统构成较为简单，室外机仅有一个型号，额定制冷容量 14.5kW。可连接室内机容量 7.5～18.9kW，室外机额定容量比率 50%～130%，只要根据计算空调负荷选择的室内机总容量在此范围内即可。

美的 MDV [H] 系列一拖多家庭中央空调根据不同户型有四种型号，分别为：一拖三型，额定制冷量 11kW；一拖四型，额定制冷量 14.5kW；一拖五型，额定制冷量 16.0kW；一拖六型，额定制冷量 15kW。室外机采用 11 级变频控制，能量调节范围 18%～125%。

家用多联机系统采用单相 220V 电源，并且只需向室外机提供电源，室内机通过传输配线输送电源。控制采用遥控器控制，可独立控制，也可集中控制，控制配线采用无极性二芯线。

多联机系统氟里昂冷媒用量大，有泄漏可能，并且检漏困难。另外，相比于其他形式的户式中央空调系统，价格较高。

8.1.2　多联机系统设计

以下多联机系统的设计步骤同时适用于商用及家用多联机系统。

（1）计算室内冷热负荷

对住宅来说，多联机系统的使用情况与家用空调器类似，应考虑间歇运行与隔墙传热。计算冷热负荷时，应根据采用的新风处理方式，计算新风负荷；不设独立新风系统时，应计算冷风渗透负荷及通风换气负荷。

（2）选择系统形式及控制方式

根据建筑物性质及使用功能、业主要求、投资情况等选择适宜的 VRV 系统形式；确定气流组织方式、新风供应方式等；选择合适的控制方式。

（3）选择室内机机型

根据确定的空调系统形式及房间装修要求，选择合适的室内机机型。

（4）初选室内机容量及台数

根据空调房间的计算负荷、室内要求的干、湿球温度、室外空调计算干、湿球温度及已确定的室内机机型，选出制冷（供热）容量接近或大于房间负荷的室内机型号和台数。作为选择室内机容量的房间空调负荷一般采用夏季冷负荷，以冬季热负荷进行校核，当校核不满足冬季采暖需要时，应选择大一号的机型或采取其他辅助采暖措施。室内机的制冷和供热容量与室内要求的干、湿球温度及室外设计干、湿球温度有关，设计时应查厂家提供的详细的容量表。

（5）计算室内机总容量指数

根据选择的室内机型号和台数，计算室内机的总容量指数。

（6）初选室外机型号

根据室内机组合总容量指数选择室外机型号，通常室内机总容量指数宜接近或略小于每台室外机在 100%组合率时的容量系数。如果组合率大于 100%，应对室内机的同时使用情况进行确认并对所有可能同时使用的室内机的实际容量进行修正再进行选择。

（7）确定室外机的实际容量

根据室外机的容量指数和室内机的总容量指数，计算实际的机组组合率。根据机组组合率以及已知的室内外温度，查厂家提供的室外机容量表，得出该室外机的实际制冷量、供热量和输入功率。

（8）室外机的实际供热量修正

对冬季供热校核时，应按当地实际的室外采暖或空调计算参数下的机组供热量作为标准，并考虑冬季室外机热交换器表面积霜或除霜的因素，对室外机的实际供热量进行修正，见表 8-1。表 8-2 为某型室外机冬季不同工况下的制热量计输入功率。

除霜综合修正系数 表 8-1

热交换器入口温度（℃/RH85%）	−7	−5	−3	0	3	5	7
综合修正系数	0.96	0.93	0.87	0.81	0.83	0.89	1.0

RSX（Y）10K 型室外机制热量、输入功率 表 8-2

室外空气温度（℃DB）（℃WB）	室内空气温度（℃WB）									
	16		18		20		22		24	
	TC（kW）	PI（kW）	TC（kW）	PI（kW）	TC（kW）	PI（kW）	TC（kW）	PI（kW）	TC（kW）	PI（kW）
−13.7 −15.0	20.9	9.45	20.7	9.62	20.4	9.79	20.1	9.96	19.8	10.1
−9.5 −10.0	23.7	9.62	23.4	9.79	23.1	9.97	22.7	10.1	22.4	10.3
−7.0 −7.6	25.0	9.70	24.7	9.88	24.3	10.1	24.0	10.2	23.7	10.4
−5.0 −5.6	26.1	9.77	25.7	9.95	25.4	10.1	25.1	10.3	24.7	10.5
0.0 −0.7	28.8	9.94	28.4	10.1	28.0	10.3	27.6	10.5	26.6	10.4
5.0 4.1	31.4	10.1	31.0	10.3	30.6	10.5	29.0	10.2	26.6	9.48
9.0 7.9	33.5	10.2	33.0	10.4	31.5	10.2	29.0	9.49	26.6	8.78
15.0 13.7	36.4	10.4	34.0	9.74	31.5	9.10	29.0	8.43	26.6	7.72

注：表中*TC*—制热量，kW；

PI—输入功率，kW（压缩机和室外机风机电机）；

DB—干球温度；

WB—湿球温度。

（9）计算各室内机的实际容量

根据下式计算同一系统内各室内机的实际制冷或供热量。

$$ICA=\frac{OCA\times INX}{TNX} \tag{8-1}$$

式中 ICA——单台室内机的实际制冷或供热量，kW；

OCA——室外机的实际制冷或供热量，kW；

INX——单台室内机的容量指数；

TNX——室内机的总容量指数。

如果按上式计算的结果小于该房间的冷或热负荷，则应重新选择该房间的室内机，再按上述步骤计算，直到满足要求为止。

（10）冷媒配管长度引起的室内机容量修正

按照步骤（9）计算得到的各室内机容量是在标准工况（冷媒配管等效长度 5m，室内、外机高差为 0m）的制冷、制热量。实际工程中还应根据系统的实际配管长度和室内外机的相对位置高差进行修正。图 8-1 为某室外机制冷、制热容量随配管长度、室内、外机高差的变化率，实际工程设计应查厂家资料。

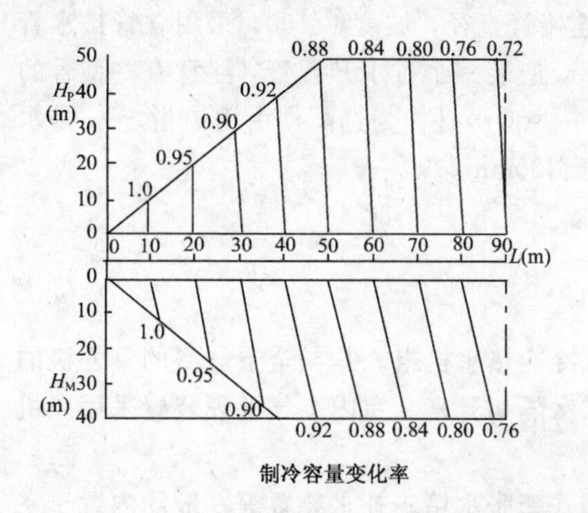

制冷容量变化率

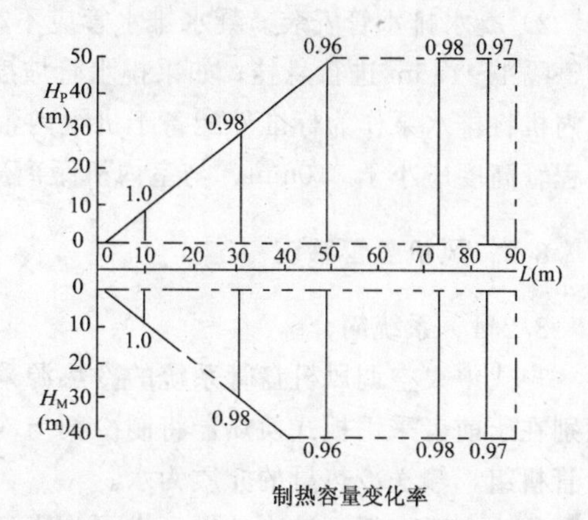

制热容量变化率

图 8-1 冷媒配管长度引起的容量变化

H_P——当室内机处于下方时与室外机之间的高差（m）；

H_M——当室内机处于上方时与室外机之间的高差（m）；

L——等效管长（m）；

a——容量修正系数。

说明：

1）该图为标准的室内机系统在最大负荷（温控器设定在最大值时）下的容量变化率，部分负荷条件下，容量修正率会有较小变化。

2）在室内机配管长度不同时，多台室内机同时运转的最大容量为：

制冷（热）容量＝各室内机制冷（热）容量×各个管长引起的容量变化率

如修正后的室内机实际容量小于房间空调负荷，则应增大室内机的型号重新进行选择计算，直到满足要求为止。

8.1.3 多联机系统安装

（1）管材

采用脱氧亚磷无缝铜管（外径 25.4mm 以上，其余用 C1220T—0 或同等材料）。

（2）绝热

变频控制 VRV 系统的气体冷媒配管必须进行绝热处理。如果空调系统需要在 0～18℃温度下进行制冷模式的运转，其液管也必须加以绝热。

绝热材料一般采用耐热发泡型绝热材料，如聚乙烯、橡塑海绵等。厚度 10mm 以上，耐温气管不低于 120 ℃，液管不低于 70 ℃，也可采用玻璃纤维等材料。

（3）室外机安装

保证必要的空气流通；不应对相邻楼房、相邻住户造成不便；安全、水平、并能承受设备的振动；无易燃气体泄露的危险；尽可能避免雨淋；易于日后维修保养；安装在积雪地区，应尽量做高基础、安装防雪罩，拆除吸风格栅，以免在背后积雪。

(4) 室内机安装

1) 维修空间。顶棚卡式嵌入型在气流吹出方向应不小于1500mm；顶棚嵌入风管连接型应在接管一侧留有足够空间；落地型应留有足够的进风空间，机底距地面不小于80mm。

2) 凝水排水管安装。凝水排水管应不小于连接管直径，坡度1/100，采用软管排水管应每隔1～1.5m进行悬挂；如果排水管坡度不够，应装一个排水升程管（注意有些型号的室内机将排水泵作为标准件配备于机组内，另外一些型号是作为选配件由用户指定），排水升程管高度应小于310mm，与室内机距离应小于300mm。

8.2 风机盘管系统

8.2.1 系统简介

户式中央空调风机盘管系统的冷热源采用风冷冷热水机组。其与全空气型的室外机的区别在于前者采用板式换热器将制冷剂与冷热媒水隔离开来。室内空气处理装置采用风机盘管机组，输送冷热量的介质为水。

作为水系统循环动力的循环水泵、小型的闭式膨胀水箱、补水装置等一般均内置于室外机组内。只要接上电源及供回水管，空调系统就可使用，系统的布置大大简化。较大型的系统，水系统设备一般均由用户另外配置。对于北方寒冷、严寒地区，为了防止冬季水系统冻结，有些设备将冷水机组的蒸发器连同水循环设备组装在一起，布置在室内；而产生噪声的压缩机及风冷冷凝器组装在一起，作为室外机部分布置在室外。室内机、室外机和常规的家用空调类似，用冷媒管道联系在一起。此种布置方式，对于冬季接入其他低温热水作为辅助热源的系统尤其合适。

风冷机组的电源有220V-1Φ/50Hz，380V-3Φ/50Hz两种。

风机盘管系统造价适中，可分室调节，相比全空气系统节能性较好，是国内目前应用最多的户式中央空调系统形式。存在的缺点有：水管入户，存在漏水危险，施工要求严格；风机盘管凝水盘易滋生细菌，引发空调病；难以引入新风，特别对高层住宅密封性强，空气品质较差。

8.2.2 主机性能

无论全空气型的室外机还是风冷冷热水机组，设计选用时都要注意冬季实际的制热工况与其额定工况的差别。我国目前尚没有小型风冷冷水（热泵）机组的国家标准，参考容积式冷水（热泵）机组标准（JB/T4329—1997）规定，额定制冷工况为室外干球温度35℃，额定进出水温度7/12℃；额定制热工况为室外干湿球温度7/6℃，额定进出水温度40/45℃。目前大部分厂家也是按这个标准进行性能参数的标定。

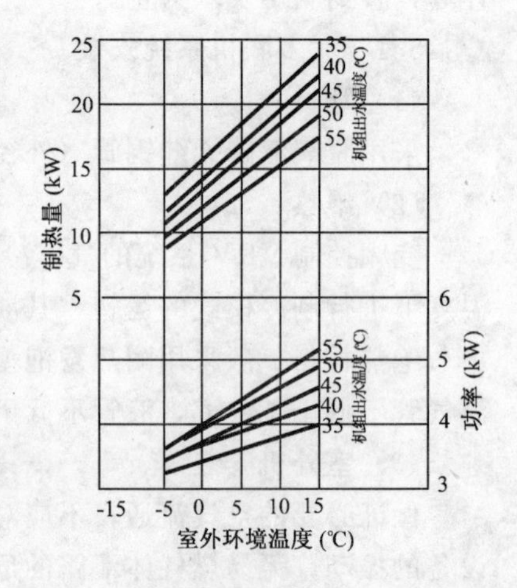

图 8-2 某热泵机组制热量和功率

当实际工作环境与额定环境不一致时，应对制冷量、输入功率等进行修正。图8-2为某型号风冷热泵机组冬季制热量、输入功率随室外温度变化的曲线。可以看出，随室外温度的降低，机组制热量降低，功耗降低；随出水温度升高，制热量减少，功耗增加。其他型号或其他产品应向厂家索取相应性能曲线图或全性能表。

上述风冷热泵机组制热量均为瞬时制热量，未考虑结霜、除霜引起的制热量损失。当室外温度较低而相对湿度较大时，室外空气换热器发生结霜现象，使传热系数增大，空气阻力增加，换热恶化，供热量骤减，甚至发生停机现象。因此，必须对室外盘管进行除霜。除霜是采用四通阀换向，进入制冷工况，使压缩机排气直接进入空气换热器以除去翅片表面结霜。除霜时，机组不但不能供给室内热量，反而从室内吸收热量，严重影响供热效果，甚至产生吹冷风的感觉。因此，在选用空气源热泵机组时，必须进行结霜、除霜修正。

影响结霜的因素主要是室外相对湿度 Φ 和干球温度 t，发生结霜的范围为 $-12.8℃\leqslant t\leqslant 5.8℃$，$\Phi\geqslant 67\%$。当 $-5℃\leqslant t\leqslant 5℃$，$\Phi\geqslant 85\%$ 时，结霜最为严重。新修订的《采暖通风与空气调节设计规范》规定当每小时除霜一次时，除霜修正系数取 0.9，每小时除霜两次时，除霜修正系数取 0.8。由于我国各地气候状况差异很大，不同地区、不同的使用情况除霜修正值应有所区别。考虑冬季不同温度区间出现的权重，研究人员提出了结霜温度区间平均结霜损失系数的概念。表 8-3 为各主要城市相应结霜区间的平均结霜除霜损失系数。

各城市平均结霜除霜损失系数 **表 8-3**

城市	一班制	三班制	城市	一班制	三班制
北京	0.98	0.965	武汉	0.913	0.812
济南	0.976	0.96	宜昌	0.94	0.894
郑州	0.973	0.954	南昌	0.96	0.912
西安	0.97	0.955	长沙	0.878	0.703
兰州	0.998	0.994	成都	0.988	0.973
南京	0.944	0.907	重庆	0.994	0.99
上海	0.957	0.89	桂林	0.999	0.998
杭州	0.94	0.888			

8.2.3 设计步骤

(1) 收集建筑资料，初步划分系统

同其他形式的空调系统设计一样，户式中央空调系统设计前也要完整准确地收集那些对冷热负荷会产生影响的建筑设计资料。对住宅建筑来说，除常规的一些资料如气候条件、热工性能等，还应对以下内容重点了解：

1) 住宅的类型，如为多层、小高层、高层住宅，还是属别墅、度假村或是为出租公寓类等；

2) 住宅户型设置情况，如户内面积、房间有无二次分隔可能等；

3) 未来住户的基本情况，如职业、收入、生活习惯等；

4) 住宅区的能源情况，可以采用的热源种类；

5) 开发单位的物业管理要求。

在收集和研究了上述各项资料的基础上，初步确定：

1) 采用何种户式空调形式；

2）室外主机及室内末端设备的安装位置；

3）辅助加热设备的类型及安装位置；

4）初步划分系统。对于普通住宅，应按户设置系统；对于面积较大的跃层式住宅、别墅或商住办公性质的公寓等，系统的划分应予考虑，如按层、按功能区或采用一个系统。

（2）冷热负荷计算

空调冷热负荷计算与常规空调相同，注意间歇运行与新风负荷或渗风负荷。

（3）选择主机

在北方寒冷甚至严寒地区使用空气源热泵，其冬季制热能力一般不能满足房间热负荷的需求。何时需要采取辅助加热措施以及辅助加热量的大小，影响到采暖的能耗及系统造价，应有一个较为合理的数值。为此，应对冬季热泵的动态供热性能及采暖房间的动态热负荷进行分析，确定合理的热泵采暖平衡点。所谓热泵采暖平衡点，即热泵供热能力与房间热负荷需求相等时的室外空气状态点。当室外温度低于平衡点，热泵供热量不足，需采取辅助加热。平衡点的位置与建筑物维护结构的耗热特性和所选用的机组容量大小有关，平衡点的确定，是一个经济比较问题。日本的做法是，对于一般的建筑物，可将采暖期室外平均温度作为热泵机组的平衡点，意大利一位教授建议热泵容量按设计耗热量的50%～60%进行设计。由于我国适合采用空气源热泵的大部分地区夏季冷负荷大于冬季热负荷，一般根据夏季最大瞬时冷负荷初选室外主机型号规格，然后与冬季采暖或空调设计状况下的热泵供热量进行校核。

（4）风机盘管机组选择

选择风机盘管机组时，户式中央空调系统尤需注意以下两点。1）风机盘管机组的额定制冷量、制热量是在夏季供回水温度7/12 ℃、冬季供水温度60 ℃下标定的。在额定水温下，风机盘管的制热量要大大高于制冷量，按夏季工况进行选型即可。但过小的型号，风量太小，可能造成冬季热风送不下来，室内垂直温度梯度过大，感觉很不舒适。因此，室内风机盘管管机组选型，应以换气次数进行校核，保证换气次数不小于5次/h。2）实际循环水温度如不满足额定工况要求，应以实际水温校核风机盘管机组的制冷量、供热量。风冷热泵在冬季设计工况下出水温度一般达不到60 ℃，实际的供热能力满足不了寒冷季节的采暖要求，在主机除霜阶段，室内还有吹冷风的感觉。因此，在寒冷、严寒季节采用风冷热泵采暖，一般应设辅助加热措施。辅助加热设备的选择与控制，既要满足需要的制热量又要满足一定的供水温度，保证人员的热舒适感觉。

（5）系统布置

主机、风机盘管确定以后，进行系统布置。为了降低噪声以及冬季防冻，室外主机宜设于通风良好的封闭阳台或专用隔间内。无冬季防冻问题的地区或采用压缩机、蒸发器分体主机形式时也可将主机设于阳台、屋顶、室外地面等处，但应避免紧邻卧室、起居室等主要房间。室内风机盘管布置有卧式暗装、立式明装、卡式吸顶半暗装、挂壁明装等形式，以卧式暗装居多，风机盘管常设于小走道吊顶内，房间局部吊顶。管道宜沿墙、柱、梁等敷设，以方便用户吊顶装饰。有种做法是将空调管道主要沿卧室内墙敷设，装修时管道下作挂衣橱，使衣橱与管道吊顶形成一体，客厅、餐厅等主要房间仅外露风口。

由于户式空调水系统的压力很低，选择管材应以耐腐蚀、防渗漏、方便安装等为主，许多新型的塑料管材如PEX、PB、PPR、XPAP等都是理想的选择。

（6）水系统设计

室内水系统与公共建筑风机盘管水系统的区别在于，为了减少水泵所占空间、免去水泵安装费用，户式中央空调风机盘管系统的循环水泵均与主机设置在一个箱体内，水泵的电源和控制均由主机负责，便于实现全自动管理，降低水泵产生的噪声和振动。循环水泵应可靠性高、体较小、效率高、不漏水、噪声低、振动小，一般采用进口产品。

水系统同样需要设置膨胀水箱，普通住宅难于解决高位开式膨胀水箱的安装位置，因此一般均采用小型气体定压膨胀罐，

8.3 风管机系统

户式中央空调全空气系统简称风管机系统，其冷热源为小型空气-空气热泵，制备冷（热）风，通过风管送到每个房间。根据机组结构的不同风管机系统有以下几种形式：

（1）穿墙式机组

为风冷整体机组（大多为热泵型），与普通窗机的区别为：冷凝器风机为离心式，故可将室外侧做成与外墙面齐平，容易与建筑立面协调；室内蒸发器风机带有较高余压，可接送风管道。

（2）风冷分体式风管机

根据室内机形式，又有水平吊装式、立柜式、卧式暗装等；根据室内机数量，有一拖一、一拖二（室外机配置两套独立的压缩机、冷凝器，但共用冷凝风机）、一拖三（三套压缩机、冷凝器）形式。此类机组冷量范围较大，室内机余压较高，冷媒配管长度可达60m，安装灵活性好。

（3）屋顶机组

用于住宅的为整体机组，常设于屋面，冷热量较大，适用于别墅等较大型空调场所。

风冷热泵机组的压缩机常用进口全封闭柔性涡旋式压缩机，冷量较大的型号为全封闭往复式压缩机。压缩机台数一般一台，较大型号二台，也有的产品采用二～三台压缩机，以提高能量调节余地。也有采用变频压缩机的风冷热泵机组，但价格较高。

风冷机组的电源有220V-1Φ/50Hz（一般小型号采用），380V-3Φ/50Hz（一般大型号采用）两种。

风管机系统的设计步骤与8.2节相同，主机的选择也与风冷冷热水热泵机组的选择一致。

这种系统存在的问题主要有：室内机噪声处理不够，室内噪声较高；系统控制不便，一开全开，一关全关，耗电量较大；冬季寒冷季节风冷热泵出力不够，达不到室温要求，有的采用电加热进行辅助加热，但火灾隐患较大。关于噪声问题，应尽量采用分体式空调机组，并将室内机组放置在专用小间内，送风出口加装软接头，有条件时设置消声器，机组下设置隔振橡胶垫。若采用吊顶管道机，管道机放置处应设吊顶，并与吊顶其他部位隔开并密封，机组吊架采取减振措施，机组下方的吊顶设吸声板等。关于控制问题，有条件时应尽量设置较为齐全的控制功能，如采用变风量控制，室外机组采用变频控制等。随室外气温下降（采暖热负荷增加），风冷热泵供热能力下降，如济南地区在冬季空调计算温度（−10℃）时，某些热泵设备出力只有其额定工况（7℃）时的50%左右。寒冷地区采用风冷热泵一般要设置辅助加热措施。常用的辅助加热方式有：1）室内机组设纯电阻式辅助加

热器，其优点是设计、安装简单、控制方便，缺点是安全性较差，送风质量差。2）室内机组蒸发盘管后增加一套热水盘管，寒冷季节利用家用热水器（电或燃气）的热水进行辅助加热，当有集中采暖时，冬季直接将集中采暖的低温热媒水送入热水盘管代替热泵供热。3）冬季利用燃气暖风机代替热泵采暖。燃气暖风机是家用燃气采暖炉的一种，直接送热风可与室内送风管道系统相接，实现夏季供冷、冬季供热。此类暖风机可配置蒸发盘管，从而直接替代风冷热泵机组的室内机，达到冷暖两用的目的。

8.4 水环热泵系统

8.4.1 系统简介

水环热泵机组是一种水冷整体式氟利昂直接蒸发供冷/供热机组，它由冷媒压缩循环、一套空气处理设备和一套水-冷媒热交换器构成。冷媒压缩循环包括压缩机和可逆式阀门、控制装置等；空气处理设备包括空气-冷媒翅片盘管式热交换器、送风机和空气过滤器；水-冷媒热交换器一般采用管套管筒型管壳式换热器，水在管内流动，冷媒在管外流动。

水环热泵空调系统是以一个双管封闭的水循环系统，连接系统中全部小型水-空气热泵机组，热泵机组将系统中的循环水作为吸热（热泵工况）的“热源”或排热（制冷工况）的“热汇”，从而形成一个以回收建筑物内部余热为主要特点的热泵采暖、供冷的空调系统。通常系统内要连接辅助加热装置和冷却装置以维持系统循环水温度在一定范围内，使系统正常运行。水环热泵机组的工作原理，正循环时制冷剂在空气侧换热器从空调房间中吸热，由水侧换热器将热量排向封闭环路中的水体，此即制冷工况；逆循环时四通阀换向，制冷剂在水侧换热器中吸收封闭环路中水的热量，由空气侧换热器在空调房间中放热，此即制热工况。

本书第二部分给出了典型的水环热泵（WLHP）系统图示。其主要组成有：冷却设备——闭式蒸发冷却塔或开式冷却塔配水-水板式换热器、加热设备——各式热交换器或锅炉等、水环热泵机组、膨胀水箱和补水装置、循环水泵。

水环热泵系统的主要优点是节约能源，舒适性高。水环热泵系统中所有机组都可独立地在制冷或制热工况下运行而互不影响，即用二管制系统实现了四管制的效果。通过系统中水的循环及热泵机组的工作实现了建筑物内热量的转移，达到了最大限度的节能。

对于住宅建筑来说，采用 WLHP 系统，可以应用各种低品位能源作为辅助热源，如地热水、工业废水、太阳能等。当过渡季节或夜间仅有部分用户使用空调时，常规空调系统也需启动制冷主机或锅炉，而 WLHP 系统仅开冷却塔、辅助热源等少数设备即可。而当只有极少数用户（如只有一、两户）短时间内需要供冷或供热时，仅靠循环水的蓄热（冷）量，即可维持系统正常运转。热泵机组分散在每个用户家中，可由用户的独立电表供电，实现分户计量，易于使用用户养成主动节约能源的习惯。

另外水环热泵系统还具有使用灵活、投资合理、设计安装简单、运行经济，维护管理方便、自控程度高等优点。

但是环热泵空调也具有一些缺点，如噪声较大、新风处理困难、过渡季节无法利用室外新风“免费供冷”等。

8.4.2 水环热泵机组性能

（1）额定工况性能

各种型号的水环热泵产品只有在相同额定工况下测定的制冷量、制热量和耗电量等才有可比性。美国空调和制冷协会 ARI－320 标准规定的水环热泵机组额定工况为：

制冷量——室内空气干球温度 26.7℃，湿球温度 19.4℃，冷却水进水温度 29.4℃时的制冷量；

制热量——室内空气干球温度 21.1℃，湿球温度 15.6℃，热媒水进水温度 21.1℃时的制热量；

送风量——上述额定制冷工况下的送风量；

耗电量——分别为上述额定制冷、制热工况下的耗电量。

（2）变工况性能

水环热泵机组工作性能包括制冷量、制热量、相应工况下的输入功率以及体现综合性能的制冷系数 COP_C 和制热系数 COP_H，它们与机组的进水温度、水流量、进风干湿球温度、风量等有关。

1）进水温度影响

制冷工况下，随进水温度 t_1 降低，机组冷凝温度降低，制冷量、制冷系数相应增高；制热工况下，随进水温度 t_1 增加，机组蒸发温度升高，制热量、制热系数相应增高。另外，制冷时，随 t_1 减小，制冷系数的增加大于制冷量的增加，这是由于当机组进水温度降低，冷凝压力减小，压缩机的压力比降低，导致压缩机输入功率降低，可以节约电能。但 t_1 减小必将导致排热设备（冷却塔）容量过大，应综合比较确定机组进水温度 t_1；制热时，随 t_1 增加，制热系数的增加小于制热量增加，说明输入功率增加，这是由于当进水温度增大时制热循环中蒸发压力上升，使压缩机的流量增大，导致压缩机的输入功率增加，需要消耗更多的电能。

2）进风参数影响

当水环热泵机组进风干、湿球温度偏离额定工况时，机组的制冷量、制热量、显热比和输入功率都将发生变化。制冷工况下机组供冷量、耗电量随进风湿球温度上升而升高，其中显热冷量随进风干球温度上升而降低；制热工况下随进风湿球温度上升，机组供热量降低，而耗电量上升。

3）风量影响

风机风量增大，制冷工况下，水环热泵机组制冷量、耗电量均增加；制热工况下，水环热泵机组制热量增加，而耗电量略有降低。

4）水流量影响

制冷工况下，当水侧换热器中水流量增大时，由于传热系数增大，使制冷循环中冷凝压力降低，导致机组制冷量增加。同时，压缩机的压力比降低，导致压缩机输入功率降低。但流量继续增大对传热系数影响不大，制冷量逐渐趋于恒定。制热工况下，当水流量增大时，由于传热系数增大，而使制热循环中的蒸发压力增大，导致机组制热量增大。同时，压缩机流量增大，压缩机输入功率也增加。

（3）水环热泵机组的工作范围

水环热泵机组要求进出水温度和进风参数在一定的范围内，如表 8-4。表中，运行参数栏内数据表示热泵的设计参数范围，包括进风温度和进出水温度，在此范围内，热泵运行可靠，并表现出产品样本上的性能。极限参数栏内数据表示热泵可以在此极限下作短时间的运行，非经厂家允许，不可在极限以外的参数运行。

水环热泵机组的运行和极限[①] 表 8-4

参数			供冷状态（℃）			供热状态（℃）		
			最低	标准	最高	最低	标准	最高
运行	进风	T_d	21	24	29	13	20	21
		T_s	14	18	26	—	—	—
	水	T_i	7	33	49	−4[②]	18	29
		T_o	12	38	54	−6[②]	14	26
极限	进风	T_d	18[④]	—	35	5	—	27
		T_s	18	—	26	—	—	—
	水	T_i	7	—	49	−4[②]	—	29[③]
		T_o	12	—	54	−6[②]	—	26[③]

①机组的送风量为每冷吨制冷量 0.16m^3/s，水流量为每冷吨制冷量 0.161～0.191m^3/s；

②此时为乙烯乙二醇溶液；

③短时间可以为 35/28 ℃；

④有些厂家最低可到 15.6 ℃；

⑤T_d—进风干球温度、T_s—进风湿球温度、T_i—进水温度、T_o—出水温度。

8.4.3 辅助加热设备选择

在冬季供热工况运行时，机组从水环路中吸取热量，如果内区的机组向环路释放的热量少于周边区从环路吸取的热量时，环路中的水温将会下降。当水温降至 13 ℃时，就必须投入加热设备，将热量补充到水环路。为此，水环热泵空调系统设计时，应选用辅助加热设备。

辅助加热方式有两种，一是采用各种水加热设备，将热量补充到循环水管路中；二是采用空气加热器（一般为电加热器)，将热量直接加入室内循环空气中。采用电加热器的前提是保证环路循环水的温度在许可的范围之内，否则仍要采取循环水加热设备。

辅助水加热设备可选用电热热水锅炉、燃油（气）热水锅炉、水-水或汽-水换热器等。辅助加热设备的加热量，同系统的运行方式（如是否采用夜间降温、早晨预热，是否设置蓄热水箱）有关。

(1) 无夜间降温、早晨预热的系统

对于不采取夜间降温运行的系统（如全天使用的住宅、公寓、旅馆、医院病房楼等）或没有早晨预热要求的系统（如具有办公、商场、餐饮、娱乐、会议室等各种功能的综合性建筑，因系统投入运行的时间不同，可通过提前开机的方式进行早晨预热，一般不另外考虑预热负荷)，辅助加热量等于冬季运行工况下所有以供热方式运行的机组自水环路吸收的热量 q_R 与所有以供冷方式运行的机组向水环路排放的热量 q_A 之差，该值为瞬时值，取其最大值。

方案阶段，用于估算辅助热源容量时，对于全天使用的住宅、公寓、客房、病房楼等，夜间需继续采暖，而可回收的灯光、人体热量很少，辅助热源的容量应按采暖热负荷的 60%～70%估算。

(2) 有夜间降温、早晨预热的系统

对于以办公用途为主的建筑物，宜按早晨预热系统考虑，辅助加热设备容量按下列步骤计算：

1）按全部水环热泵机组同时启动，计算从夜间降温的设定温度升至早晨预热的设定温度所需的热量 Q_S（kWh）。假设新风阀关闭，并考虑照明和各种散热设备的发热量。

2）初定预热时间 t，一般在 1～1.5h。

3）计算预热负荷 Q_Y（kW）；

$$Q_Y=\frac{Q_S}{t} \tag{8-2}$$

4）计算辅助加热量 Q_F（kW）：

$$Q_F=\frac{COP_H-1}{COP_H}\times Q_Y \tag{8-3}$$

式中 COP_H——平均制热系数

5）校核循环水供水温度

根据预热负荷 Q_Y，查水环热泵机组性能表，按对应的机组制热量得到应保证的循环水供水温度。校核其是否超出允许范围，如超出，应延长预热时间，重新计算。

（3）蓄热水箱

在水环热泵空调系统中常设置低温（13～32℃）或高温蓄热水箱（60～82℃），以改善系统的运行特性。这里应该注意低温蓄热水箱和高温蓄热水箱的作用是完全不同的。

水环热泵空调系统通过水环路实现了热量的空间转移（如从内区转向周边区）。然而，每时每刻内区需要转移的热量与周边区所需要的供热量之间很难平衡。为此，水环路可设置一个低温蓄热水箱，这样水系统又实现了热量的时间上的转移。也就是说，内区制冷的机组向环路中释放的冷凝热与周边区制热的机组从环路吸取的热量可以在一天内或更长的时间周期内实现热量的平衡。可以降低早晨预热所需的辅助加热设备的容量，降低用电负荷，从而降低了冷却塔和水加热器的年耗能量。但冷却塔和水加热器的容量不能减少，这是因为考虑恶劣天气（严寒、酷暑）可能会持续一段时间，要求冷却塔或水加热器必须按最大负荷运行。

高温蓄热水箱用于采用电辅助加热设备的水环热泵系统中，作用是利用夜间电力低谷时段将水加热后蓄存起来，白天电力高峰时段供给系统使用。在有峰谷分时电价的地区，可以降低辅助加热设备运行电费。高温蓄水箱与环路并联，通过三通混合阀把环路水温维持设计温度。

高温蓄热水箱的容积与系统内机组的运行状态无关，它靠夜间系统停止运行期间启动辅助加热设备向水箱蓄热，白天系统启动后向系统内放热。蓄热水箱内的蓄水温度宜尽可能提高，以充分发挥加热设备的能力，减小水箱的容积。蓄热水箱可以和夏季蓄冷结合，详细的设计方法可以参考有关水蓄冷的有关资料。

当用燃油（气）锅炉作为加热设备时，其供水最低温度为 60℃，以防烟气中水分在锅炉的冷凝，而出现低温腐蚀。为此，加热设备要与闭式环路并联，通过调节阀使高温的锅炉水与环路回水进行混合，以保证环路水温不低于下限值。同时为了保证通过锅炉的水量恒定不变，需要设置旁通管路。

第 9 章　住宅采暖热计量设备

9.1　散热器

9.1.1　选用原则

住宅散热器总的要求可归结为八个字“安全可靠、轻、薄、美、新”。即在安全可靠的前提下，要求轻、薄、美、新。安全可靠包括热工性能稳定及使用安全可靠两大方面。具体来说有以下几个原则：

（1）安全原则

散热器热工性能先进，并长期稳定；耐压应能满足采暖系统工作压力的要求，保证在长期运行过程中安全可靠；散热器接口严密，漏水可能性小；外观无划伤或碰伤人体的尖锐棱角等。

（2）经久耐用原则

住宅散热器一旦破损、爆裂，对住户影响很大，而且检修不方便。因此，应将有效使用寿命作为衡量住宅散热器优劣的一个主要指标，住宅规范要求其使用寿命不低于钢管。

（3）装饰协调原则

住户在进行室内装修时，因散热器影响美观而设置暖气罩，影响了散热效果。现在散热器形式趋于多样化，应优先选用造型紧凑、美观、便于清扫的形式。

（4）经济原则

住宅商品化使得住宅投资都转嫁到住户头上，因此应尽可能减少投资才能为广大住户接受。

（5）水质适应性原则

pH 值大于 8.5 的强碱性热媒水，不宜选用无可靠内防腐处理的铝制散热器；热媒水含氧量无法保证及失水量过大时，不宜选用无可靠内防腐处理的钢制柱形、板形、扁管形散热器，有可靠的内防腐处理的各型铝制、钢制散热器，可以用于符合锅炉水质要求的系统；铸铁散热器内腔粘砂不能清除干净时不宜选用。

9.1.2　散热器配置

1）采用热量表计量时，宜选用铜铝或钢铝复合型、铝制或钢制内防腐型、钢管型等非铸铁类散热器；必须采用铸铁散热器时，应选用内腔无粘砂型铸铁散热器。

2）采用热分配表计量时，所选用的散热器应具备安装热分配表的条件。

3）采用分户热源或采暖热媒水水质有保证时，可选用铝制或钢制管形、板形等各种散热器。

4）散热器的布置应确保室内温度分布均匀，并应尽可能缩短户内管道的长度。通常散热器宜布置在外墙窗台下，当布置在内墙时，应与室内设施和家具的布置协调。

5）散热器罩会影响散热器的散热量和恒温阀及热分配表的工作，非特殊要求，散热器不应设暖气罩。

6）每组散热器应设手动或自动跑风门。

7）散热器的散热能力应与设计供、回水温差和设计流量相对应。由于户内系统形式不同以及化学管材的使用对热媒温度提出了限制，实际的热媒温度可能不等于常规系统的95/70℃。另外，不同系统以及不同类型的散热器受水流速大小的影响不同，这些因素在计算散热器时都须加以考虑。

我国目前散热器的散热性能，是在散热器与室内空气的传热温差为64.5℃的标准条件下的测试数据，表示为$Q=A\Delta t^{B}$(W)，A、B为跟散热器类型有关的常数，$\Delta t=64.5$℃。当散热器平均水温以及室内设计温度不同时，应按本公式计算其散热量。应当强调的是，串片型散热器在试验台测试时，其散热器进出口温差仅为10℃，与柱型散热器的25℃是有差别的，相应水量差一倍以上，设计时必须加以考虑。如采用两组串联以使进出水温达20℃以上，也要按传热温差的减小来核算其实际散热量。

对双管系统而言，由于通过散热器的水量有限，散热器内水流速度很小，因流速大小造成对散热量的影响也较小，所以对常用柱型等容积型散热器可以忽略水流速的影响。对于单管串联系统，不同类型的散热器要分别考虑水流速的变化对散热量的影响，一般说来，对水容积较小的管式对流型散热器（如串片类散热器）必须注意，随着串联组数的增加，通过各散热器的水流量相应增加，水流速加大，散热量也会按一定比例增加。中国建筑科学研究院空调所进行了这方面的测试研究，测试对象为$DN20$闭式钢串片GCB120型散热器，实验台最小测试范围500W以上，测试结果为

$$Q=1067G^{0.047} \tag{9-1}$$

式中　Q——散热器散热量（W）；

G——流过散热器热媒流量（kg/h）。

如以管内流速0.039m/s（$G=49$kg/h）为基准，当水流速度提高到0.9m/s时，散热量约可增加15%左右。事实上如达到管内流速0.9m/s，则需串联22组，这在工程上是很难实现的。国内有些样本给出了50、100、150kg/h的散热量，但多数缺乏准确的测试根据。个别厂家引用国外资料，样本首先给出0.9m/s时的散热量，小于该流速时再作修正，但修正数值与国内试验数据尚有差距。主要是极低流速（流速小于0.039m/s）时差距较大，需作进一步的测试研究，设计者也要特别重视这些变化。

9.1.3　适于热计量的新型散热器

（1）灰铸铁散热器

发展最早、产品最多，有柱型、柱翼型（辐射对流型）、长翼型、板翼型、管翼型等各种形式，工作压力普通型为0.5MPa，稀土灰铸铁为0.8MPa。防腐性好，使用寿命长，价格低廉。应用于热量表计量的住宅时应注意选用采用树脂砂型的内腔无粘砂的产品。

（2）钢制散热器

钢制散热器属轻型、高效、节能产品，有钢制柱型、板型、柱翼型、闭式串片型、翅片管对流型、扁管型、钢管型以及组合型钢制散热器等各种形式。其特点及适用范围等见表9-1。

钢制散热器的特点及适用范围 **表 9-1**

	金属热强度[W/kg·℃]	优点	缺点	工作压力	使用条件	相关标准
柱型	≥1.0	热工性能好；外形美观、装饰性好	不便于清扫；怕氧腐蚀	板厚1.2～1.3mm：热水≤100℃时，P=0.6MPa 热水110～150℃时，P=0.46MPa	热媒为热水，勿用蒸汽； 热媒水含氧量≤0.05g/m^3(有防腐措施者除外)； 停暖时应充水密闭保养	《采暖散热器—钢制柱型散热器》(JG/T1—1999)
板型	≥1.0	体形紧凑；便于清扫；热工性能好；辐射散热量大；生产工艺简单、成本低；外形流畅装饰性好	怕氧腐蚀(不锈钢板防腐型除外)	板厚1.4～1.5mm：热水≤100℃时，P=0.8MPa 热水110～150℃时，P=0.7MPa		《采暖散热器—钢制板型散热器》(JG/T2—1999)
柱翼型	1.0～1.1	体形紧凑；便于清扫；热工性能好；装饰性好；工作压力较高	怕氧腐蚀(耐蚀性除外)	P=0.8MPa		
串片型	≥1.0	体形紧凑；使用寿命同钢管；热工性能好；工作压力高；工艺简单、价格低	内部难清扫	热水P=1.0MPa； 蒸汽P=0.3MPa	热媒可为热水或蒸汽；适用于任何系统和水质；不适用于卫生间、浴室等潮湿场所	《采暖散热器—钢制闭式串片散热器》(JG/T3012.1—1994)
翅片管型	≥1.0	使用寿命同钢管；工作压力高；热工性能好	体形不够紧凑；内部翅片不易清扫	热水P=1.0MPa； 蒸汽P=0.3MPa	热媒可为热水或蒸汽；适用于任何系统和水质；不适用于卫生间、浴室等潮湿场所	《采暖散热器—钢制翅片管对流散热器》(JG/T3012.2—1998)
扁管型	>0.8	体形紧凑；外形美观；前面易擦拭；生产工艺简单、价格低	工作压力较低；怕氧化腐蚀	热水≤100℃时，P=0.8MPa 热水110～150℃时，P=0.7MPa	同柱型且不适用于卫生间、浴室等潮湿场所	
钢管型	>0.8	造型多变；承压高；美观，易清洁	怕氧腐蚀(防腐型除外)	P=1.0MPa	热媒为热水；采暖系统为闭式；热媒水含氧量≤0.1g/m^3；pH≥8(有防腐措施者除外)	《钢管散热器》(JG/T148—2002)
组合型	有钢管柱片＋钢串片、钢管柱片＋钢绕翅片、钢管柱片＋钢串片＋钢绕翅片等组合方式，具有对流辐射效果					

(2) 铝制及钢（铜）铝复合散热器

一般铝制散热器采用铝制型材挤压成形，有柱翼型、管翼型、板翼型等形式，管柱与上下水道连接采用焊接或钢拉杆连接。铝制散热器结构紧凑、造型美观、装饰性强、热工性能好、承压高。铝氧化后形成一层氧化铝薄膜，能避免进一步氧化，故铝制散热器不怕氧腐蚀，可用于开式系统以及卫生间、浴室等潮湿场所。铝制散热器怕碱腐蚀，无防腐措施的产品只能用于pH值低于8.5的热媒水中，不能用于锅炉直供系统。有可靠内防腐处理的铝制散热器可用于水的pH≤12的锅炉直供系统。中华人民共和国建筑工业行业标准《采暖散热器—铝制柱翼型散热器》(JG143—2002)明确规定，散热器内腔应严格按涂装工艺要求由机械操作，采用可靠的覆膜、涂层或其他物理保护措施，以保证散热器能长期稳定工作。铝制牵拉式散热器采用装配式工艺，铝管内喷塑可检查质量，内防腐性能可靠，适用于任何水质（包括pH>12）。铝制散热器的热媒应为热水，不能采用蒸汽。

以钢管、不锈钢管、铜管等为内芯，以铝合金翼片为散热元件的钢铝、铜铝复合散热器，结合了钢管、铜管高承压、耐腐蚀和铝合金外表美观、散热效果好的优点，是住宅建筑理想的散热器替代产品。铝合金散热翼片与钢管、铜管的结合有两种工艺，一种是将熔化的铝合金液体高压注入金属模内成形，成为压铸铝散热器；另一种是采用胀管技术使钢管或铜管与铝制型材翼片紧密结合。相关标准有山东省建筑工业行业标准《采暖散热器—铜铝复合柱翼型散热器》。复合类散热器采用热水为热媒，工作压力1.0MPa。

(3) 全铜水道散热器

指过水部件全为金属铜的散热器，耐腐蚀、适用任何水质热媒，导热性好、高效节能，强度好、承压高，不污染水质，加工容易，易做成各种美观的形式。全铜水道散热器有铜管铝串片对流散热器、铜管L形绕铝翅片对流散热器、铜铝复合柱翼形散热器、全铜散热器等形式。相关标准有天津市地方标准《铜管铝片对流散热器》。全铜水道散热器采用热水为热媒，工作压力1.0MPa。

(4) 塑料散热器

采用家用采暖炉或家用换热机组的单户独立采暖系统，具有低温、低压的特点，为塑料散热器的采用提供了良好的条件。塑料散热器的基本构造有竖式（水道竖直设置）和横式两大类。其单位散热面积的散热量约比同类型钢制散热器低20%左右。目前我国尚处研制开发阶段。

(5) 卫生间专用散热器

目前市场上的卫生间专用散热器，种类繁多，除散热外，兼顾装饰及烘干毛巾等功能。材质有钢管、不锈钢管、铝合金管等多种。

9.2 热计量仪表

9.2.1 热能表

热能表是通过测量水流量及供、回水温度并经运算和累计得出某一系统使用的热能量的。因此，热能表包括流量传感器（即流量计）、供回水温度传感器、热表计算器（也称积分仪）几部分。热能表的种类，根据所计量介质的温度可分为热量表和冷热计量表，通常情况下，统称为热量表；根据流量测量元件不同，可分为机械式、超声波式、电磁式等，机械式又有单流束机芯和多流束机芯；根据热能表各部分的组合方式，可分为流量传感器和计算器分开安装的分体式和组合安装的紧凑式以及计算器、流量传感器、供回水温度传感器均组合在一起的一体式。

热量表规格的选定，不能以采暖系统接口管径为准，尤其对于热力入口的总热表及热力站计量用的热网表更是如此。户用热量表与建筑热力入口热表选择时，应对住户的情况作仔细的分析，了解用户的用热习惯。在此基础上，确定每户及每个系统的额定流量、最大流量、最小流量，结合热网运行情况如供回水的最高及最低温度、最大及最小温差，按以下方式选择热量表：

(1) 热表流量计

流量计的最小流量 Q_{min} 必须小于用户或系统可能的最小流量；

流量计的最大流量 Q_{max} 必须大于用户或系统可能的最大流量；

流量计的公称流量 Q_n 必须与用户或系统最可能运行流量相近；

流量计的公称温度，必须大于或等于安装位置（供水管或回水管）所能达到的最高温度；

流量计的公称压力 P_N，必须大于系统该点的最大压力，并与相关管道的压力标准相吻合。

(2) 温度传感器和积分仪

积分仪和温度传感器的最高温度 T_{max}，必须高于测量点所能达到的最高温度；

积分仪和温度传感器的最低温度 T_{min}，必须低于或等于测量点所能达到的最低温度；

积分仪和温度传感器的最大测量温差，必须大于供回水测量点间所能达到的最大温差。

热量表安装应注意以下问题：

1) 流量计是否有直管段要求。当某产品未明确说明无直管段要求时，应让厂家提供热表流量计前后直管段的长度，一般该长度用热表口径的倍数表示。该直管段应与流量计成为一个整体，如管道需改变口径，应在直管段外变径。

2) 流量计的水流方向。

3) 流量计是否可以垂直安装。

4) 流量计前后应设置检修关断阀。对于户内系统，一般用分户隔离阀代替，并设置方便拆装的活接头；对于热力入口，应将关断阀设于过滤器、调节阀、压力表接口等所有需检修设备的外侧，关断阀之间设置泄水阀。

5) 流量计的安装、读数及周期检测和维护应预留一定的空间。当采用积分仪与流量计合为一体的紧凑式热表时，应方便读数，否则，应采用分体式热表，积分显示仪设于其他易于读数的位置。

6) 当流量计口径超过 $DN70$ 时，流量计前后管道均应设置稳固可靠的支撑。

7) 根据需要设置旁通管。一般情况下，检修应在采暖间歇期进行，不必设置旁通管。设置旁通管，有可能出现旁通阀门漏水，对室内采暖系统产生影响。

9.2.2 热量分配表

热量分配表，简称热分配表，有蒸发式和电子式两种。热分配表不是直接测量用户的实际用热量，而是测量每个住户的用热比例，由设于楼入口的热量总表测算总热量，采暖季结束后，由专业人员读表，通过计算得出每户的实际用热量。

蒸发式热量分配表以表内化学液体的蒸发为计量依据。分配表中有一细玻璃管，内充有色无毒液体，管顶开有细孔，仪表在紧贴散热器侧有导热板，散热器热量传递到管内，使液体蒸发并从细孔逃逸出去，液面下降。由于液体的蒸发跟散热器平均温度与室温之差以及用热时间有关，因此液体的标高刻度就可以反映用户的用热量多少。

电子式热分配表是将测得的散热器平均温度与室温差值存储于微处理器内，高集成度的微处理器可先写入程序，也可根据需要，进行现场编程。由于采用双传感器测量，使其测量具有较高的精度和分辨率。热量的显示可以现场读数，也可远传集中读数，而且不必每年更换部件，管理更为方便。

热分配表应安装于正面的平均温度处（散热器宽度的中间，垂直方向偏上 1/3 处），安装时采用夹具或焊接螺栓的方式使导热板紧贴在散热器表面。

热分配表的优点是经济、易安装、使用寿命长。其缺点是测量受散热器类型、规格尺寸、供热能力、散热器位置、散热器与分配表间热交换参数（实验室测试求取）等多方面的影响，需要大量的试验工作；计算工作量大，结果不直观；其安装位置、安装方法有严格的要求，需由专业人员进行；每年需要入户更换每个散热器上的分配表上的玻璃管（蒸发式）和进行读表。

9.3 恒温阀

9.3.1 构造及原理

散热器恒温阀（也称恒温控制阀、自力式温控阀）是实现采暖房间温度控制和采暖系统节能的重要部件。形式有直通阀、角阀、三通阀，由控制阀和调温器两部分组成，如图 9-1 所示。

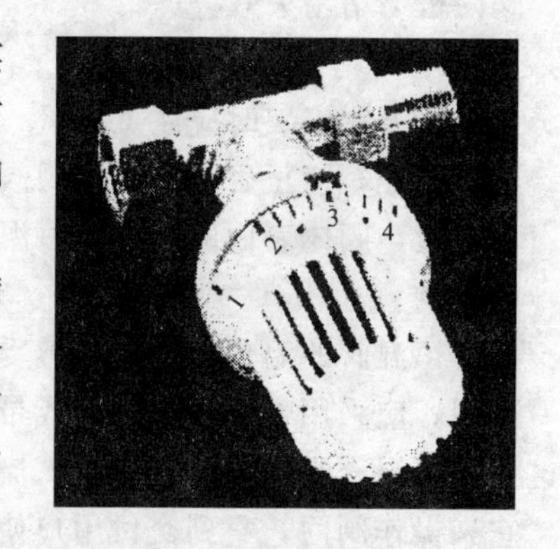

图 9-1 恒温阀

温控阀的核心部件是温度传感器单元，它由一个充满特殊液体并内置有浸没式波纹管的密闭金属容器以及一个整体压下杆组成。温度的变化使得液体体积产生变化从而浸没式波纹管长度也随之变化，带动压下杆关闭或开启阀门。

恒温阀属于比例式控制器，即根据室温与恒温器设定值的偏差，比例地、平稳地打开或关闭阀门。相应于恒温阀从全开到全关位置的室温变化范围称之为恒温阀的比例带。通常比例带为 0.5～2.0℃。

9.3.2 恒温阀选择

选择恒温阀应注意：

1）恒温阀应根据采暖系统形式合理选用。一般来说，双管系统（水平、垂直）应采用直通高阻阀；单管系统设于供水支管时应采用直通低阻阀，设于三通处应采用三通低阻阀；楼层数较多的双管系统应采用带有预设定的恒温阀。

2）恒温阀的比例带表征了恒温阀的调节精度，比例带选择过小，调节精度高，但容易造成阀门频繁动作，形成振荡，影响使用寿命；比例带过大，控制的稳定性提高，但控制精度降低。目前我国还没有这方面的规定，欧洲的恒温阀标准采用 2K 温差，可作为设计参考。

按通过恒温阀的流量和压差选择恒温阀规格。但由于散热器支管管径都较小，一般可按接管公称直径选择恒温阀口径，然后校核计算通过恒温阀的压力降。此时用到阀门的阻力系数 K_v 值。K_v 值是用来表征阀门流通能力的重要参数，定义为：当阀门两端的压差为 1×10^5Pa 时，通过该阀门的流量（m^3/h）。表示为：

$$K_v=G/\sqrt{\Delta P} \tag{9-2}$$

式中 G——流经恒温阀的热媒流量（kg/h）；

ΔP——流经恒温阀的压力损失（Pa）。

阀门从关闭到全开，阀芯在不同位置时，其 K_v 值是变化的。当阀门全开时 K_v 值表示为 K_{vs}。恒温阀厂家应提供 K_v 值或 K_{vs}值，用于计算流经阀门的压力降。一般全开时恒温阀两侧压力降不超过 0.02MPa。

3）恒温阀温度调节范围可从关闭点（0 ℃），也可从防冻保护点（6 ℃或 7 ℃）开始，应具体分析选用。严寒地区，当全关有可能冻坏设备或管道时，要求恒温阀必须具备防冻保护功能，但这时用户无法进行检修关断，所以应在系统上增加检修阀门。当有的地区关闭局部散热器不会引起设备冻坏时，也可选择完全关闭型。

4）垂直双管系统应尽可能通过水力计算由管道系统解决垂直失调问题，利用恒温阀解决垂直失调可能导致阀门两端压差过大，产生噪声。当利用具有预调节功能的恒温阀通过预调节解决垂直失调时，则应注意，由于阀孔减小，对水质的要求更高。如水质不能保证，阀门极易堵塞失效。

9.3.3　恒温阀安装

恒温阀安装时应注意：

首先，应正确安装恒温阀阀体，使调温器处于水平位置。恒温阀水平安装一是为了防止管道、阀体表面散热影响恒温阀及时正确地动作；二是防止重力作用对恒温阀感温介质的影响。

恒温阀的温包应能正确感受房间内空气的温度，不被暖气罩、落地窗帘、家具等遮挡。否则，应采用带远程温感器或带遥控调节的调温器，并注意其毛细管不能弯折压扁。

恒温阀阀体安装应注意水流方向。阀体安装完毕先用一个螺丝帽罩保护起来，并通过它来操作阀门，直到交付用户使用才可安装调温器。安装调温器时，应先将手轮设置在最大开启位置。调温器安装在阀体上应使标记位置朝上。恒温阀安装时应确保调温器处于水平位置。

恒温阀安装前应对管道和散热器进行彻底的清洗。热力入口必须安装过滤器，并要及时清理保持畅通。

恒温阀安装位置应远离高温物体表面。

9.4　水力控制阀

9.4.1　平衡阀

平衡阀是一种手动调节阀，具备流量测量、流量设定、关断、泄水等功能。平衡阀的流量测定是通过阀体上的两个测压小孔利用专用智能仪表进行的，使用时必须已知流经该平衡阀的设计流量。平衡阀可以安装在供水管路，也可以安装在回水管路，为了避免平衡阀的节流作用，一般安装在回水管路上。平衡阀前后应各有 5 倍和 2 倍管径长的直管段。若平衡阀装设在水泵的出口管路上，水泵与平衡阀之间应有 10 倍管径的直管段。

平衡阀的选用，应根据所要求的流量及应该消耗的压差计算阀门的流量系数（公式 9-2），然后查各种型号平衡阀的 K_v 曲线，按开度 60%～90%确定平衡阀的口径。一般所选平衡阀的口径小于接管公称直径，不宜直接按管径选取。

9.4.2　自力式流量控制阀

也叫流量调节器、流量限制器、定流量阀等，是无需外加能量即可工作的比例调节器，可使系统流量值在一定范围内保持恒定。通过手动调节可使阀门流量至设计流量。当阀前后压差偏离设计值，阀门自动调节机构可移动阀锥而使阀前后压差趋于恒定，从而保持流量不变。该压差不得小于阀门所需最小压差。

定流量阀有三种不同结构形式，一是内置定流量元件，二是膜盒膜片压力感应元件，三是双座阀形式。

定流量阀安装选用与平衡阀相同，必须已知设计流量值。

9.4.3 自力式压差控制阀

也叫压差调节器、定压差阀等，是以控制系统压差恒定为目的的自力式比例调节器，当系统压差升高时，阀芯关小，反之，则阀芯开大。调节器可以使超量的压差减小，直至达到预设定值。压差调节器需安装在回水管路上，调节器压力感应元件须与毛细管相连并通过毛细管与进水管相连。毛细管不可安装在进水管底部，并避免粉尘微粒堵塞毛细管。调节器安装之前，必须将管网清洗干净，并在阀前安装过滤器。

阀门选择与平衡阀类似，必须已知设计流量及压差。

9.4.4 锁闭阀

分两通式锁闭阀及三通式锁闭阀，具有调节、锁闭两种功能，内置专用弹子锁，根据使用要求，可为单开锁或互开锁。锁闭阀既可在供热计量系统中作为强制收费的管理手段，又可在常规采暖系统中利用其调节功能。当系统调试完毕即锁闭阀门，避免用户随意调节，维持系统正常运行，防止失调发生。

第10章 热源及热力站

10.1 热源

热源是集中采暖的核心，主要有热电厂、区域锅炉房、地热供热站等。当采用燃气、燃油和电热锅炉房作为热源时，为了便于调节，每个锅炉房的供热面积不宜过大。

对既有室内采暖系统进行热计量改造的同时必须对室外管网、热交换站、锅炉房进行相应的改造，以保证计量供热系统的正常运行。改造的具体内容包括：

1）对室外管网、热交换站、锅炉房进行严格的清洗，增设或完善必要的过滤除污装置。

2）增设或完善必要的水处理装置（软化及除氧），按现行国家标准《低压锅炉水质标准》的要求控制系统水质和系统补水水质。系统水溶解氧≤0.1mg/L。非采暖季节应对二次管网及室内系统进行湿保养。

3）增设或完善必要的调节手段，所采用的调节手段应与改造后的室内采暖系统形式相适应。

4）增设或完善分支环路和热力入口的调节手段，特别是当一个支状管网上的各分支干管所服务的室内采暖系统不能同时完成改造时，分支干管的水力调节手段尤为重要。

区域锅炉房等热源内应设有耗用燃料的计量装置和输出热量的计量装置。

区域锅炉房的设计应对循环水泵、鼓风机、引风机、燃烧系统等设备的运行采用节能调节技术。

采用燃气、燃油和电热等小型集中锅炉房作为热源时，宜采用供水温度为95℃、回水温度为70℃的低温热水为热媒，并宜采取直接供热。

热水锅炉房宜采用根据室外温度主动调节锅炉出水温度，同时根据压力、压差变化被动调节一次网水量的供热调节方式。其热力系统的设计应符合下列原则：

1）每一锅炉本体应能基本保持定流量运行。

2）用户侧为变流量运行或变流量和定流量混合运行时，为适应锅炉侧和用户侧不同的流量特性，可采用二级泵或一级泵的系统形式，划分为锅炉侧一次水和用户侧二次水系统，不宜采用设置热交换器的方式。

3）二级泵系统的二次循环水泵宜采用变频调速泵，一、二次水系统间应设置连通管。

4）一级泵系统的一、二次水系统间，应设置压差旁通阀。

5）用户二次水侧应设置热量计量装置。

10.2 热力站

采用供热规模较大的热电厂或燃煤区域锅炉房为热源时，应采用供水温度为110～150℃、回水温度约70℃的高温热水为热媒，并应设置热力站间接供热。划分为由热源至换热设备侧的一次水侧系统和由换热设备至用户侧的二次水侧系统。热力站的设计，应符合下列要求：

1）应有足够的场地，宜接近负荷中心，可在小区内独立设置，亦可结合其他建筑物设置。

2）供热规模应根据技术经济比较确定。考虑到供热系统的可靠性及水力稳定性要求，供热规模不宜过大。所服务的热用户系统形式和散热器类型应一致。

3）分散设置热力站时，各热力站内的一次水侧应设置热计量装置并应根据管网水力平衡的需要设置平衡装置。集中设置热力站时，二次水侧应设置热计量装置。

4）二次水调节方式应与所服务的户内系统形式相适应。当户内系统形式均为或多为双管系统时，宜采用变流量调节方式；反之，宜采用定流量调节方式。二次水侧为变流量系统时，循环水泵应选用变频调速泵；为定流量系统时，循环水泵宜多台并联设置。

5）一次水侧的供水管和二次水侧的回水管上均应设置过滤器。二次水侧的补水应进行软化处理。

6）热交换站的基本调节方式宜为：由气候补偿器根据室外温度，通过调节一次水量控制二次侧供水温度，以压力、压差变化调节二次水流量。

二次水侧变频调速水泵的性能曲线宜为陡降型，以利于水泵调速节能。其定压点的设置有以下两种方式：

1）控制热力站或锅炉房内的二次水侧进出口压差恒定。该方式简便易行，但流量调节幅度相对较小，节能潜力有限。

2）控制二次水侧最不利环路压差恒定。该方式流量调节幅度相对较大，节能效果明显；但需要在每个热力入口都设置压力传感器，随时检测比较、控制，投资相对较高。

热力站的供热规模应根据技术经济分析确定。考虑到供热系统的可靠性及水力稳定性要求，供热规模不宜过大，新建热力站供热面积不宜大于 5 万 m^2。

第 2 部分

分户热计量采暖系统安装图

安装说明

1. 适用范围

适用于热水集中采暖住宅分户热计量系统、分户热源系统、地板辐射采暖系统等的设计与安装。

2. 相关规范、标准

2.1 《采暖通风与空气调节设计规范》(GB50019—2003)

2.2 《住宅设计规范》《GB50096—1999》(2003 年版)

2.3 《民用建筑热工设计规范》(GB50176—93)

2.4 《建筑给水排水及采暖工程施工质量验收规范》(GB50242—2002)

2.5 《民用建筑节能设计标准》(采暖居住建筑部分)(JGJ26—95)

2.6 《暖通空调制图标准》(GB/T50144—2001)

2.7 《热量表》(CJ/T128—2000)

2.8 《民用建筑节能管理规定》(建设部 76 号令)

3. 管材

3.1 建筑物内共用的供、回水干管，可采用热镀锌钢管或焊接钢管；共用立管和入户分支管及户内采暖管道的明装配管，宜采用热镀锌钢管螺纹连接；户内垫层内的暗装管道，宜采用化学管材。

3.2 化学管材的类型应根据散热器材质、系统工作温度和压力、水质（含氧量）、材料供应条件、施工技术条件等因素确定，并应保证所选管材在不低于 ISO/10508 塑料类管材使用条件分级表中 4 级或 5 级所对应的工作温度下，累计使用寿命不低于 50 年。管壁厚度由工程设计确定。

3.3 户内采暖系统常用的化学管材有：聚丁烯（PB）管、交联铝塑复合（XPAP）管、交联聚乙烯（PEX）管和无规共聚聚丙烯（PP-R）管等。户内采用明装管道或者钢制散热器时，如采用化学管材，宜选用交联铝塑复合管或带有阻氧层的其他化学管材。化学管材的工作温度，应满足采暖系统设计水温的要求。

4. 管道安装

4.1 金属管道的安装，应按照国家现行的有关施工及验收规范进行。

4.2 户内化学管道的安装，应在有关技术规程及管材供应商提供的安装指导下进行，并应注意以下问题：1）宜采用白色管材，并应排列有序，布置紧凑，便于建筑装饰，不应阻挡通道或妨碍家具布置；2）户内管道穿越楼板或墙体处，均应设塑料套管或套盒；3）宜尽量利用化学管材的可弯曲性，减少接头数量。弯曲时应严格执行最小弯曲半径的要求，XPAP 管不应小于 5 倍的管道外径，其他管材不应小于 8 倍的管外径；4）化学管道连接件，应由管材供应商配套提供。管件密封方式应可靠合理，密封圈材质应为硅橡

图名	安装说明	图号	01

胶，管件材质应符合有关技术标准的要求；5）明装化学管道安装时应充分注意其变形和热膨胀问题。其支、吊架的最大间距见下表：

明装化学管道支、吊架最大间距

管道外径 De（mm）	16	18	20	25	32	40	50	63	75
水平管（mm）	250	300	300	350	400	500	600	700	800
立　管（mm）	700	800	900	1000	1100	1300	1600	1800	2000

4.3　户内化学管道在条件可能时宜暗埋敷设，并应注意下述问题：1）宜采用放射状布置；2）对于 PP-R 管和 PB 管除分支管连接件外，垫层内不宜设其他管件，必须设置时，管件应与管道同材质，采用热熔连接；3）对于不能热熔连接的 PEX 管、XPAP 管，垫层内不应设任何管件和接头；4）暗敷管道应避免随意性，宜敷设在垫层预留沟槽内并做现场标记，用不大于 1m 间距的管卡适当固定，并处理好管道胀缩；5）埋设在垫层内的管道，可采取在管道沟槽内填充水泥珍珠岩或陶粒混凝土等保温材料或在暗埋管道外加软性塑料套管等保温措施，以防地面开裂；6）埋设在垫层内的管道，用保温材料或混凝土垫层材料进行填充隐蔽和搅捣、养护过程中，应采取"充压隐蔽"；7）沟槽内管顶覆盖层的厚度不应小于 10mm；8）户内低温热水地板辐射采暖系统化学管道的暗埋敷设，应符合相应规程的规定。

4.4　建筑物内共用供回水水平干管的坡度宜取 0.003，不得小于 0.002；户内系统水平管道受条件限制只能无坡敷设时，管内流速不宜小于 0.25m/s。

4.5　在邻近入户装置室内侧便于操作的供、回水管道上，宜设置一对铜质球阀，以备用户紧急关断时用。

5.　采暖系统和暗敷管道试压及冲洗

5.1　热熔连接的化学管道应在管道连接 24h 后进行。试验压力应符合设计要求。当设计未注明时，应符合下列规定：1）使用钢管的热水采暖系统，应以系统顶点工作压力加 0.10MPa 作水压试验，同时在系统顶点的试验压力不小于 0.30MPa。2）使用化学管道的采暖系统，应以系统顶点工作压力加 0.20MPa 作水压试验，同时在系统顶点的试验压力不小于 0.40MPa。3）使用钢管及铝塑复合管的采暖系统应在试验压力下 10min 内压力降不大于 0.02MPa，降至工作压力后检查，不渗、不漏为合格；使用其他化学管道的采暖系统应在试验压力下 1h 内压力降不大于 0.05MPa，然后降压至工作压力的 1.15 倍，稳压 2h，压力降不大于 0.03MPa，同时各连接处不渗、不漏为合格。

5.2　暗敷在垫层内的化学管道隐蔽前必须进行水压试验，试验压力为工作压力的 1.5 倍，但不小于 0.60MPa。稳压 1h 压力降不大于 0.05MPa 且不渗、不漏为合格。

5.3 冬季水压试验，应采取可靠的防冻措施。

5.4 系统试压合格后，应对系统进行冲洗并清扫过滤器。现场观查，直至排除水不含泥沙、铁屑等杂质，且水色不浑浊为合格。

6. 管道防腐及保温

6.1 镀锌钢管丝扣外露处、管道外表镀锌层破坏部位及管道支吊架，应刷两道防锈底漆。室内非保温明装金属管道和支吊架等明露部件，安装完毕后应刷两道银粉。

6.2 建筑物内的共用供回水干管和共用立管及至分户墙内户内系统接点间的管道，不论设置于任何空间，均应采用高效保温材料加强保温，所用保温材料的导热系数宜小于0.04W/（m·℃）。

7. 索引方法

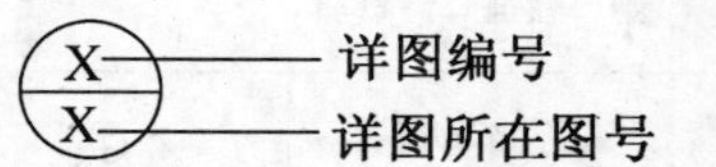

8. 其他

8.1 本图集长度单位除注明者外，均以mm计。

8.2 有关设计、施工安装及验收的未尽事宜，应按照国家和行业现行的有关规范、标准及规定执行。

图名	安装说明（续）	图号	03

序号	图例	名称	说明
1		入户装置	
2	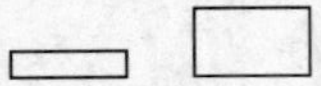	散热器	左图：平面 右图：立面、系统
3		流量传感器	
4	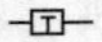	温度传感器	
5		计算器	
6	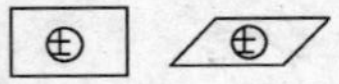	风机盘管	左图：平面 右图：系统
7		散热器二通温控阀	
8	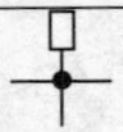	散热器三通温控阀	
9		三通调节阀	
10		锁闭阀	
11		锁闭调节阀	
12		手动调节阀	
13		球阀	
14		阀门	通用图例

序号	图例	名称	说明
15		平衡阀	
16		压差控制阀 或流量控制阀	
17		蝶阀	
18		Y 形过滤器	
19	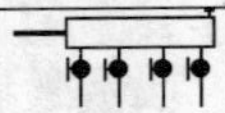	分（集）水器	
20		采暖供水管	
21		采暖回水管	
22		温度计	
23		压力表	
24		散热器放气阀	
25		自动排气阀	
26		丝堵	
27		热量表箱	
28		计算器显示仪	

图名	图例	图号	04

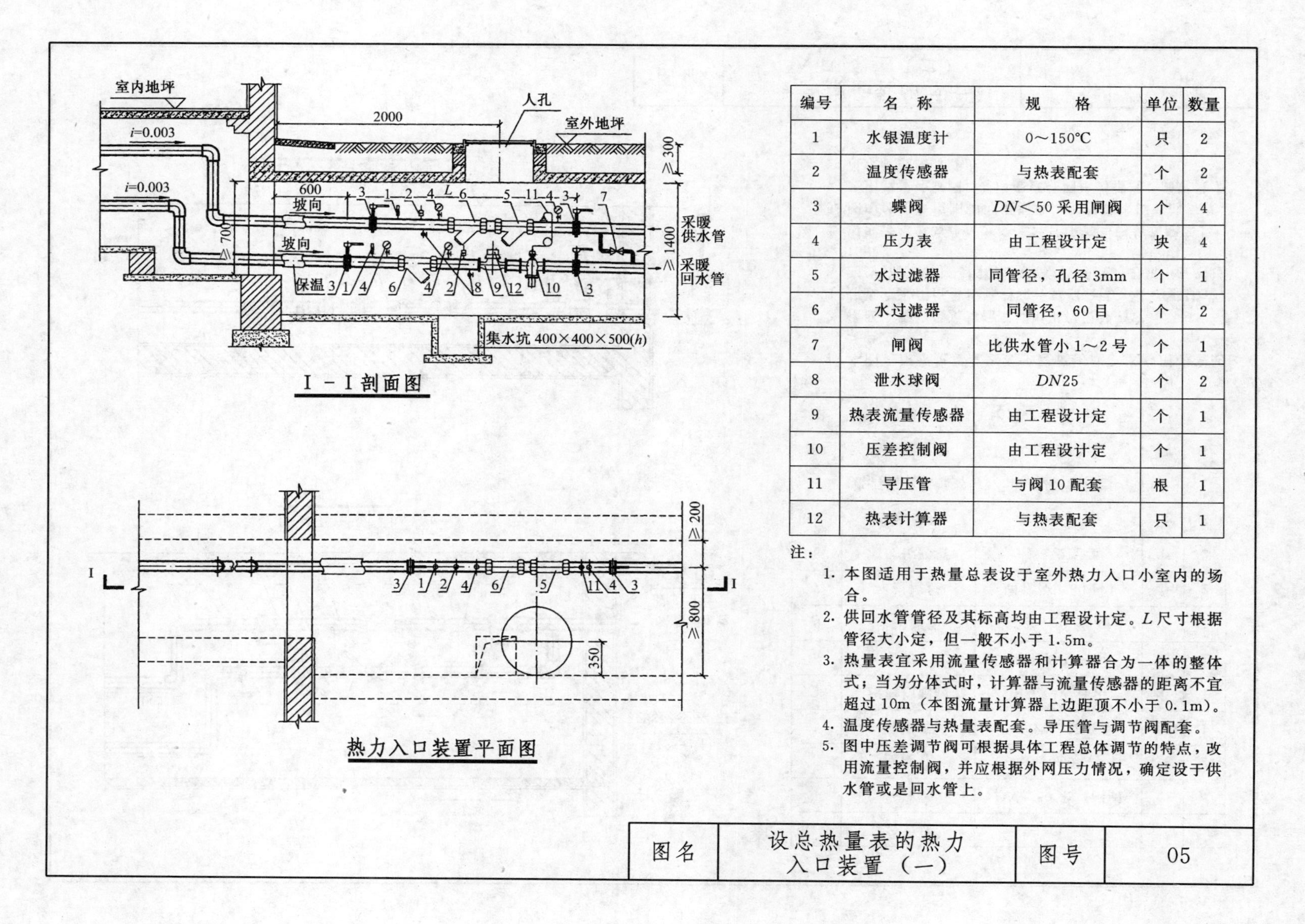

I－I剖面图

热力入口装置平面图

编号	名　称	规　格	单位	数量
1	水银温度计	0～150°C	只	2
2	温度传感器	与热表配套	个	2
3	蝶阀	*DN*＜50 采用闸阀	个	4
4	压力表	由工程设计定	块	4
5	水过滤器	同管径，孔径 3mm	个	1
6	水过滤器	同管径，60 目	个	2
7	闸阀	比供水管小 1～2 号	个	1
8	泄水球阀	*DN*25	个	2
9	热表流量传感器	由工程设计定	个	1
10	压差控制阀	由工程设计定	个	1
11	导压管	与阀 10 配套	根	1
12	热表计算器	与热表配套	只	1

注：

1. 本图适用于热量总表设于室外热力入口小室内的场合。
2. 供回水管管径及其标高均由工程设计定。*L* 尺寸根据管径大小定，但一般不小于 1.5m。
3. 热量表宜采用流量传感器和计算器合为一体的整体式；当为分体式时，计算器与流量传感器的距离不宜超过 10m（本图流量计算器上边距顶不小于 0.1m）。
4. 温度传感器与热量表配套。导压管与调节阀配套。
5. 图中压差调节阀可根据具体工程总体调节的特点，改用流量控制阀，并应根据外网压力情况，确定设于供水管或是回水管上。

图名	设总热量表的热力入口装置（一）	图号	05

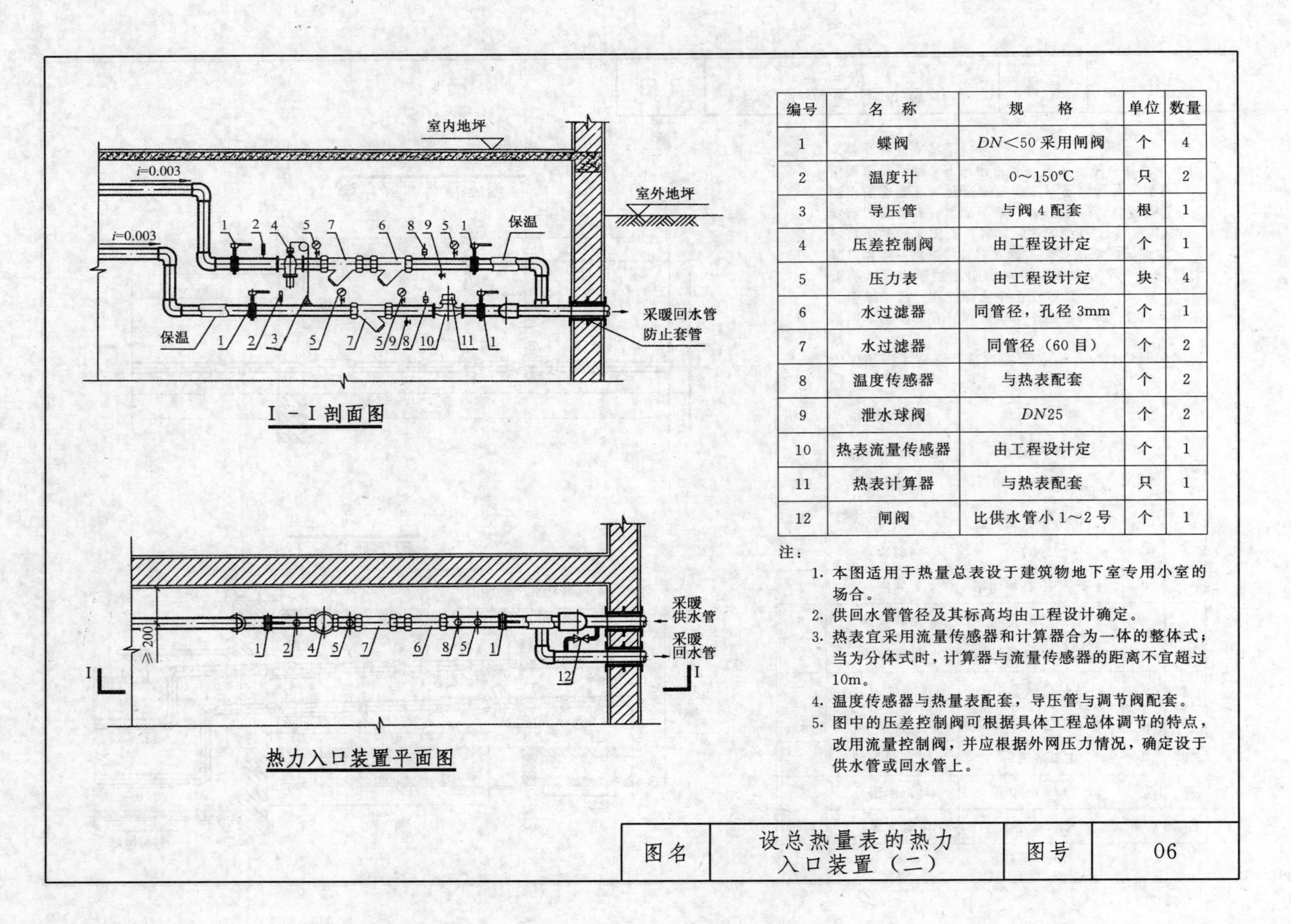

I－I 剖面图

热力入口装置平面图

编号	名　称	规　　格	单位	数量
1	蝶阀	DN<50 采用闸阀	个	4
2	温度计	0～150℃	只	2
3	导压管	与阀 4 配套	根	1
4	压差控制阀	由工程设计定	个	1
5	压力表	由工程设计定	块	4
6	水过滤器	同管径，孔径 3mm	个	1
7	水过滤器	同管径（60 目）	个	2
8	温度传感器	与热表配套	个	2
9	泄水球阀	DN25	个	2
10	热表流量传感器	由工程设计定	个	1
11	热表计算器	与热表配套	只	1
12	闸阀	比供水管小 1～2 号	个	1

注：

1. 本图适用于热量总表设于建筑物地下室专用小室的场合。
2. 供回水管管径及其标高均由工程设计确定。
3. 热表宜采用流量传感器和计算器合为一体的整体式；当为分体式时，计算器与流量传感器的距离不宜超过10m。
4. 温度传感器与热量表配套，导压管与调节阀配套。
5. 图中的压差控制阀可根据具体工程总体调节的特点，改用流量控制阀，并应根据外网压力情况，确定设于供水管或回水管上。

图名	设总热量表的热力入口装置（二）	图号	06

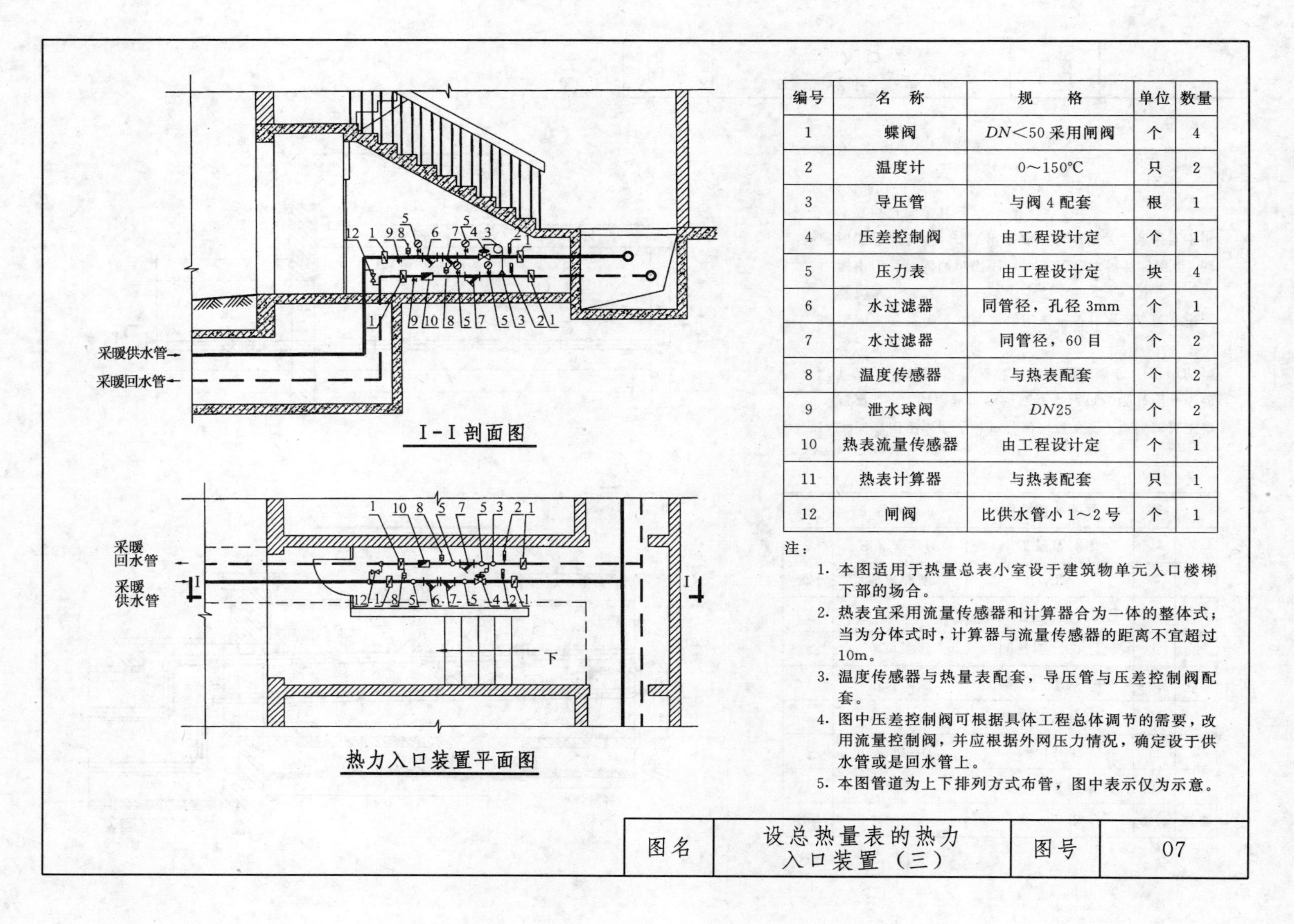

I-I 剖面图

热力入口装置平面图

编号	名　称	规　格	单位	数量
1	蝶阀	DN<50 采用闸阀	个	4
2	温度计	0～150℃	只	2
3	导压管	与阀 4 配套	根	1
4	压差控制阀	由工程设计定	个	1
5	压力表	由工程设计定	块	4
6	水过滤器	同管径，孔径 3mm	个	1
7	水过滤器	同管径，60 目	个	2
8	温度传感器	与热表配套	个	2
9	泄水球阀	DN25	个	2
10	热表流量传感器	由工程设计定	个	1
11	热表计算器	与热表配套	只	1
12	闸阀	比供水管小 1～2 号	个	1

注：

1. 本图适用于热量总表小室设于建筑物单元入口楼梯下部的场合。
2. 热表宜采用流量传感器和计算器合为一体的整体式；当为分体式时，计算器与流量传感器的距离不宜超过 10m。
3. 温度传感器与热量表配套，导压管与压差控制阀配套。
4. 图中压差控制阀可根据具体工程总体调节的需要，改用流量控制阀，并应根据外网压力情况，确定设于供水管或是回水管上。
5. 本图管道为上下排列方式布管，图中表示仅为示意。

图名	设总热量表的热力入口装置（三）	图号	07

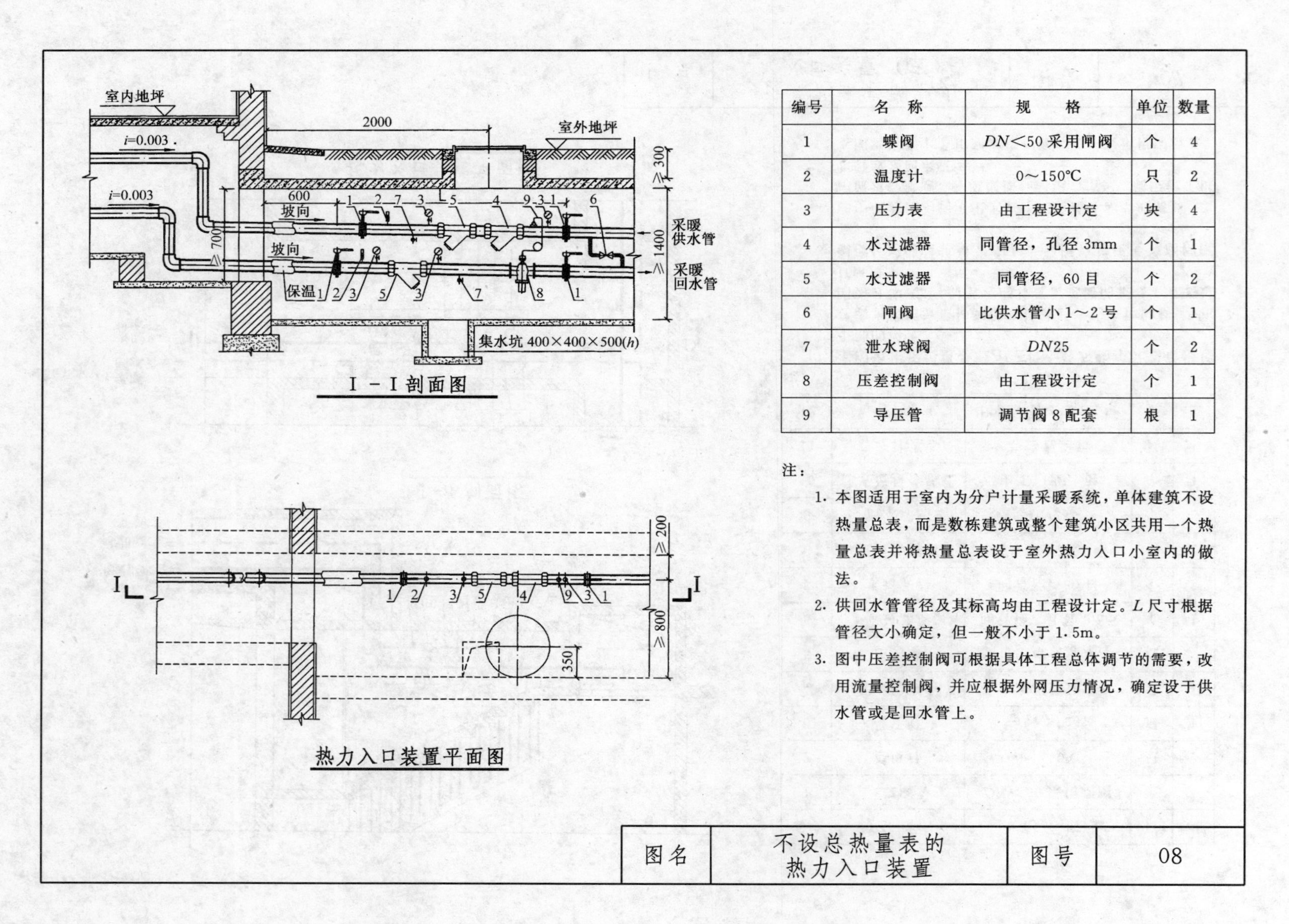

I－I 剖面图

热力入口装置平面图

编号	名称	规格	单位	数量
1	蝶阀	DN<50 采用闸阀	个	4
2	温度计	0～150℃	只	2
3	压力表	由工程设计定	块	4
4	水过滤器	同管径，孔径 3mm	个	1
5	水过滤器	同管径，60 目	个	2
6	闸阀	比供水管小 1～2 号	个	1
7	泄水球阀	DN25	个	2
8	压差控制阀	由工程设计定	个	1
9	导压管	调节阀 8 配套	根	1

注：

1. 本图适用于室内为分户计量采暖系统，单体建筑不设热量总表，而是数栋建筑或整个建筑小区共用一个热量总表并将热量总表设于室外热力入口小室内的做法。
2. 供回水管管径及其标高均由工程设计定。L 尺寸根据管径大小确定，但一般不小于 1.5m。
3. 图中压差控制阀可根据具体工程总体调节的需要，改用流量控制阀，并应根据外网压力情况，确定设于供水管或是回水管上。

图名	不设总热量表的 热力入口装置	图号	08

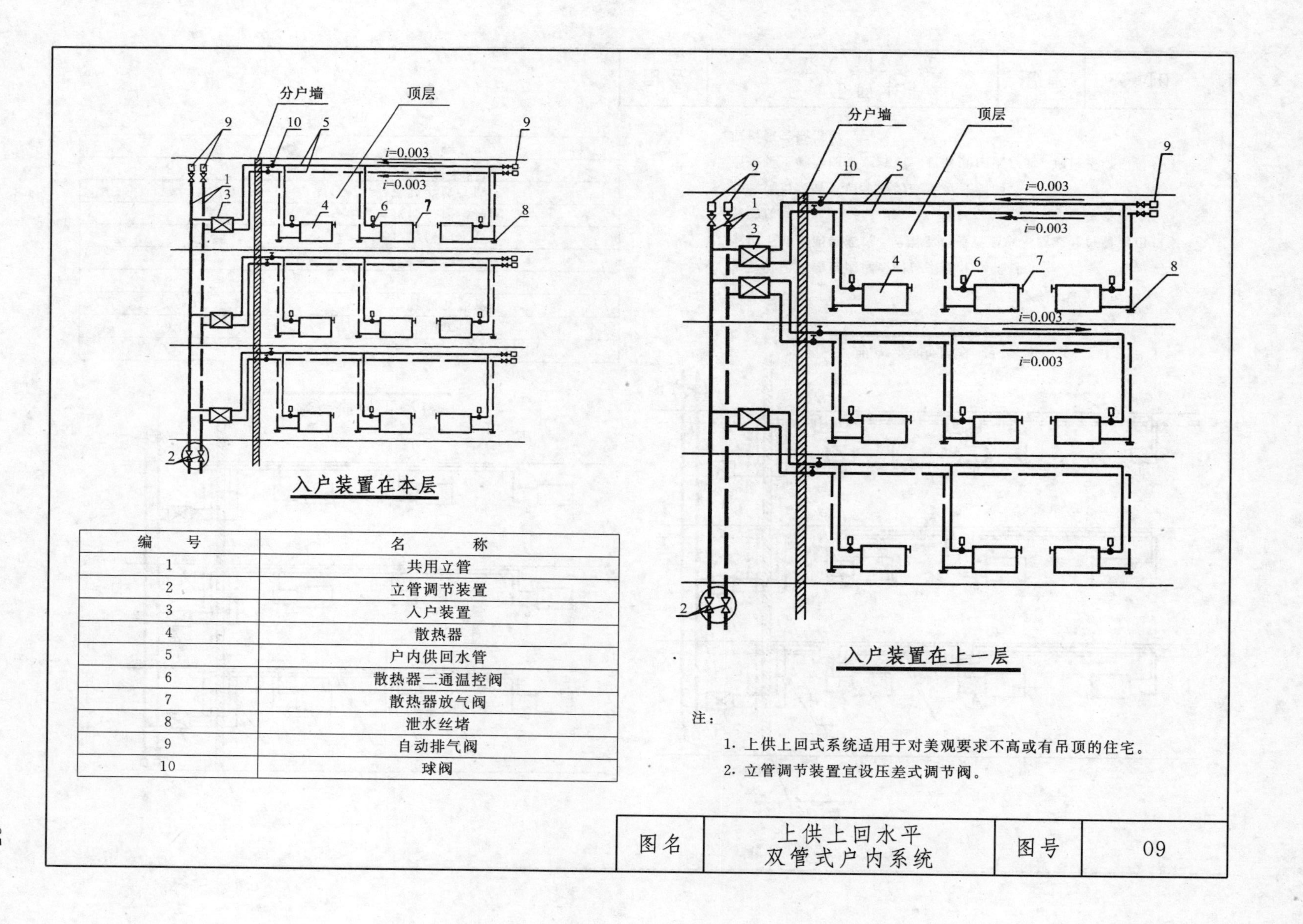

编号	名称
1	共用立管
2	立管调节装置
3	入户装置
4	散热器
5	户内供回水管
6	散热器二通温控阀
7	散热器放气阀
8	泄水丝堵
9	自动排气阀
10	球阀

注：

1. 上供上回式系统适用于对美观要求不高或有吊顶的住宅。
2. 立管调节装置宜设压差式调节阀。

图名	上供上回水平 双管式户内系统	图号	09

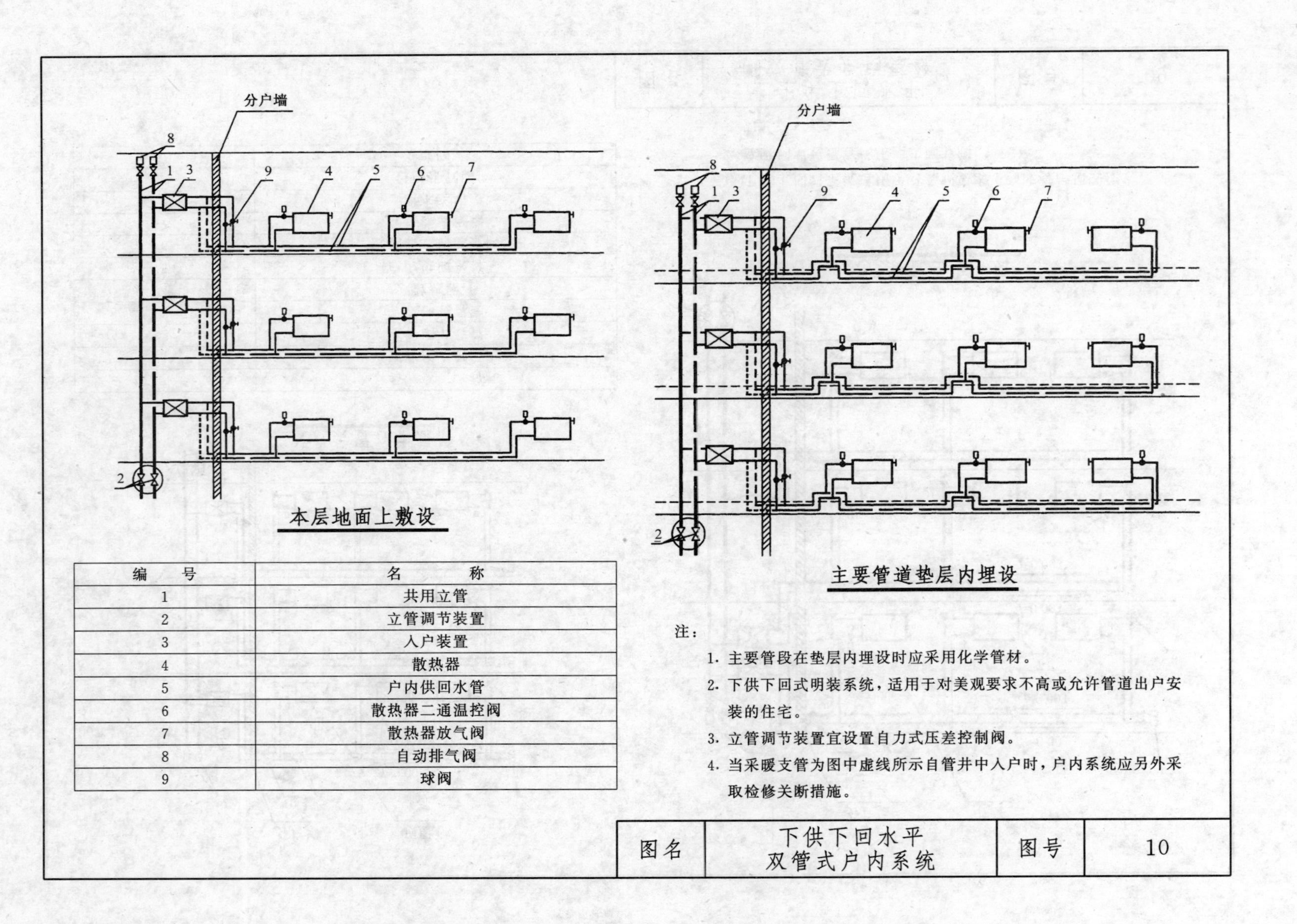

编　号	名　称
1	共用立管
2	立管调节装置
3	入户装置
4	散热器
5	户内供回水管
6	散热器二通温控阀
7	散热器放气阀
8	自动排气阀
9	球阀

注：

1. 主要管段在垫层内埋设时应采用化学管材。
2. 下供下回式明装系统，适用于对美观要求不高或允许管道出户安装的住宅。
3. 立管调节装置宜设置自力式压差控制阀。
4. 当采暖支管为图中虚线所示自管井中入户时，户内系统应另外采取检修关断措施。

图名	下供下回水平 双管式户内系统	图号	10

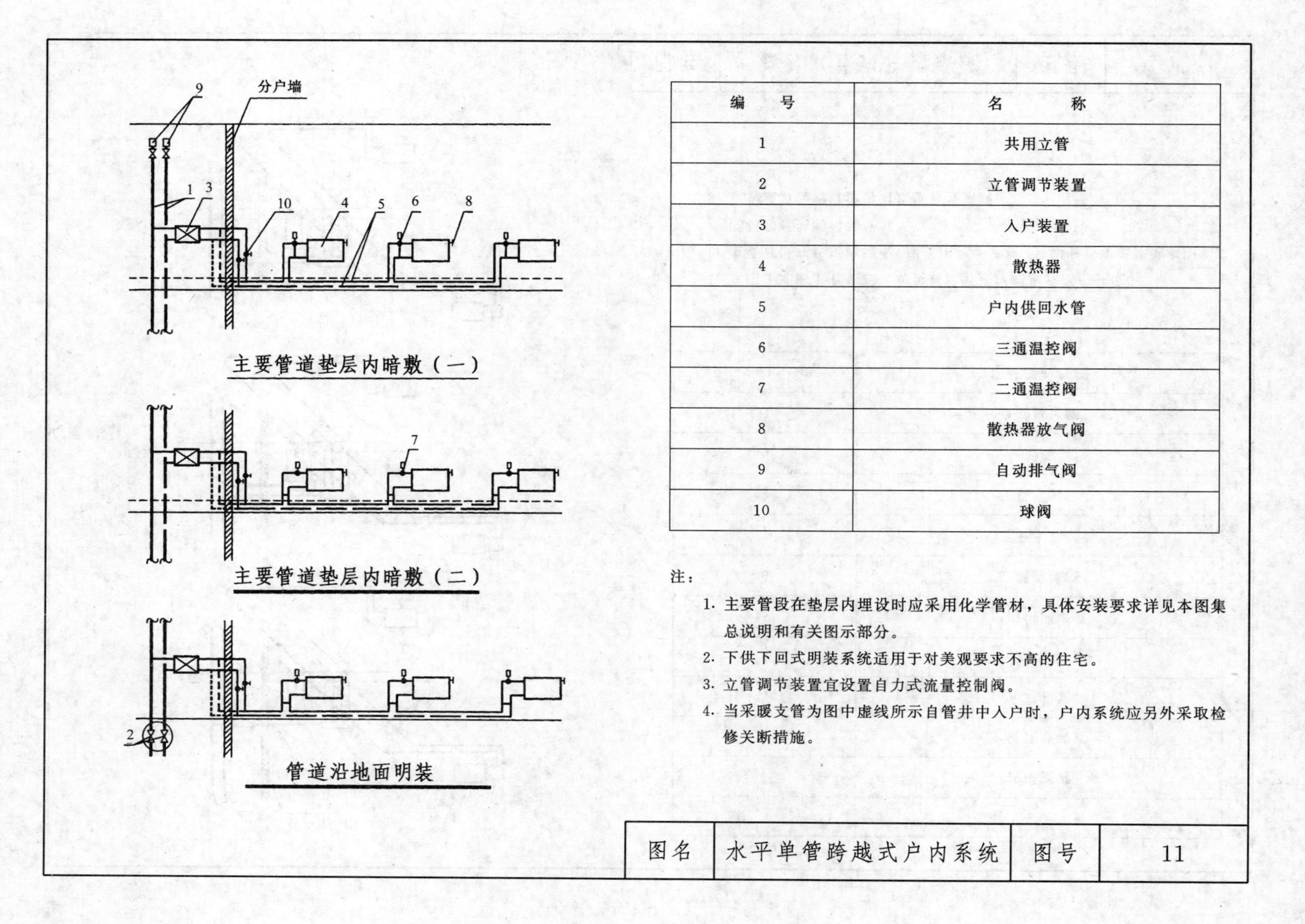

主要管道垫层内暗敷（一）

主要管道垫层内暗敷（二）

管道沿地面明装

编号	名称
1	共用立管
2	立管调节装置
3	入户装置
4	散热器
5	户内供回水管
6	三通温控阀
7	二通温控阀
8	散热器放气阀
9	自动排气阀
10	球阀

注：

1. 主要管段在垫层内埋设时应采用化学管材，具体安装要求详见本图集总说明和有关图示部分。
2. 下供下回式明装系统适用于对美观要求不高的住宅。
3. 立管调节装置宜设置自力式流量控制阀。
4. 当采暖支管为图中虚线所示自管井中入户时，户内系统应另外采取检修关断措施。

图名	水平单管跨越式户内系统	图号	11

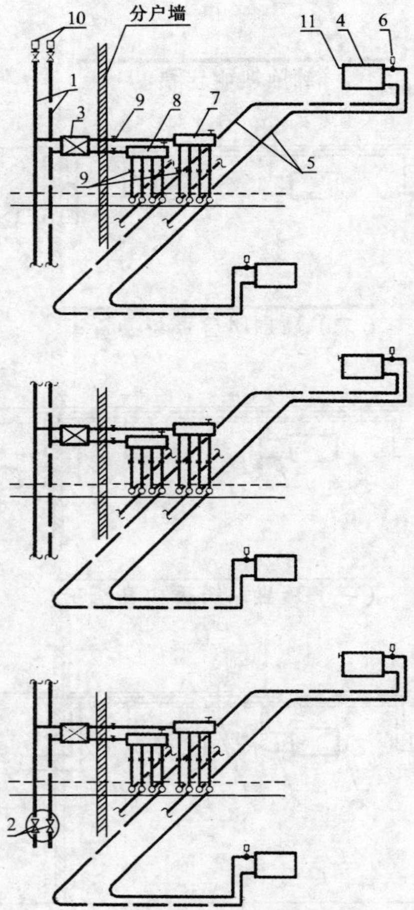

编　号	名　称
1	共用立管
2	立管调节装置
3	入户装置
4	散热器
5	户内供回水管
6	二通温控阀
7	分水器
8	集水器
9	球阀
10	自动排气阀
11	散热器放气阀

注：

1. 适用于地面上有垫层，对美观及舒适度要求较高的住宅。
2. 主要管段在垫层内埋设，应采用化学管材，具体安装要求详见本图集总说明和有关图示部分。
3. 立管调节装置宜设自力式压差控制阀。

图名	放射双管式户内系统	图号	12

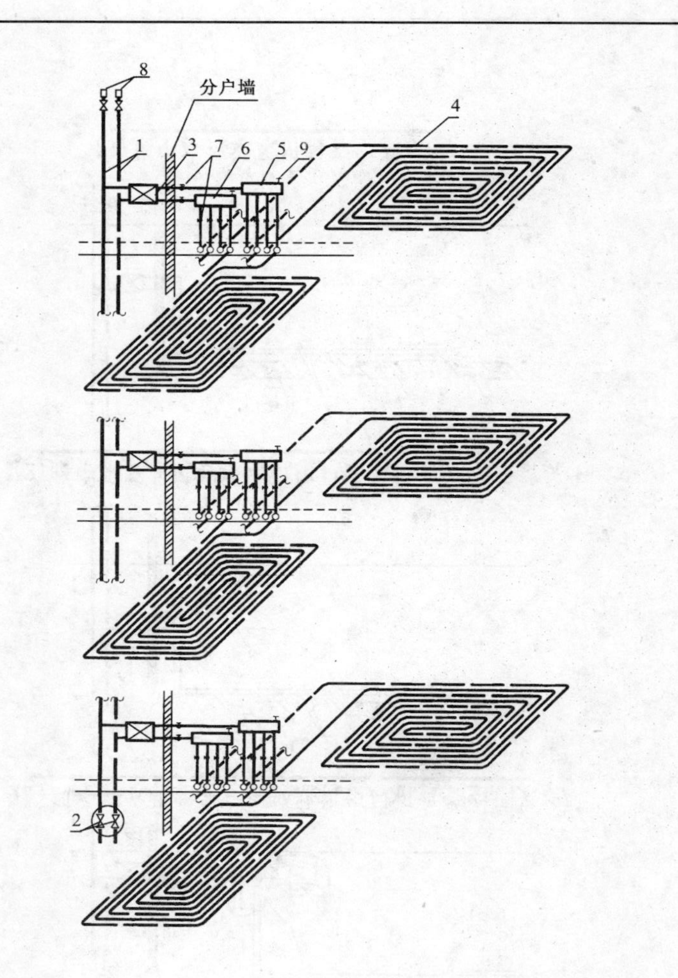

编　　号	名　　　　称
1	共用立管
2	立管调节装置
3	入户装置
4	加热盘管
5	分水器
6	集水器
7	球阀
8	自动排气阀
9	散热器放气阀

注：

1. 适用于地面上有垫层，对美观及舒适度要求较高的住宅。
2. 当房间有温控要求时，可采用分体式温控阀，调节阀阀体代替图中球阀7，温包设在对应的各房间内。
3. 立管调节装置宜设自力式压差控制阀。
4. 当集中采暖热媒温度超出低温地板辐射采暖的允许温度时，应设热交换装置。

图名	低温热水地板辐射采暖系统	图号	13

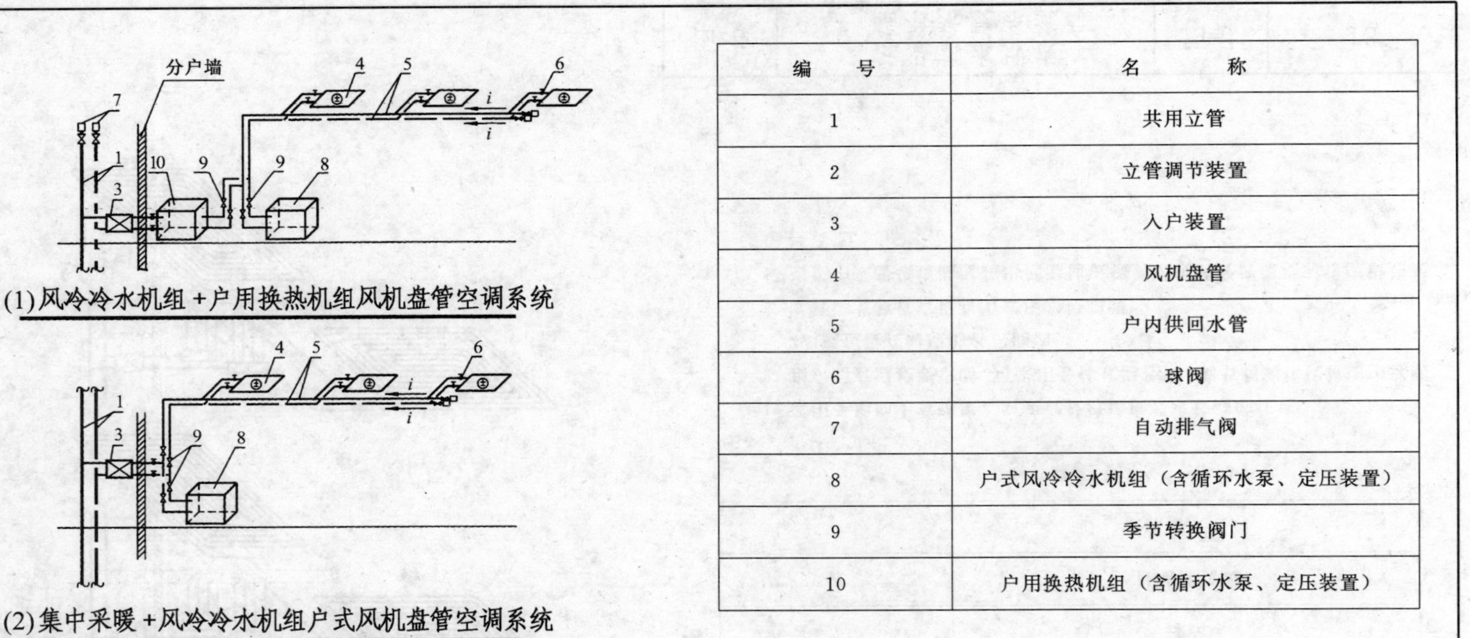

(1)风冷冷水机组+户用换热机组风机盘管空调系统

(2)集中采暖+风冷冷水机组户式风机盘管空调系统

(3)集中冷热源风机盘管空调系统

编　　号	名　　称
1	共用立管
2	立管调节装置
3	入户装置
4	风机盘管
5	户内供回水管
6	球阀
7	自动排气阀
8	户式风冷冷水机组（含循环水泵、定压装置）
9	季节转换阀门
10	户用换热机组（含循环水泵、定压装置）

注：

1. 系统（3）入户装置内应设冷热两用型热表。
2. 风机盘管控制方案：变流量水系统，设电动二通阀（图中未绘出）、配三速温控器；定流量水系统，配无级调速型温控器或仅设三速风机开关。
3. 风机盘管采用定流量控制时，系统（2）、(3）立管调节装置宜设自力式流量控制阀；风机盘管采用变流量控制时，系统（2）、(3）立管调节装置宜设自力式压差控制阀。

图名	采暖空调结合系统	图号	14

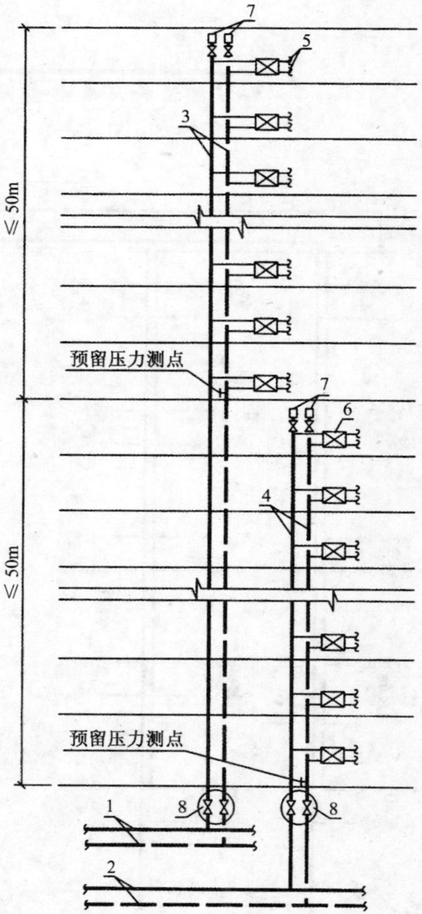

≤50m
≤50m
预留压力测点
预留压力测点
1 2 3 4 5 6 7 8

编　号	名　称
1	高区供回水干管
2	低区供回水干管
3	高区共用立管
4	低区共用立管
5	户用供回水干管
6	入户装置
7	自动排气阀
8	立管调节装置

注：

1. 共用立管连接的每层户内系统不宜多于 3 个。如超过，每层应采用分、集水器方式连接各户内系统。
2. 视户内系统为定流量调节还是变流量调节，确定立管调节装置设置自力式流量控制阀还是自力式压差控制阀。
3. 高层住宅户内系统的形式与多层住宅相同。
4. 每个分区系统的最大工作压力及试压点应为如图所示本系统最低点散热器处。
5. 共用立管应考虑管道热补偿及固定措施。

图名	高层住宅共用立管 竖向分区采暖系统	图号	15

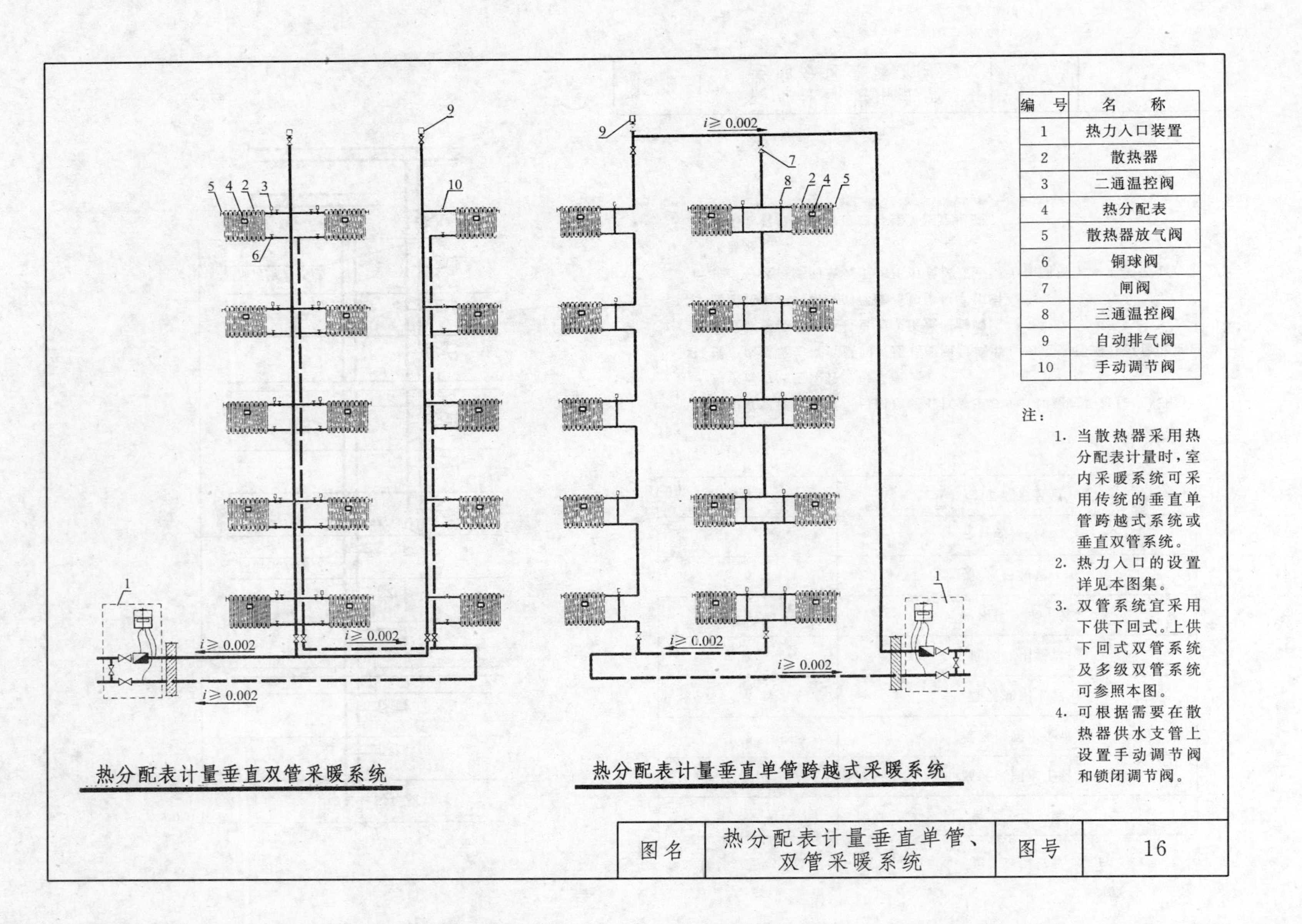

热分配表计量垂直双管采暖系统

热分配表计量垂直单管跨越式采暖系统

编号	名称
1	热力入口装置
2	散热器
3	二通温控阀
4	热分配表
5	散热器放气阀
6	铜球阀
7	闸阀
8	三通温控阀
9	自动排气阀
10	手动调节阀

注：

1. 当散热器采用热分配表计量时，室内采暖系统可采用传统的垂直单管跨越式系统或垂直双管系统。
2. 热力入口的设置详见本图集。
3. 双管系统宜采用下供下回式。上供下回式双管系统及多级双管系统可参照本图。
4. 可根据需要在散热器供水支管上设置手动调节阀和锁闭调节阀。

图名	热分配表计量垂直单管、双管采暖系统	图号	16

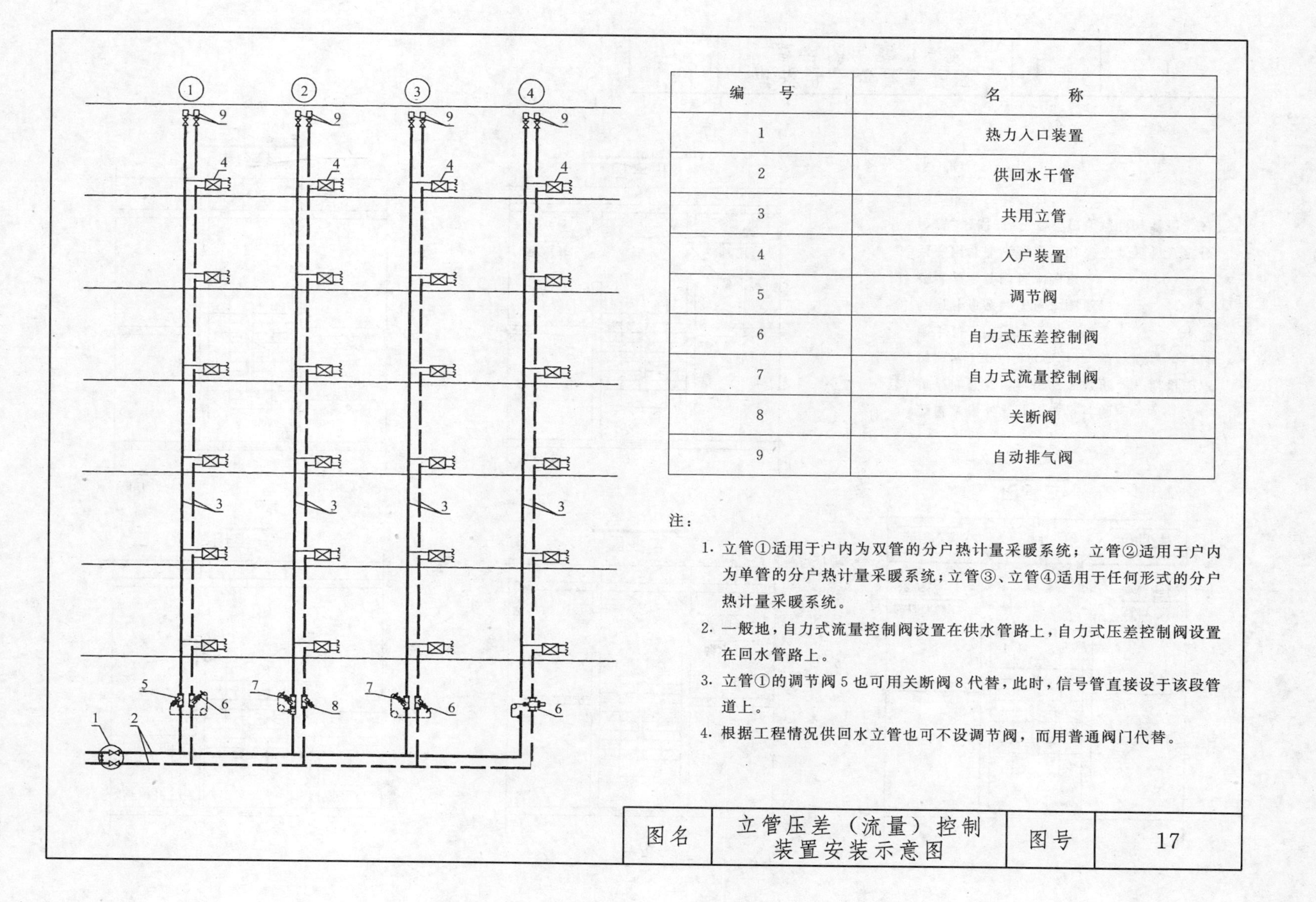

编号	名称
1	热力入口装置
2	供回水干管
3	共用立管
4	入户装置
5	调节阀
6	自力式压差控制阀
7	自力式流量控制阀
8	关断阀
9	自动排气阀

注：

1. 立管①适用于户内为双管的分户热计量采暖系统；立管②适用于户内为单管的分户热计量采暖系统；立管③、立管④适用于任何形式的分户热计量采暖系统。
2. 一般地，自力式流量控制阀设置在供水管路上，自力式压差控制阀设置在回水管路上。
3. 立管①的调节阀5也可用关断阀8代替，此时，信号管直接设于该段管道上。
4. 根据工程情况供回水立管也可不设调节阀，而用普通阀门代替。

图名	立管压差（流量）控制装置安装示意图	图号	17

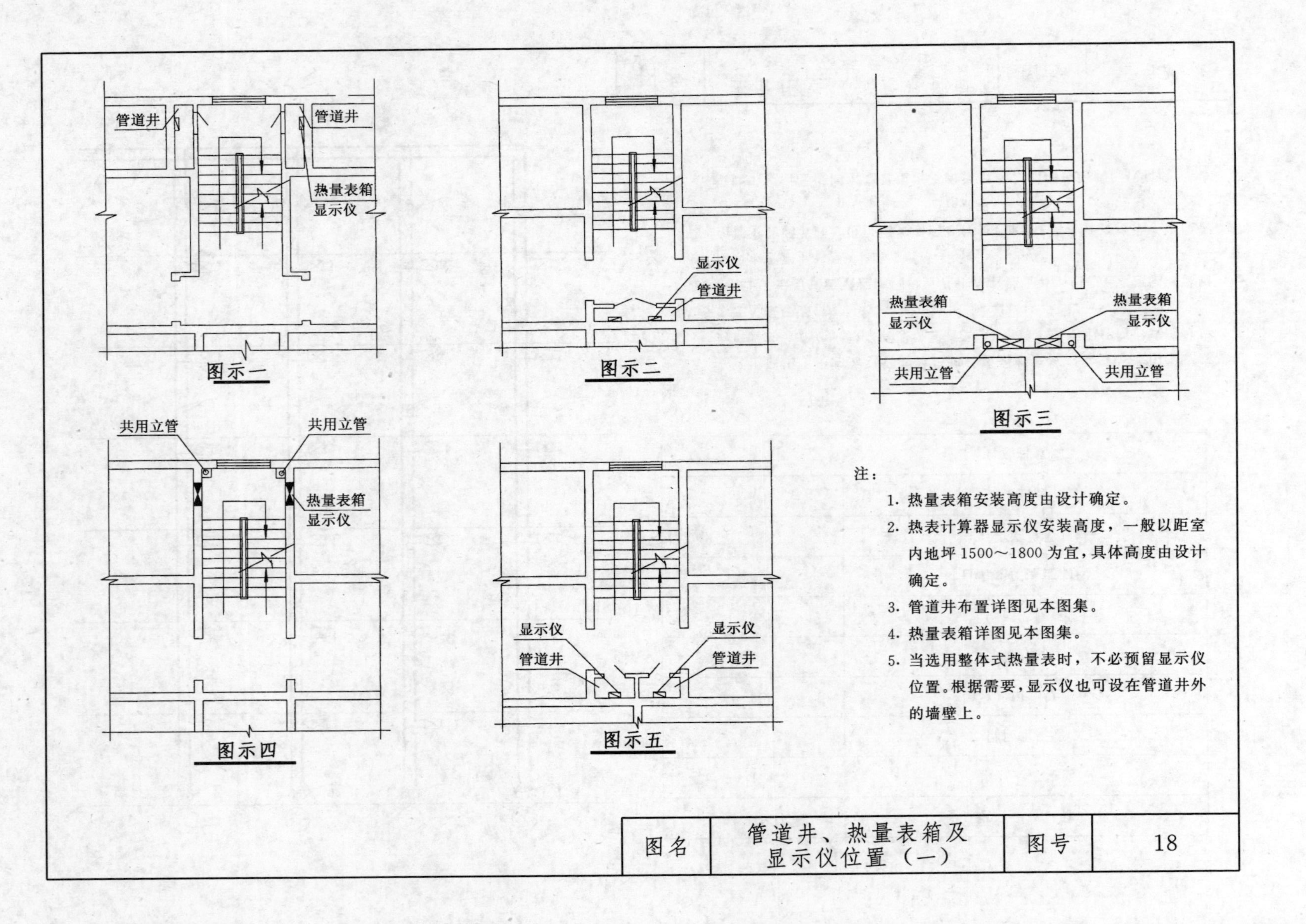

注：

1. 热量表箱安装高度由设计确定。
2. 热表计算器显示仪安装高度，一般以距室内地坪 1500～1800 为宜，具体高度由设计确定。
3. 管道井布置详图见本图集。
4. 热量表箱详图见本图集。
5. 当选用整体式热量表时，不必预留显示仪位置。根据需要，显示仪也可设在管道井外的墙壁上。

图名	管道井、热量表箱及显示仪位置（一）	图号	18

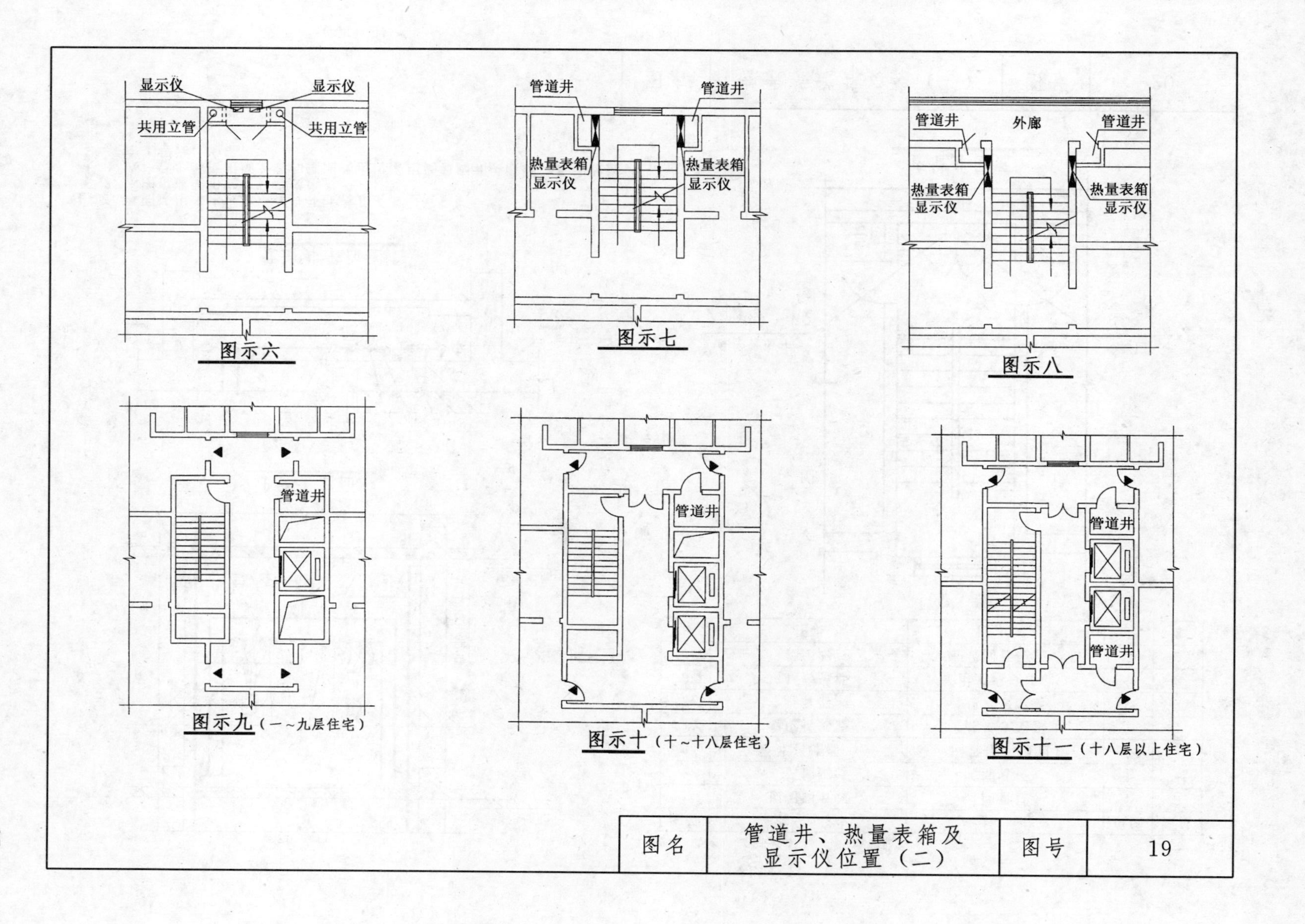

图示六

图示七

图示八

图示九（一~九层住宅）

图示十（十~十八层住宅）

图示十一（十八层以上住宅）

图名	管道井、热量表箱及显示仪位置（二）	图号	19

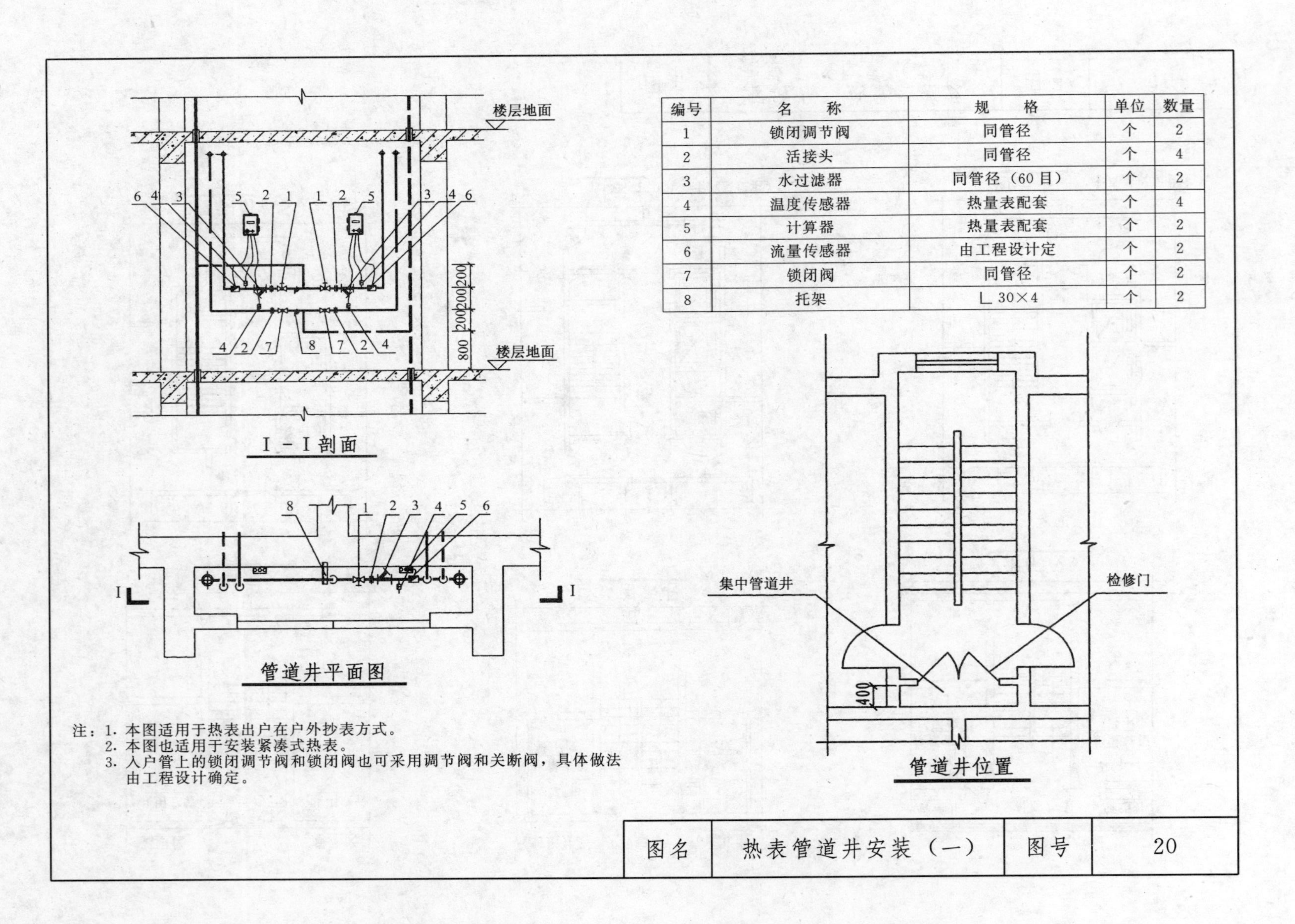

I－I 剖面

管道井平面图

管道井位置

编号	名 称	规 格	单位	数量
1	锁闭调节阀	同管径	个	2
2	活接头	同管径	个	4
3	水过滤器	同管径（60目）	个	2
4	温度传感器	热量表配套	个	4
5	计算器	热量表配套	个	2
6	流量传感器	由工程设计定	个	2
7	锁闭阀	同管径	个	2
8	托架	∟30×4	个	2

注：1. 本图适用于热表出户在户外抄表方式。
2. 本图也适用于安装紧凑式热表。
3. 入户管上的锁闭调节阀和锁闭阀也可采用调节阀和关断阀，具体做法由工程设计确定。

图名	热表管道井安装（一）	图号	20

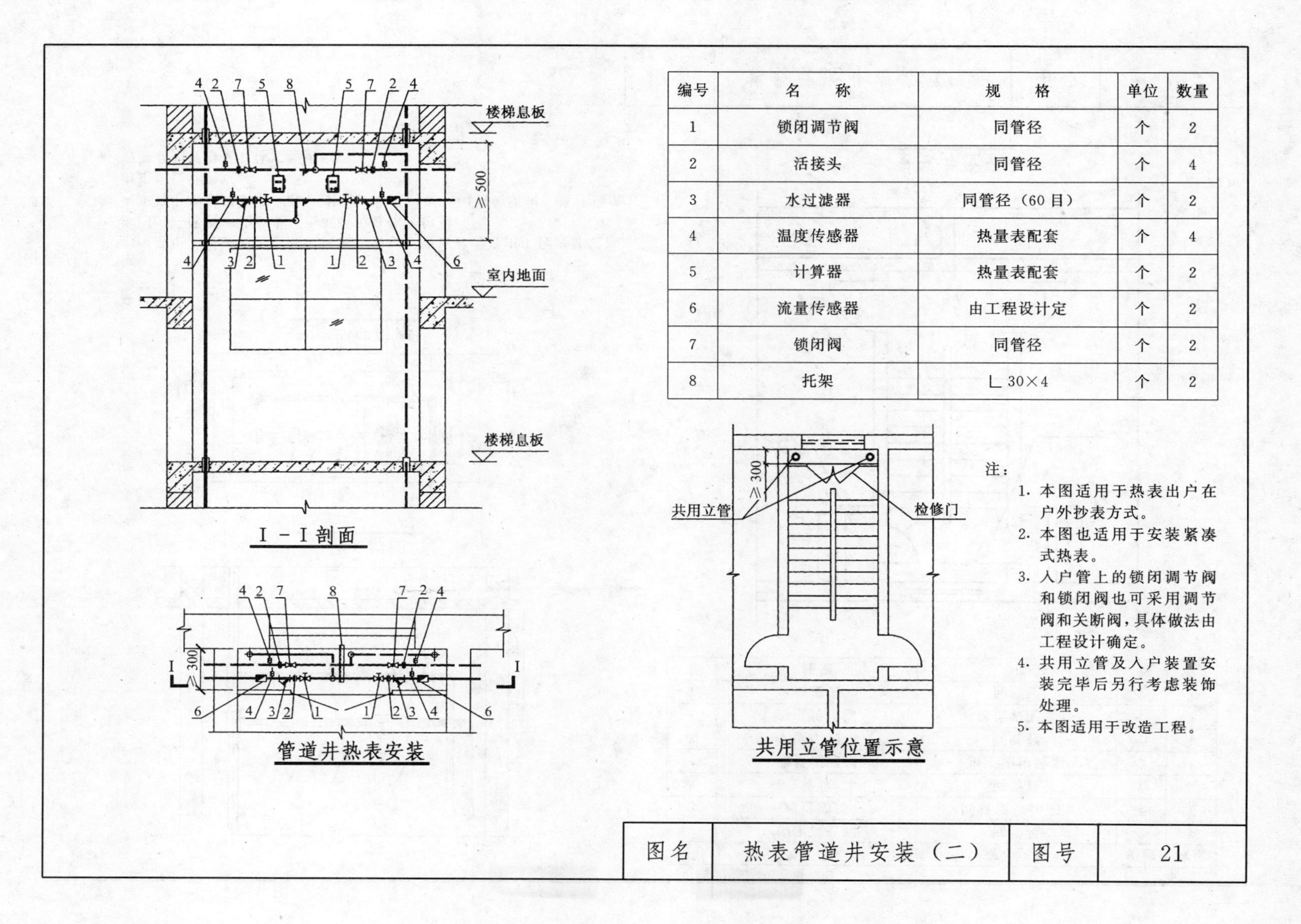

编号	名　称	规　格	单位	数量
1	锁闭调节阀	同管径	个	2
2	活接头	同管径	个	4
3	水过滤器	同管径（60目）	个	2
4	温度传感器	热量表配套	个	4
5	计算器	热量表配套	个	2
6	流量传感器	由工程设计定	个	2
7	锁闭阀	同管径	个	2
8	托架	∟30×4	个	2

注：

1. 本图适用于热表出户在户外抄表方式。
2. 本图也适用于安装紧凑式热表。
3. 入户管上的锁闭调节阀和锁闭阀也可采用调节阀和关断阀，具体做法由工程设计确定。
4. 共用立管及入户装置安装完毕后另行考虑装饰处理。
5. 本图适用于改造工程。

图名	热表管道井安装（二）	图号	21

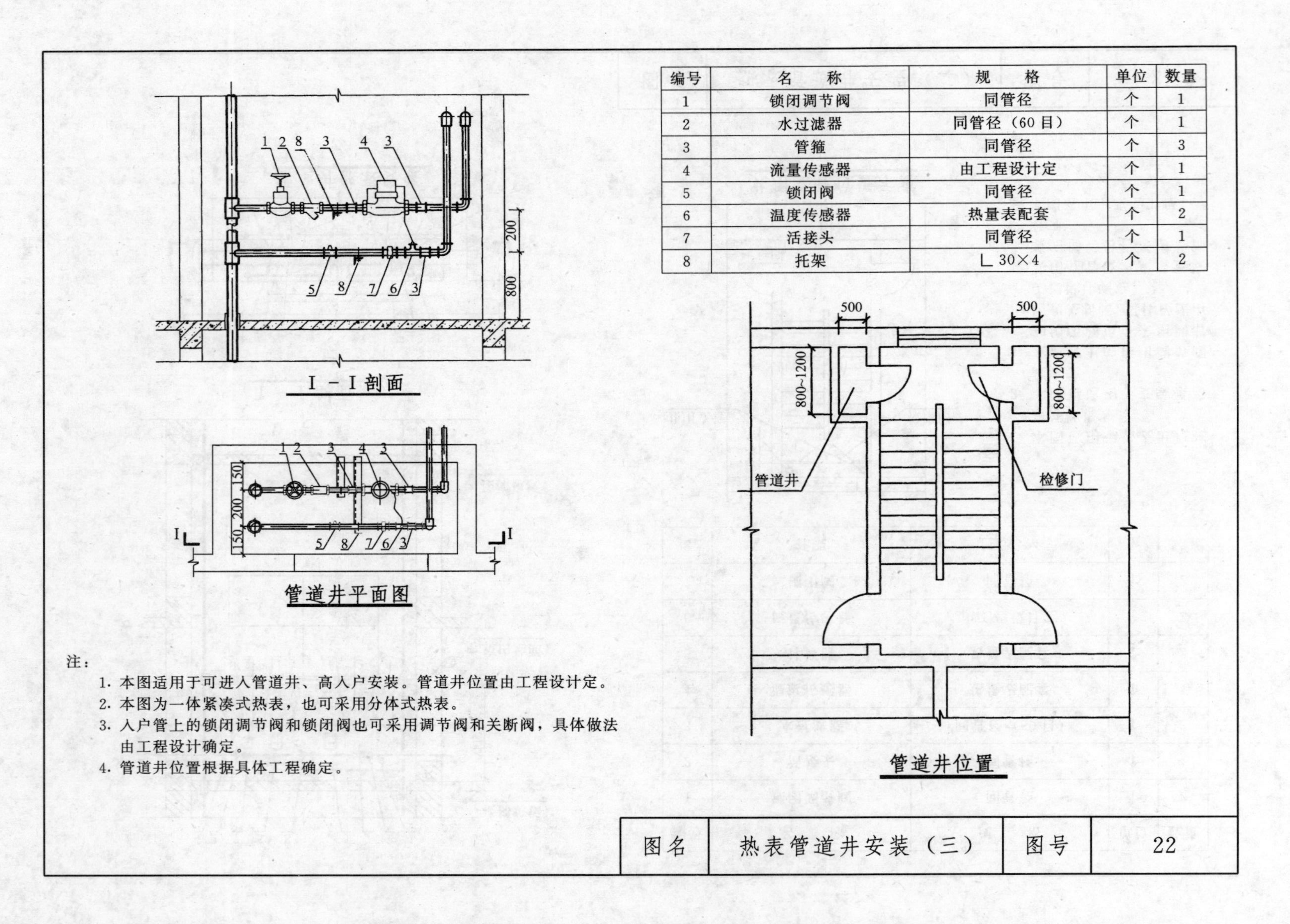

编号	名称	规格	单位	数量
1	锁闭调节阀	同管径	个	1
2	水过滤器	同管径（60目）	个	1
3	管箍	同管径	个	3
4	流量传感器	由工程设计定	个	1
5	锁闭阀	同管径	个	1
6	温度传感器	热量表配套	个	2
7	活接头	同管径	个	1
8	托架	∟30×4	个	2

注：

1. 本图适用于可进入管道井、高入户安装。管道井位置由工程设计定。
2. 本图为一体紧凑式热表，也可采用分体式热表。
3. 入户管上的锁闭调节阀和锁闭阀也可采用调节阀和关断阀，具体做法由工程设计确定。
4. 管道井位置根据具体工程确定。

图名	热表管道井安装（三）	图号	22

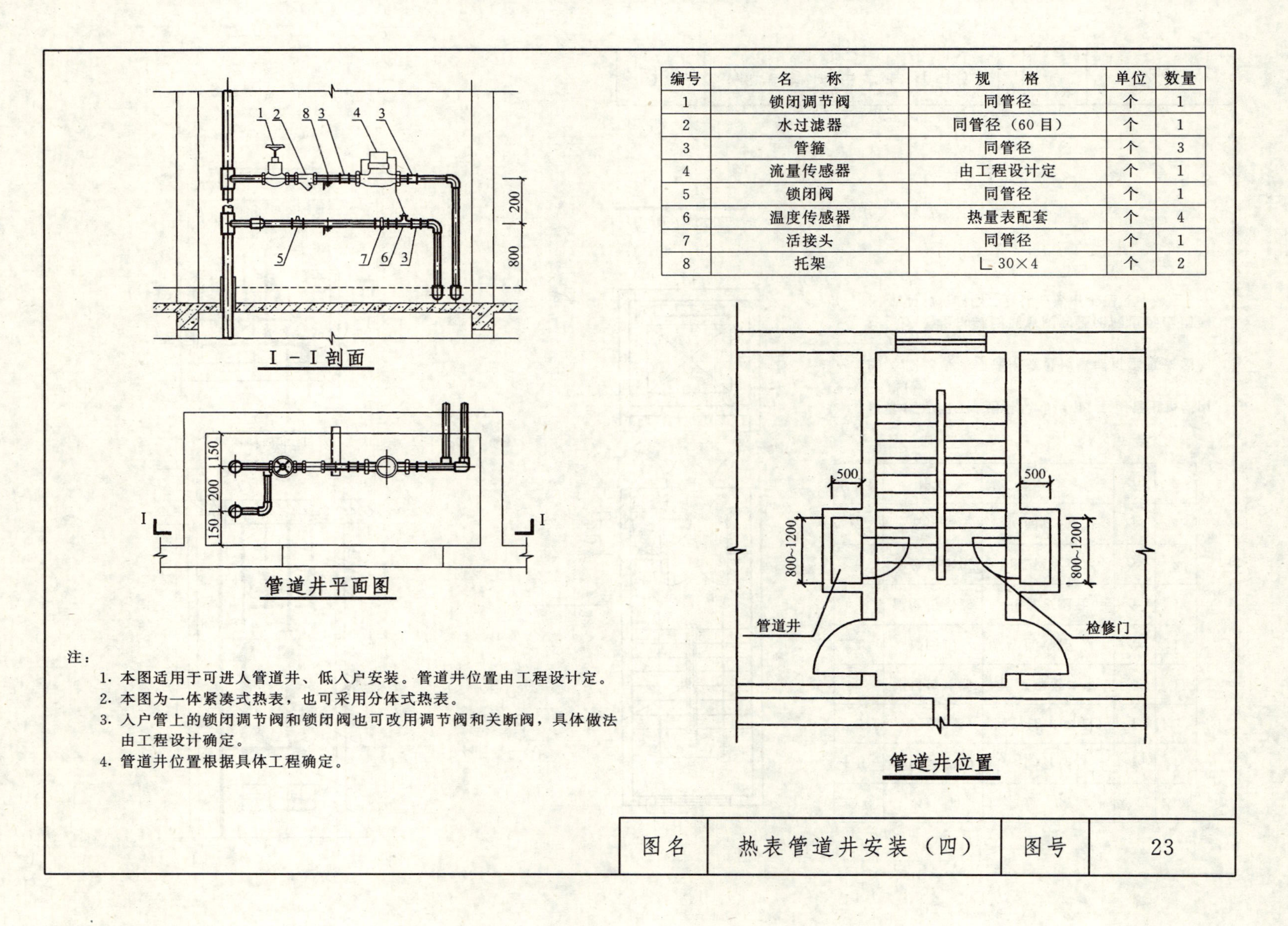

编号	名　称	规　格	单位	数量
1	锁闭调节阀	同管径	个	1
2	水过滤器	同管径（60目）	个	1
3	管箍	同管径	个	3
4	流量传感器	由工程设计定	个	1
5	锁闭阀	同管径	个	1
6	温度传感器	热量表配套	个	4
7	活接头	同管径	个	1
8	托架	∟30×4	个	2

注：

1. 本图适用于可进人管道井、低入户安装。管道井位置由工程设计定。
2. 本图为一体紧凑式热表，也可采用分体式热表。
3. 入户管上的锁闭调节阀和锁闭阀也可改用调节阀和关断阀，具体做法由工程设计确定。
4. 管道井位置根据具体工程确定。

图名	热表管道井安装（四）	图号	23

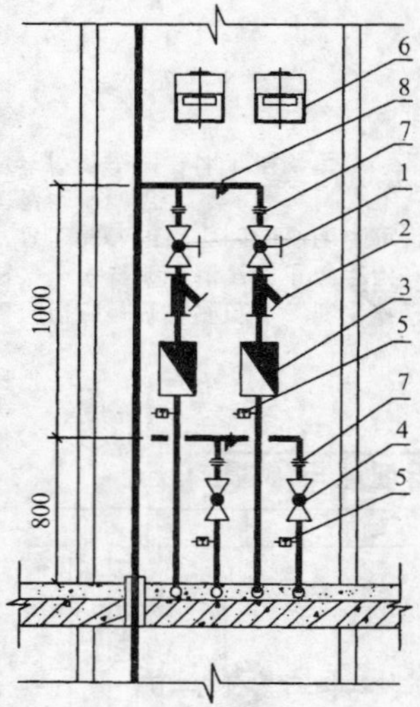

I－I 剖面

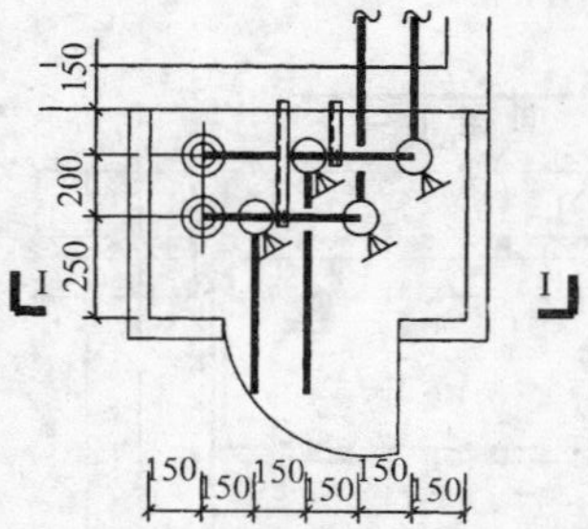

管道井详图

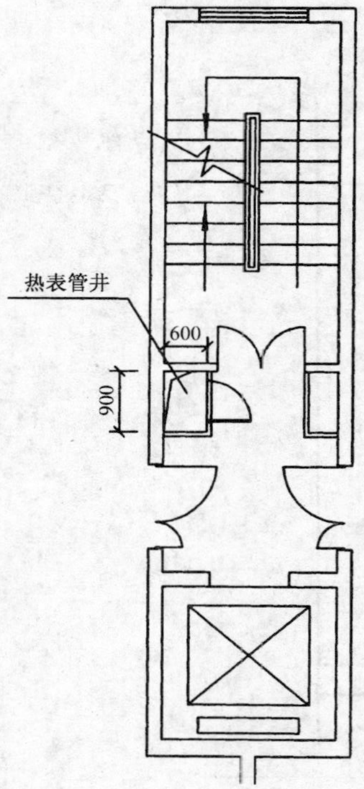

热表管井

管道井位置

编号	名　称	规　格	单位	数量
1	锁闭调节阀	同管径	个	1
2	水过滤器	同管径（60目）	个	2
3	流量传感器	由工程设计定	个	1
4	锁闭阀	同管径	个	1
5	温度传感器	热量表配套	个	4
6	积分显示仪	由工程设计定	个	2
7	活接头	同管径	个	4
8	托架	└ 30×4	个	2

注：

1. 本图适用于管道井尺寸狭窄，室内管道垫层内敷设。
2. 本图热表必须选用流量传感器可垂直安装的产品。
3. 入户管上的锁闭调节阀和锁闭阀也可改用调节阀和关断阀，具体做法由工程设计确定。

图名	热表管道井安装（五）	图号	24

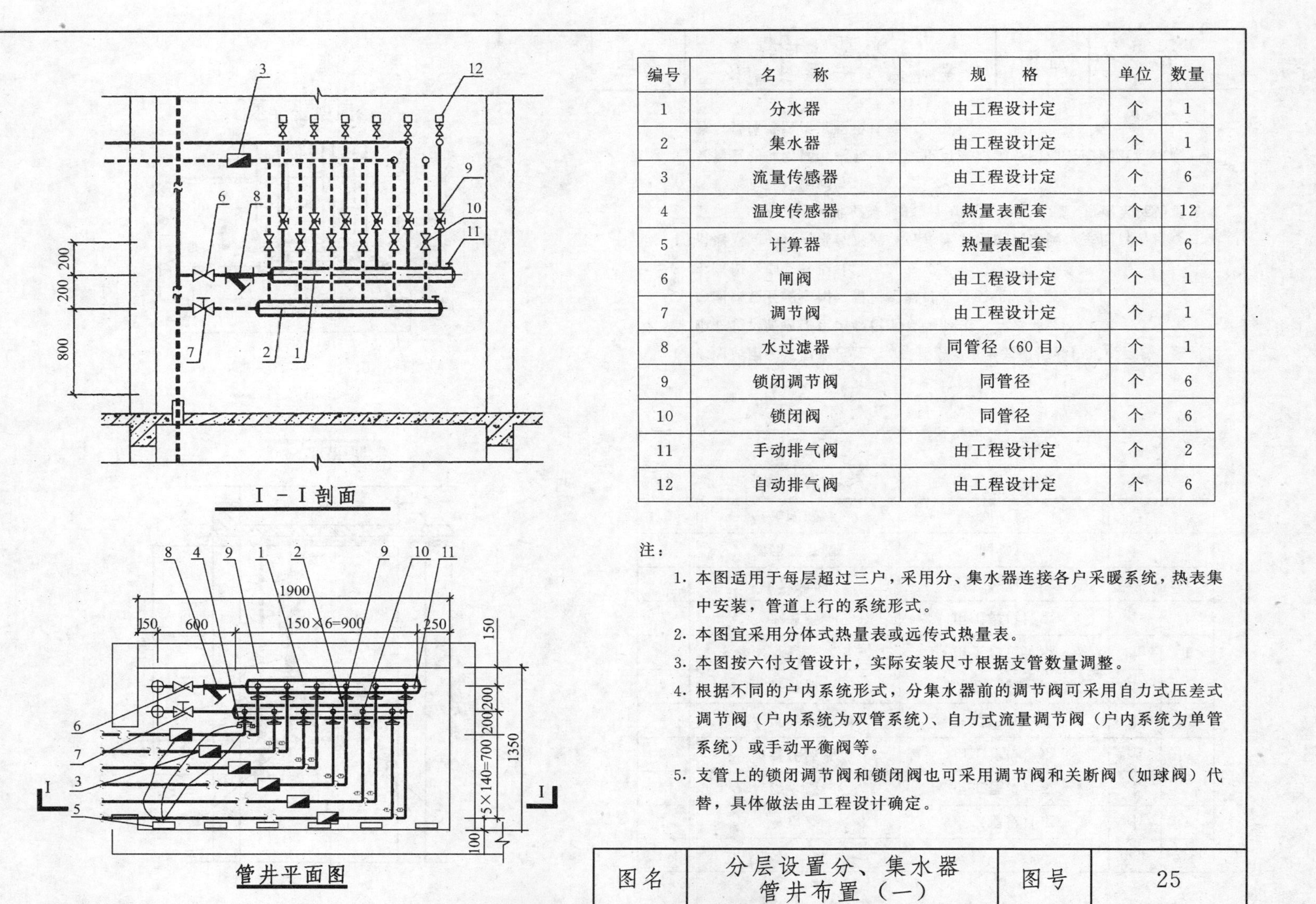

I－I 剖面

管井平面图

编号	名　称	规　格	单位	数量
1	分水器	由工程设计定	个	1
2	集水器	由工程设计定	个	1
3	流量传感器	由工程设计定	个	6
4	温度传感器	热量表配套	个	12
5	计算器	热量表配套	个	6
6	闸阀	由工程设计定	个	1
7	调节阀	由工程设计定	个	1
8	水过滤器	同管径（60 目）	个	1
9	锁闭调节阀	同管径	个	6
10	锁闭阀	同管径	个	6
11	手动排气阀	由工程设计定	个	2
12	自动排气阀	由工程设计定	个	6

注：

1. 本图适用于每层超过三户，采用分、集水器连接各户采暖系统，热表集中安装，管道上行的系统形式。
2. 本图宜采用分体式热量表或远传式热量表。
3. 本图按六付支管设计，实际安装尺寸根据支管数量调整。
4. 根据不同的户内系统形式，分集水器前的调节阀可采用自力式压差式调节阀（户内系统为双管系统）、自力式流量调节阀（户内系统为单管系统）或手动平衡阀等。
5. 支管上的锁闭调节阀和锁闭阀也可采用调节阀和关断阀（如球阀）代替，具体做法由工程设计确定。

图名	分层设置分、集水器 管井布置（一）	图号	25

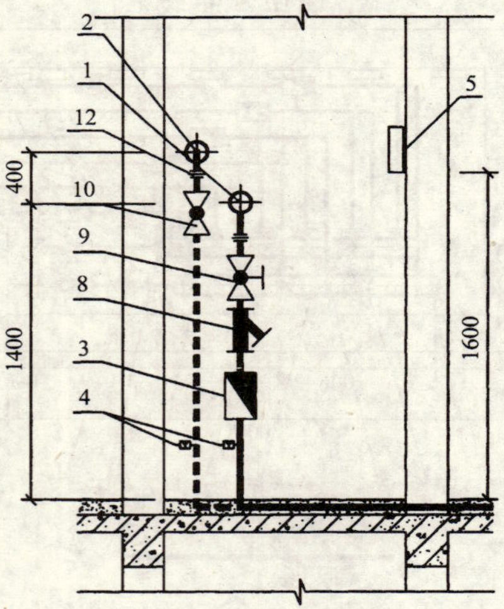

I－I剖面

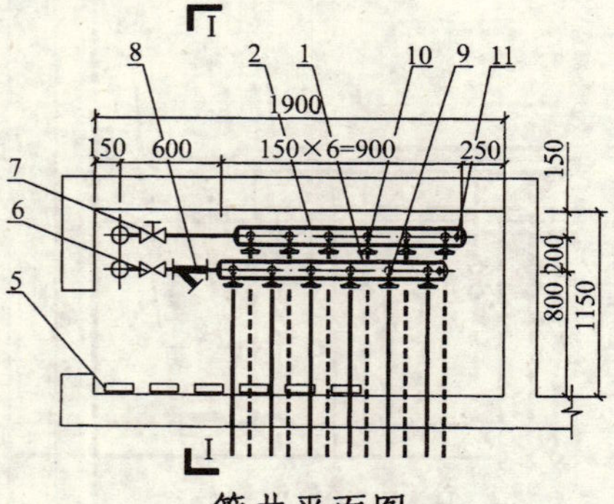

管井平面图

编号	名　称	规　格	单位	数量
1	分水器	由工程设计定	个	1
2	集水器	由工程设计定	个	1
3	流量传感器	由工程设计定	个	6
4	温度传感器	热量表配套	个	12
5	计算器	热量表配套	个	6
6	闸阀	由工程设计定	个	1
7	调节阀	由工程设计定	个	1
8	水过滤器	同管径（60目）	个	1
9	锁闭调节阀	同管径	个	6
10	锁闭阀	同管径	个	6
11	手动排气阀	由工程设计定	个	2
12	活接头	同管径	个	2

注：

1. 本图适用于每层超过三户，采用分、集水器连接各户采暖系统，热表集中安装，管道垫层内敷设的系统形式。
2. 本图热表必须选用流量传感器可垂直安装的产品。
3. 本图按六副支管设计，实际安装尺寸根据支管数量调整。
4. 根据不同的户内系统形式，分集水器前的调节阀可采用自力压差式调节阀（户内系统为双管系统）、自力式流量调节阀（户内系统为单管系统）或手动平衡阀等。
5. 支管上的锁闭调节阀和锁闭阀也可采用调节阀和关断阀（如球阀）代替，具体做法由工程设计确定。

图名	分层设置分、集水器 管井布置（二）	图号	26

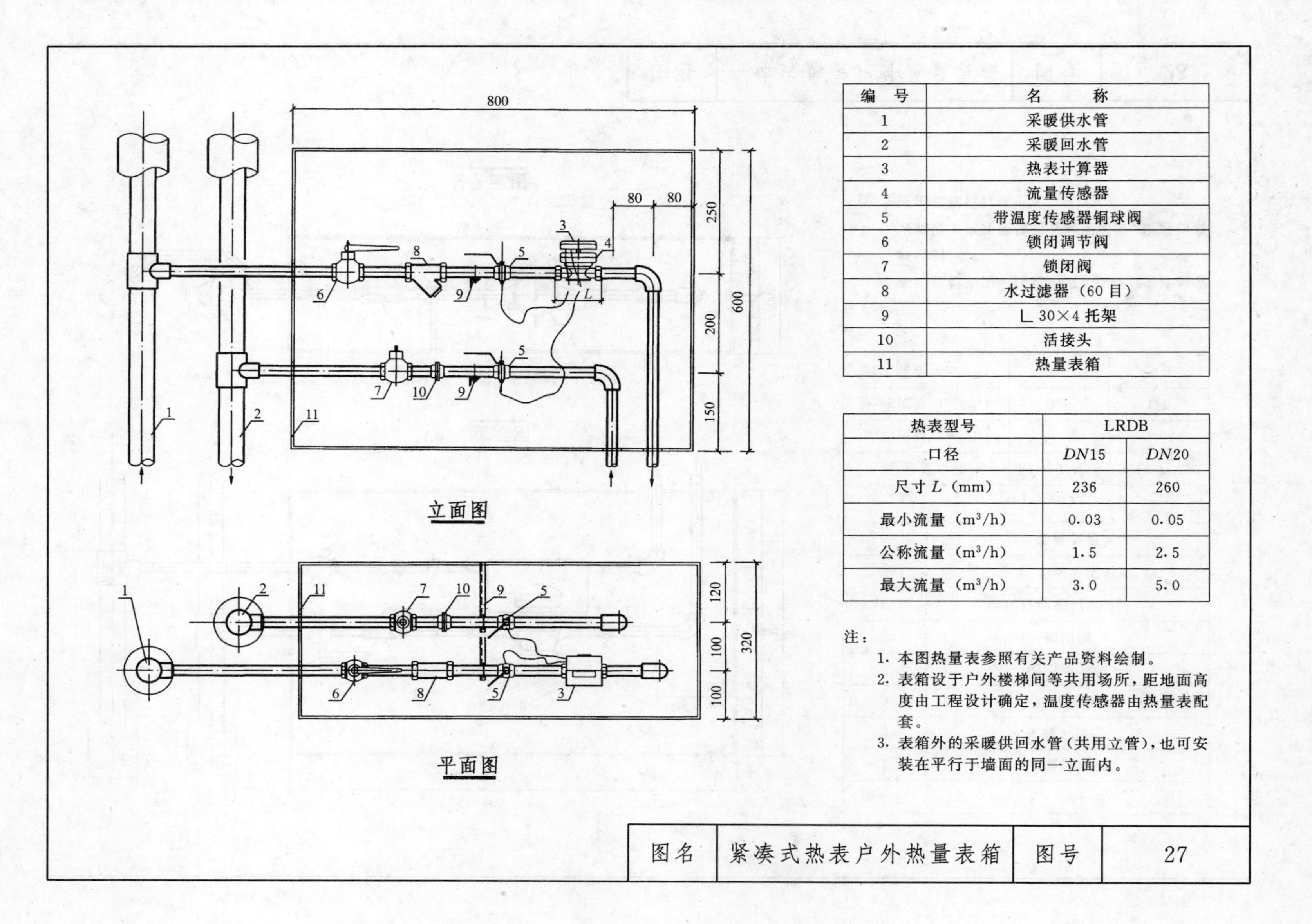

编号	名称
1	采暖供水管
2	采暖回水管
3	热表计算器
4	流量传感器
5	带温度传感器铜球阀
6	锁闭调节阀
7	锁闭阀
8	水过滤器（60 目）
9	∟ 30×4 托架
10	活接头
11	热量表箱

热表型号	LRDB	
口径	*DN*15	*DN*20
尺寸 L（mm）	236	260
最小流量（m^3/h）	0.03	0.05
公称流量（m^3/h）	1.5	2.5
最大流量（m^3/h）	3.0	5.0

注：

1. 本图热量表参照有关产品资料绘制。
2. 表箱设于户外楼梯间等共用场所，距地面高度由工程设计确定，温度传感器由热量表配套。
3. 表箱外的采暖供回水管（共用立管），也可安装在平行于墙面的同一立面内。

图名	紧凑式热表户外热量表箱	图号	27

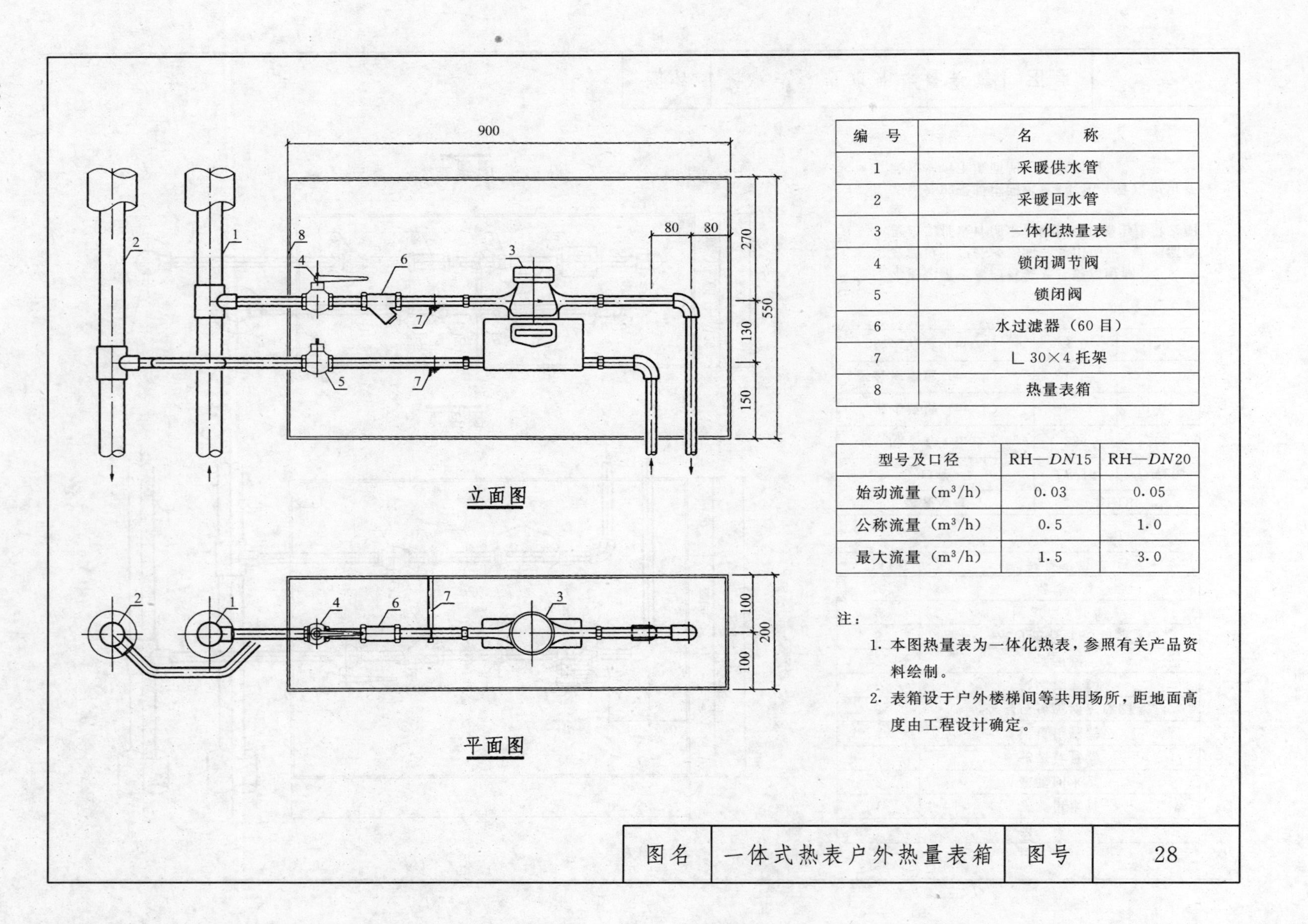

编　号	名　　称
1	采暖供水管
2	采暖回水管
3	一体化热量表
4	锁闭调节阀
5	锁闭阀
6	水过滤器（60 目）
7	∟ 30×4 托架
8	热量表箱

型号及口径	RH—*DN*15	RH—*DN*20
始动流量（m^3/h）	0.03	0.05
公称流量（m^3/h）	0.5	1.0
最大流量（m^3/h）	1.5	3.0

注：

1. 本图热量表为一体化热表，参照有关产品资料绘制。
2. 表箱设于户外楼梯间等共用场所，距地面高度由工程设计确定。

图名	一体式热表户外热量表箱	图号	28

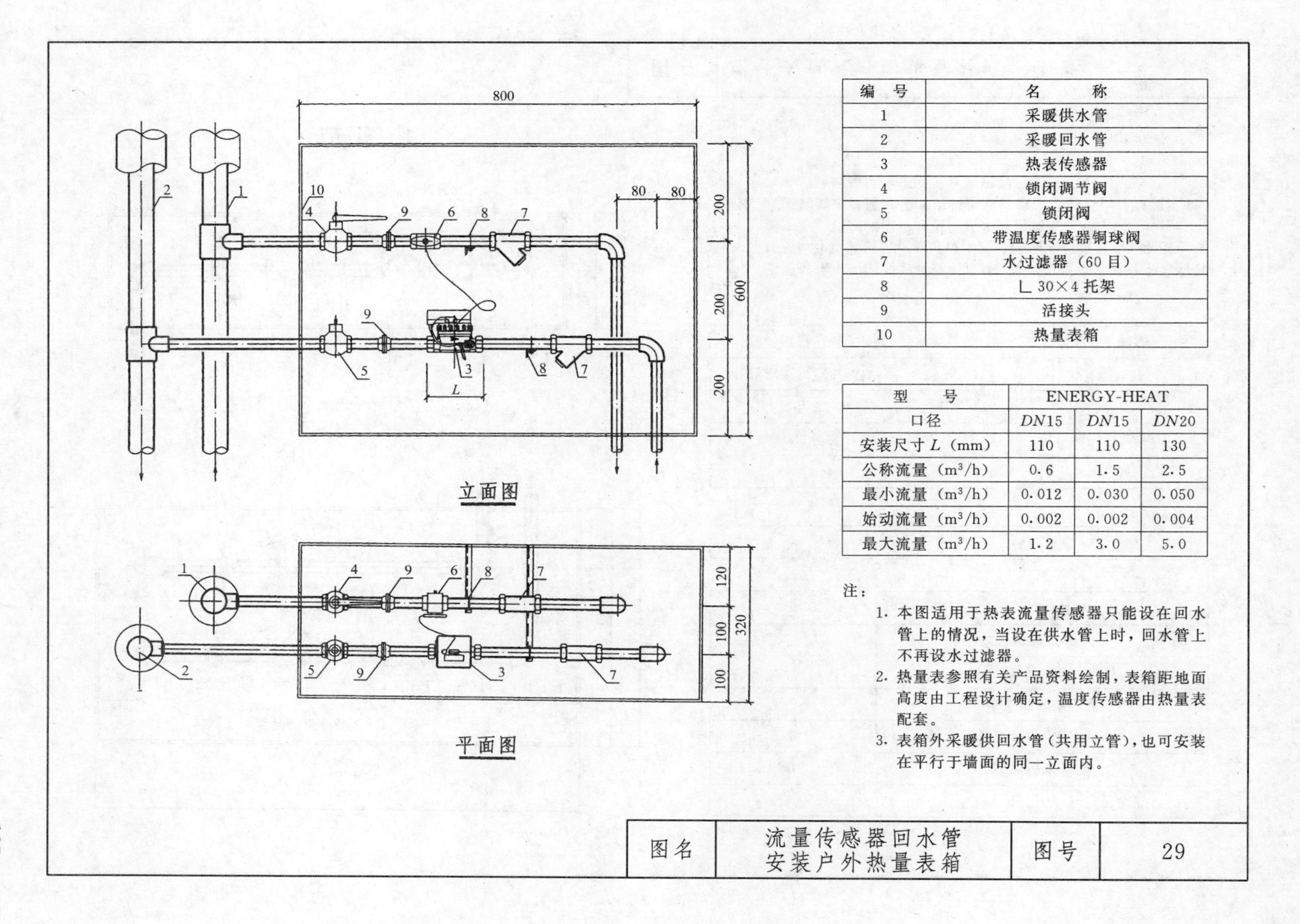

立面图

平面图

编号	名称
1	采暖供水管
2	采暖回水管
3	热表传感器
4	锁闭调节阀
5	锁闭阀
6	带温度传感器铜球阀
7	水过滤器（60目）
8	∟30×4托架
9	活接头
10	热量表箱

型号	ENERGY-HEAT		
口径	*DN*15	*DN*15	*DN*20
安装尺寸 L (mm)	110	110	130
公称流量 (m^3/h)	0.6	1.5	2.5
最小流量 (m^3/h)	0.012	0.030	0.050
始动流量 (m^3/h)	0.002	0.002	0.004
最大流量 (m^3/h)	1.2	3.0	5.0

注：

1. 本图适用于热表流量传感器只能设在回水管上的情况，当设在供水管上时，回水管上不再设水过滤器。
2. 热量表参照有关产品资料绘制，表箱距地面高度由工程设计确定，温度传感器由热量表配套。
3. 表箱外采暖供回水管（共用立管），也可安装在平行于墙面的同一立面内。

图名	流量传感器回水管 安装户外热量表箱	图号	29

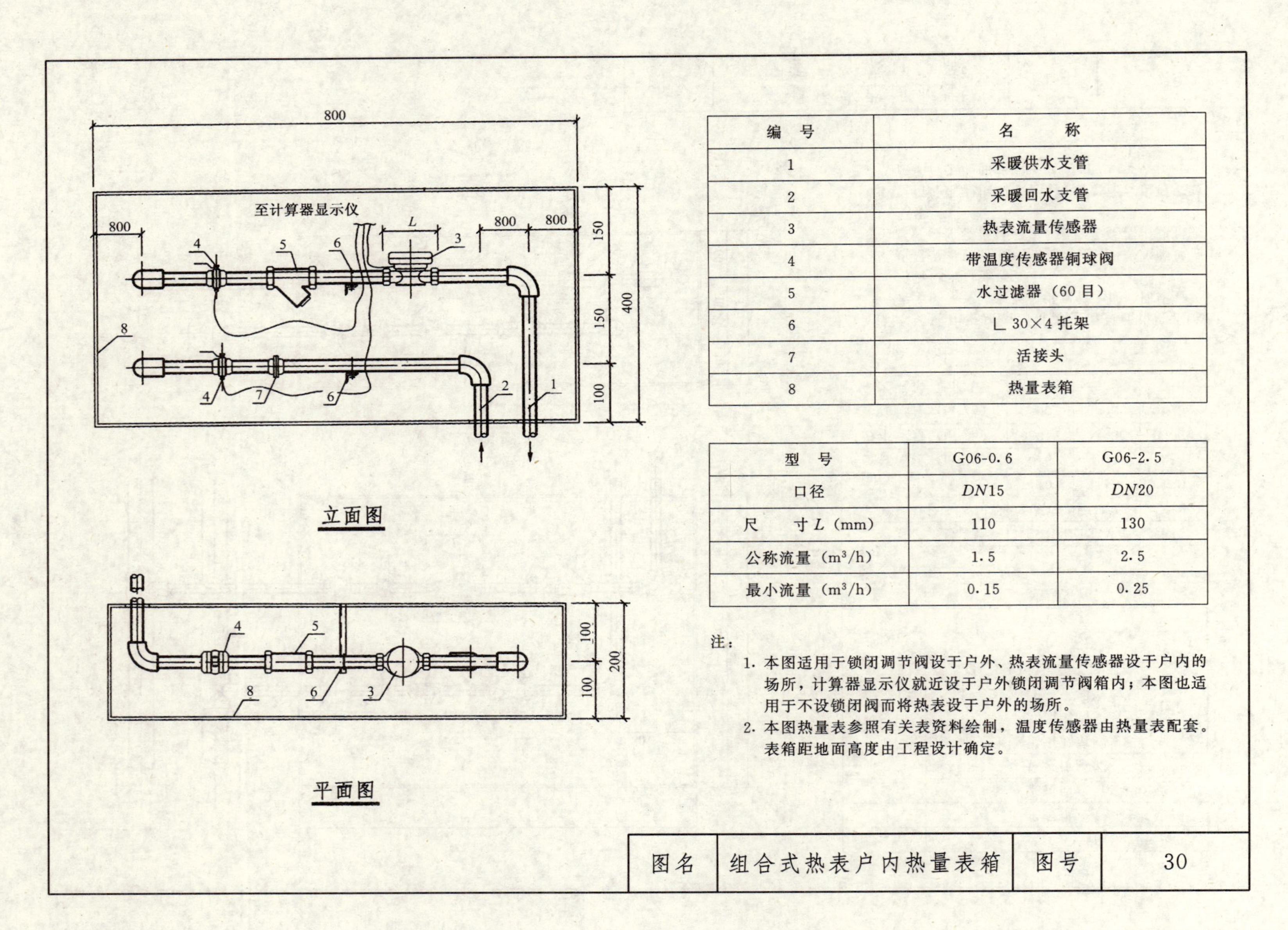

编　号	名　　称
1	采暖供水支管
2	采暖回水支管
3	热表流量传感器
4	带温度传感器铜球阀
5	水过滤器（60 目）
6	∟30×4 托架
7	活接头
8	热量表箱

型　号	G06-0.6	G06-2.5
口径	*DN*15	*DN*20
尺　寸 L（mm）	110	130
公称流量（m^3/h）	1.5	2.5
最小流量（m^3/h）	0.15	0.25

注：

1. 本图适用于锁闭调节阀设于户外、热表流量传感器设于户内的场所，计算器显示仪就近设于户外锁闭调节阀箱内；本图也适用于不设锁闭阀而将热表设于户外的场所。
2. 本图热量表参照有关表资料绘制，温度传感器由热量表配套。表箱距地面高度由工程设计确定。

图名	组合式热表户内热量表箱	图号	30

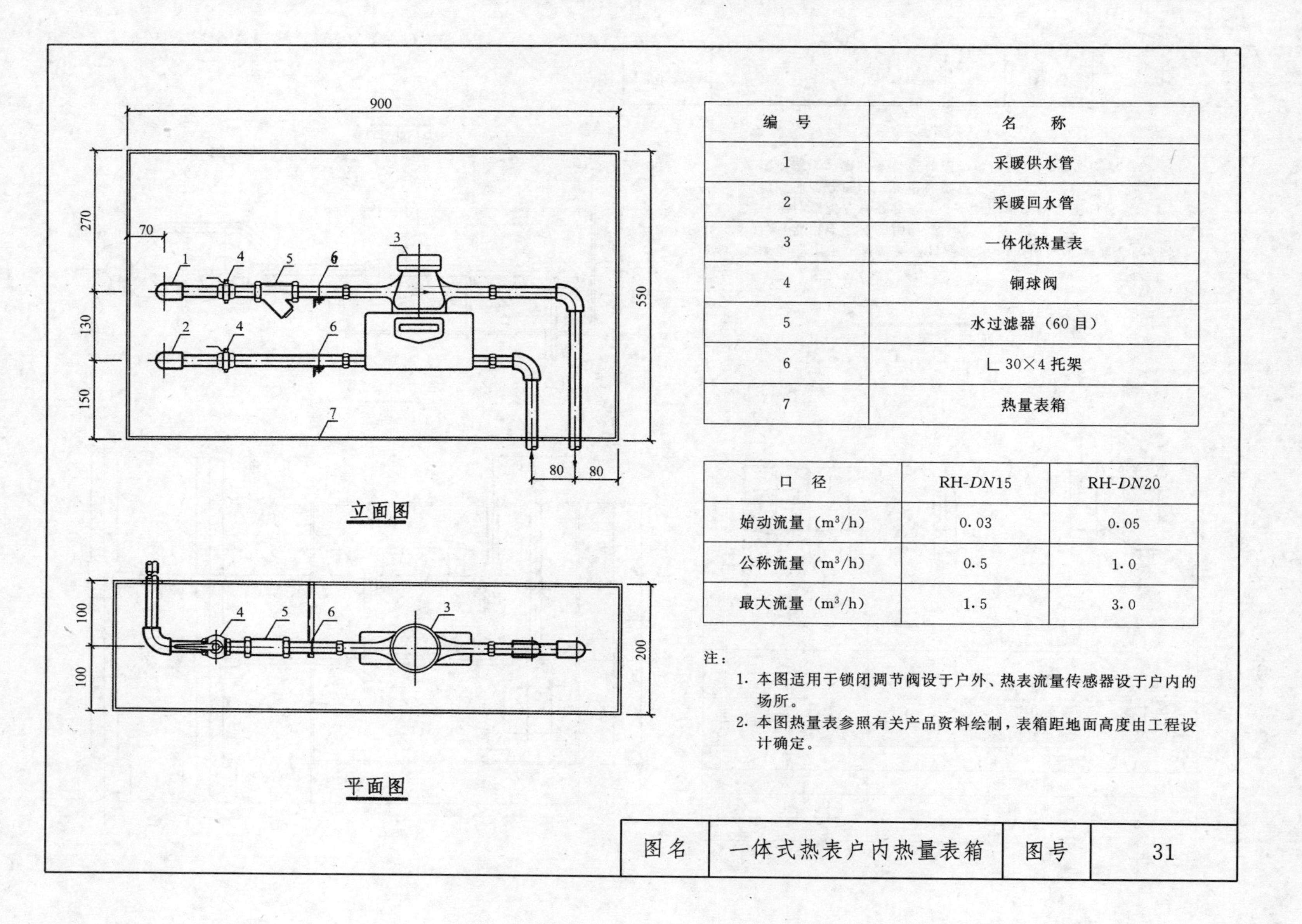

立面图

平面图

编号	名称
1	采暖供水管
2	采暖回水管
3	一体化热量表
4	铜球阀
5	水过滤器（60目）
6	∟30×4托架
7	热量表箱

口径	RH-*DN*15	RH-*DN*20
始动流量（m^3/h）	0.03	0.05
公称流量（m^3/h）	0.5	1.0
最大流量（m^3/h）	1.5	3.0

注：

1. 本图适用于锁闭调节阀设于户外、热表流量传感器设于户内的场所。
2. 本图热量表参照有关产品资料绘制，表箱距地面高度由工程设计确定。

图名	一体式热表户内热量表箱	图号	31

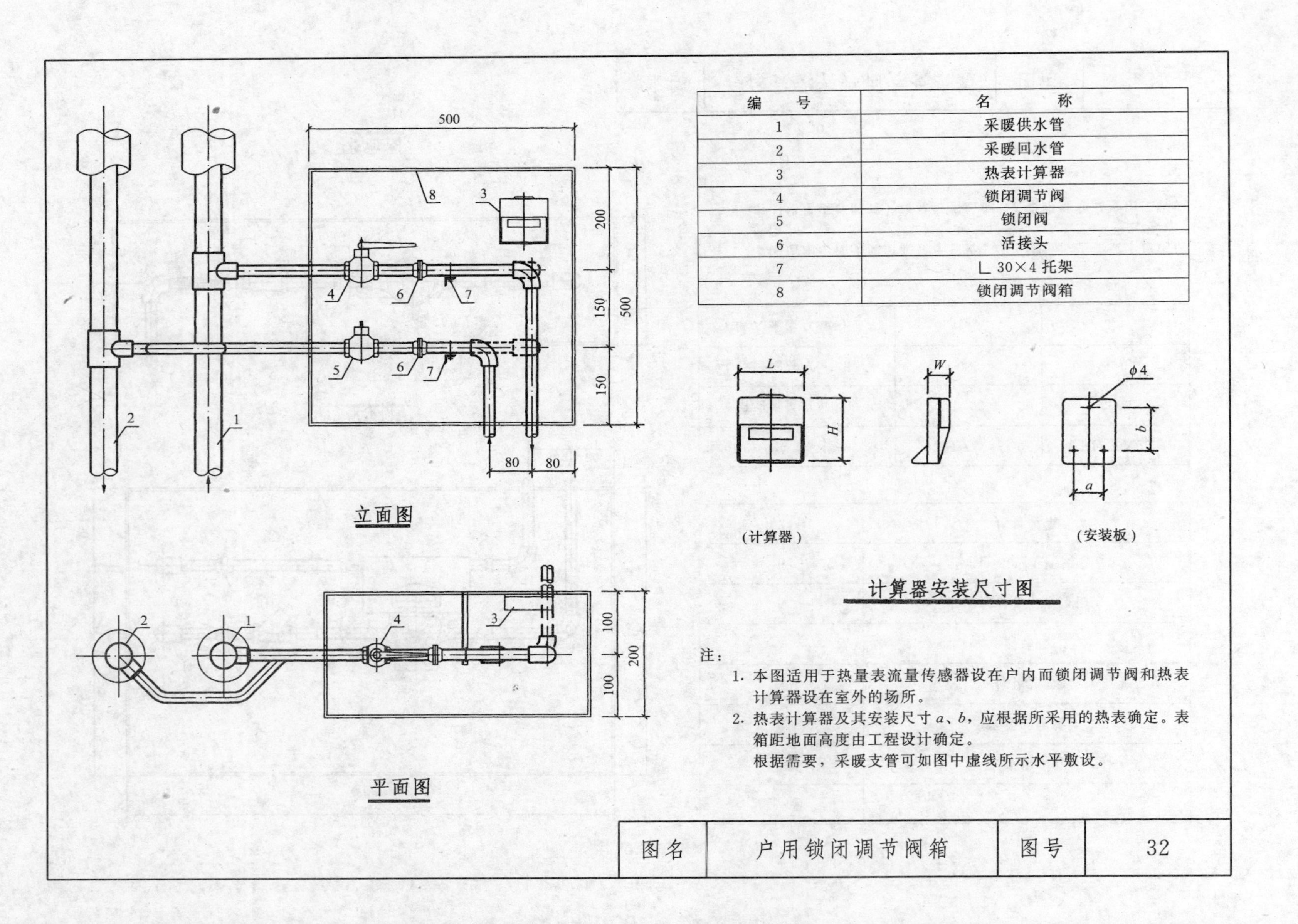

立面图

平面图

编　号	名　　称
1	采暖供水管
2	采暖回水管
3	热表计算器
4	锁闭调节阀
5	锁闭阀
6	活接头
7	∟30×4 托架
8	锁闭调节阀箱

（计算器）

（安装板）

计算器安装尺寸图

注：

1. 本图适用于热量表流量传感器设在户内而锁闭调节阀和热表计算器设在室外的场所。
2. 热表计算器及其安装尺寸 a、b，应根据所采用的热表确定。表箱距地面高度由工程设计确定。
   根据需要，采暖支管可如图中虚线所示水平敷设。

图名	户用锁闭调节阀箱	图号	32

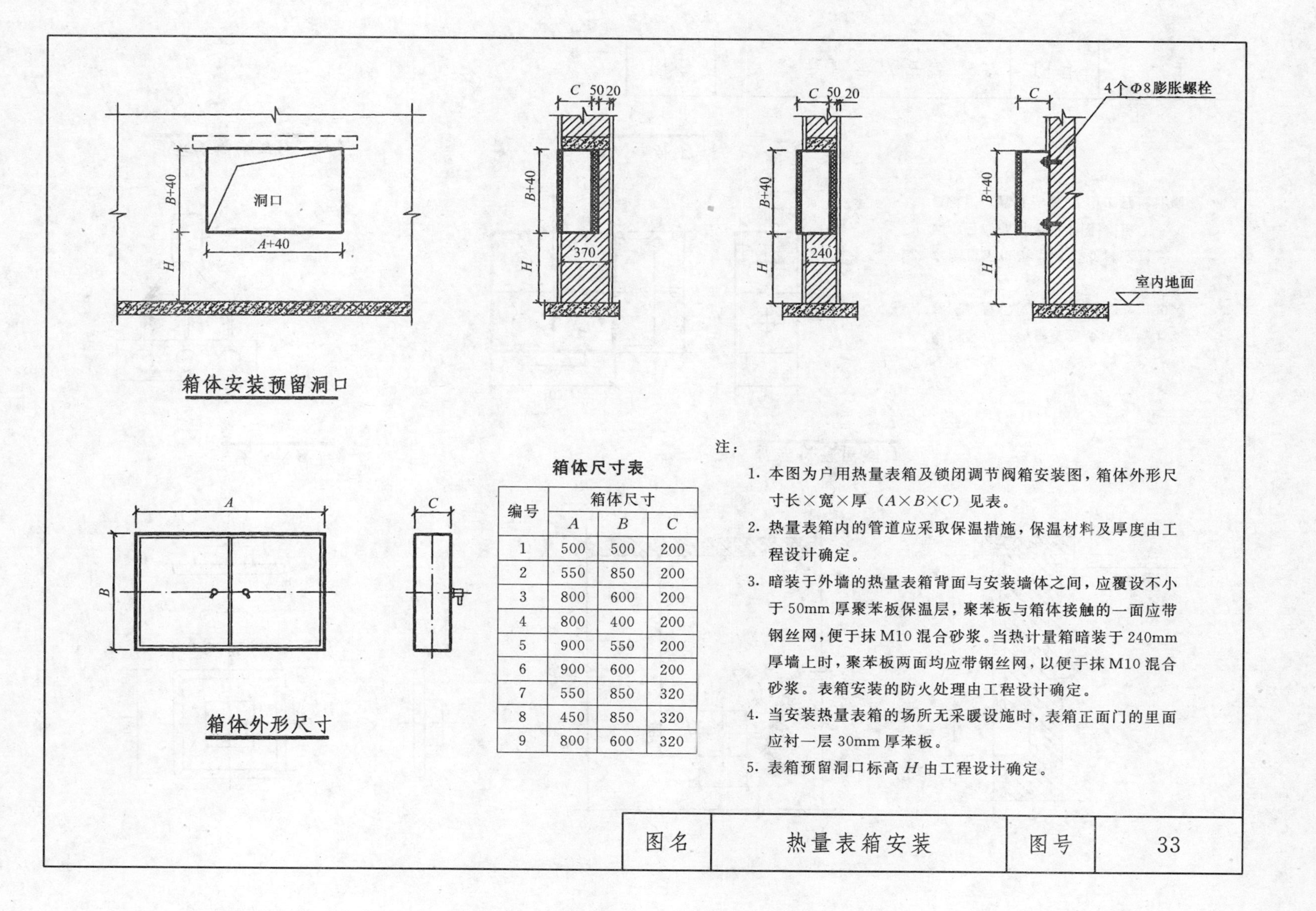

箱体尺寸表

编号	箱体尺寸		
	A	B	C
1	500	500	200
2	550	850	200
3	800	600	200
4	800	400	200
5	900	550	200
6	900	600	200
7	550	850	320
8	450	850	320
9	800	600	320

注：

1. 本图为户用热量表箱及锁闭调节阀箱安装图，箱体外形尺寸长×宽×厚（$A\times B\times C$）见表。
2. 热量表箱内的管道应采取保温措施，保温材料及厚度由工程设计确定。
3. 暗装于外墙的热量表箱背面与安装墙体之间，应覆设不小于50mm厚聚苯板保温层，聚苯板与箱体接触的一面应带钢丝网，便于抹M10混合砂浆。当热计量箱暗装于240mm厚墙上时，聚苯板两面均应带钢丝网，以便于抹M10混合砂浆。表箱安装的防火处理由工程设计确定。
4. 当安装热量表箱的场所无采暖设施时，表箱正面门的里面应衬一层30mm厚苯板。
5. 表箱预留洞口标高 H 由工程设计确定。

图名	热量表箱安装	图号	33

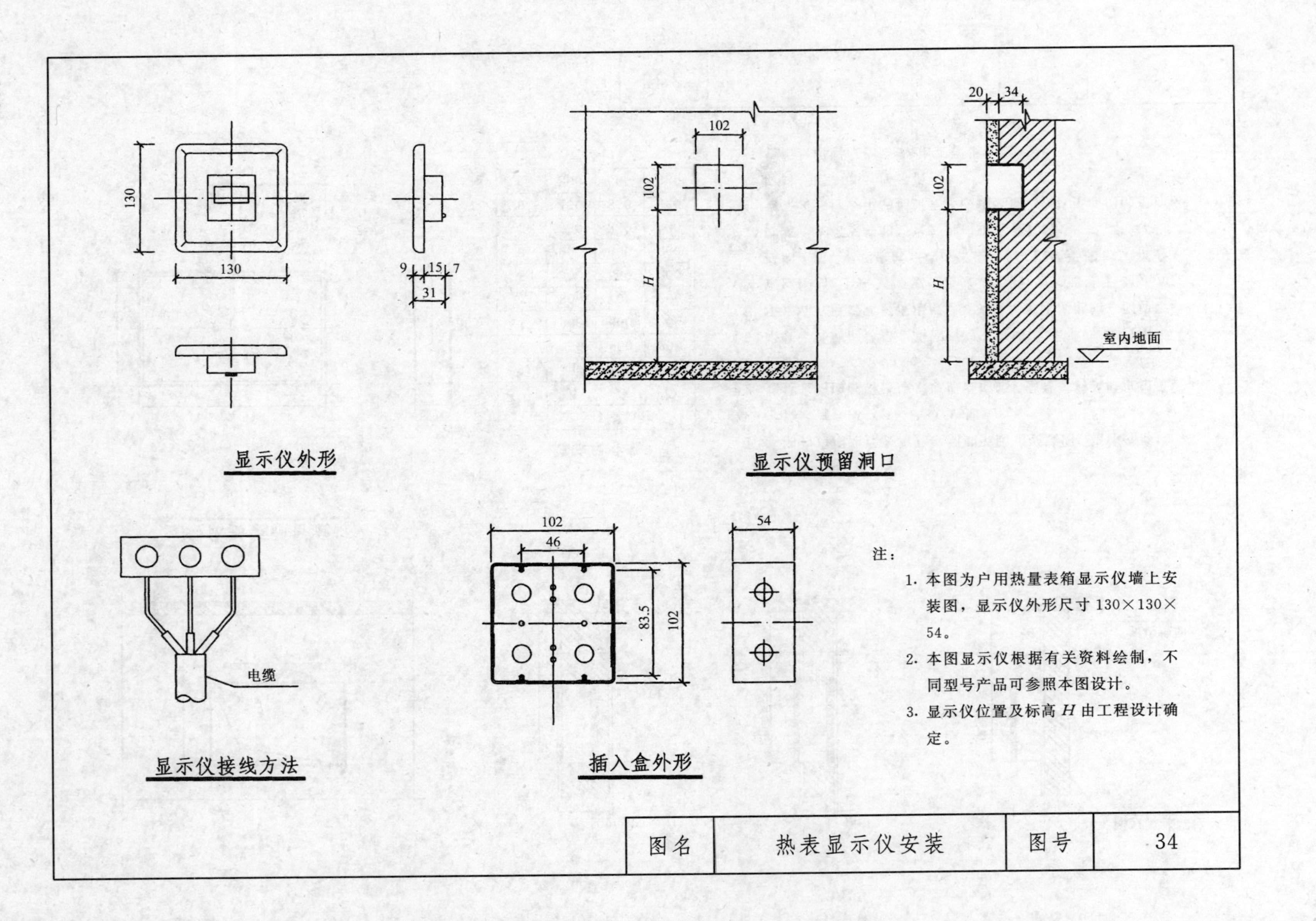

显示仪外形

显示仪预留洞口

显示仪接线方法

插入盒外形

注：

1. 本图为户用热量表箱显示仪墙上安装图，显示仪外形尺寸 130×130×54。
2. 本图显示仪根据有关资料绘制，不同型号产品可参照本图设计。
3. 显示仪位置及标高 H 由工程设计确定。

图名	热表显示仪安装	图号	34

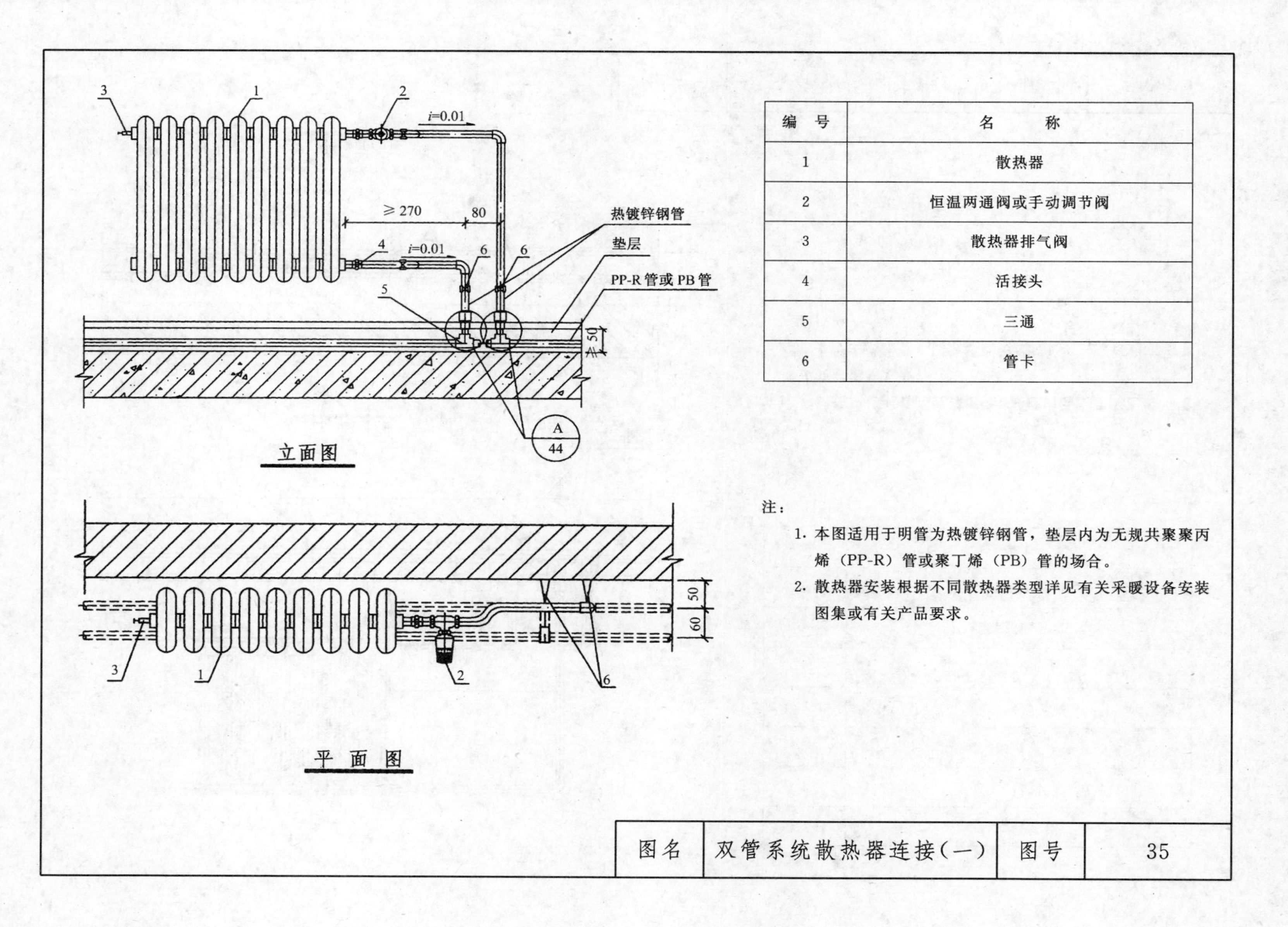

编号	名称
1	散热器
2	恒温两通阀或手动调节阀
3	散热器排气阀
4	活接头
5	三通
6	管卡

注：

1. 本图适用于明管为热镀锌钢管，垫层内为无规共聚聚丙烯（PP-R）管或聚丁烯（PB）管的场合。
2. 散热器安装根据不同散热器类型详见有关采暖设备安装图集或有关产品要求。

图名	双管系统散热器连接（一）	图号	35

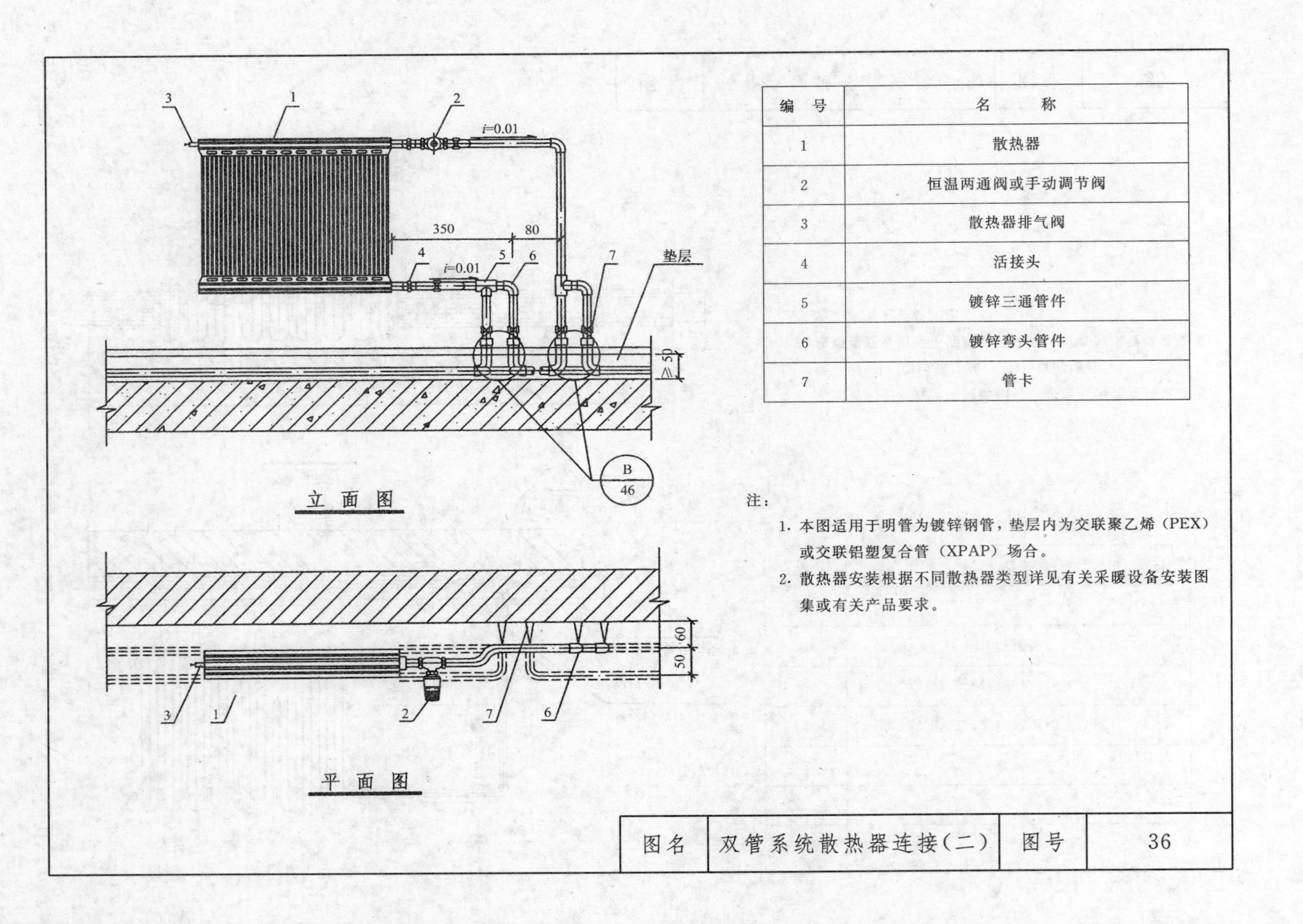

编号	名称
1	散热器
2	恒温两通阀或手动调节阀
3	散热器排气阀
4	活接头
5	镀锌三通管件
6	镀锌弯头管件
7	管卡

注：

1. 本图适用于明管为镀锌钢管，垫层内为交联聚乙烯（PEX）或交联铝塑复合管（XPAP）场合。
2. 散热器安装根据不同散热器类型详见有关采暖设备安装图集或有关产品要求。

图名	双管系统散热器连接（二）	图号	36

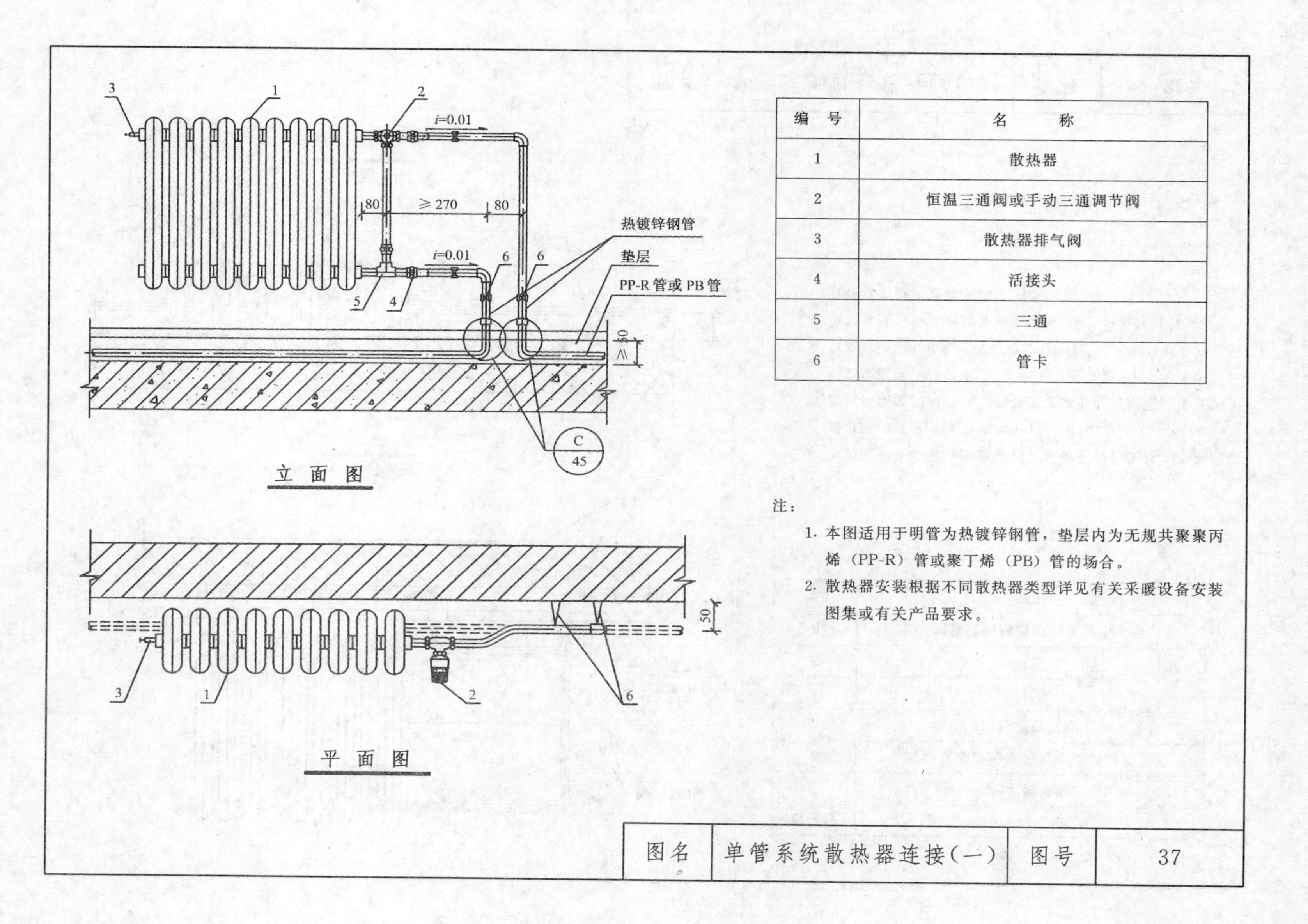

编号	名称
1	散热器
2	恒温三通阀或手动三通调节阀
3	散热器排气阀
4	活接头
5	三通
6	管卡

注：

1. 本图适用于明管为热镀锌钢管，垫层内为无规共聚聚丙烯（PP-R）管或聚丁烯（PB）管的场合。
2. 散热器安装根据不同散热器类型详见有关采暖设备安装图集或有关产品要求。

图名	单管系统散热器连接（一）	图号	37

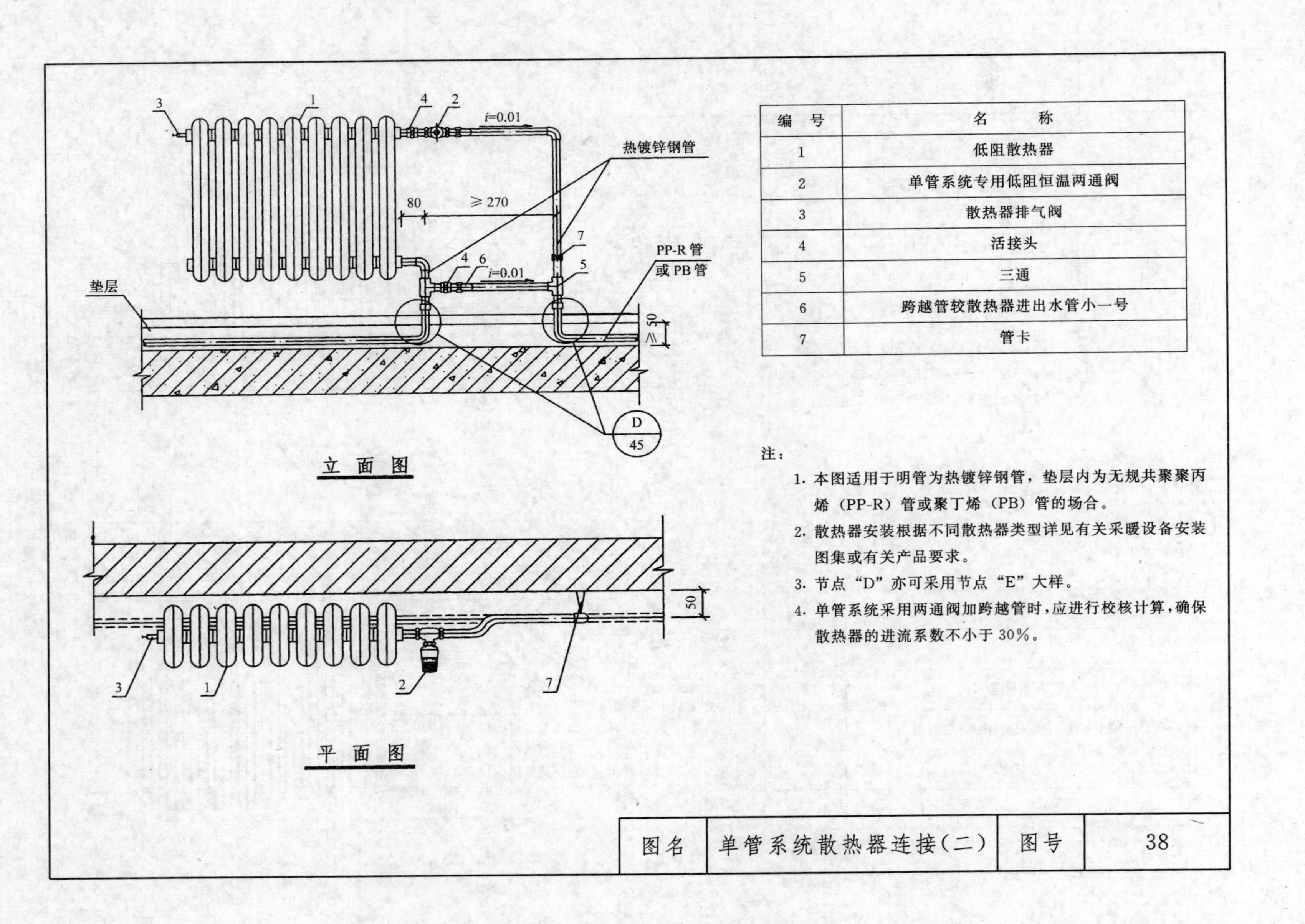

编 号	名 称
1	低阻散热器
2	单管系统专用低阻恒温两通阀
3	散热器排气阀
4	活接头
5	三通
6	跨越管较散热器进出水管小一号
7	管卡

注：

1. 本图适用于明管为热镀锌钢管，垫层内为无规共聚聚丙烯（PP-R）管或聚丁烯（PB）管的场合。
2. 散热器安装根据不同散热器类型详见有关采暖设备安装图集或有关产品要求。
3. 节点“D”亦可采用节点“E”大样。
4. 单管系统采用两通阀加跨越管时，应进行校核计算，确保散热器的进流系数不小于30%。

图名	单管系统散热器连接（二）	图号	38

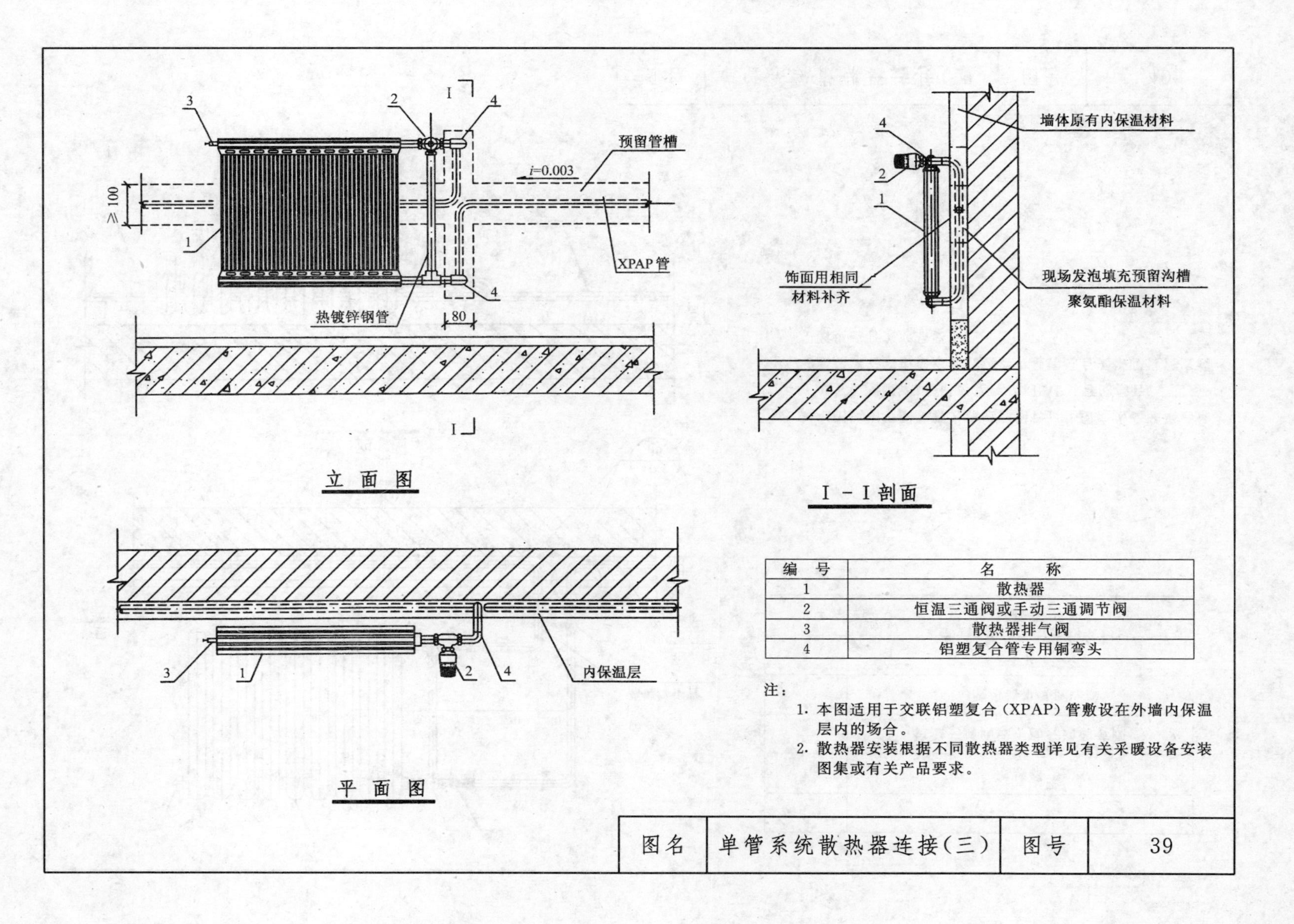

编 号	名 称
1	散热器
2	恒温三通阀或手动三通调节阀
3	散热器排气阀
4	铝塑复合管专用铜弯头

注：

1. 本图适用于交联铝塑复合（XPAP）管敷设在外墙内保温层内的场合。
2. 散热器安装根据不同散热器类型详见有关采暖设备安装图集或有关产品要求。

图名	单管系统散热器连接(三)	图号	39

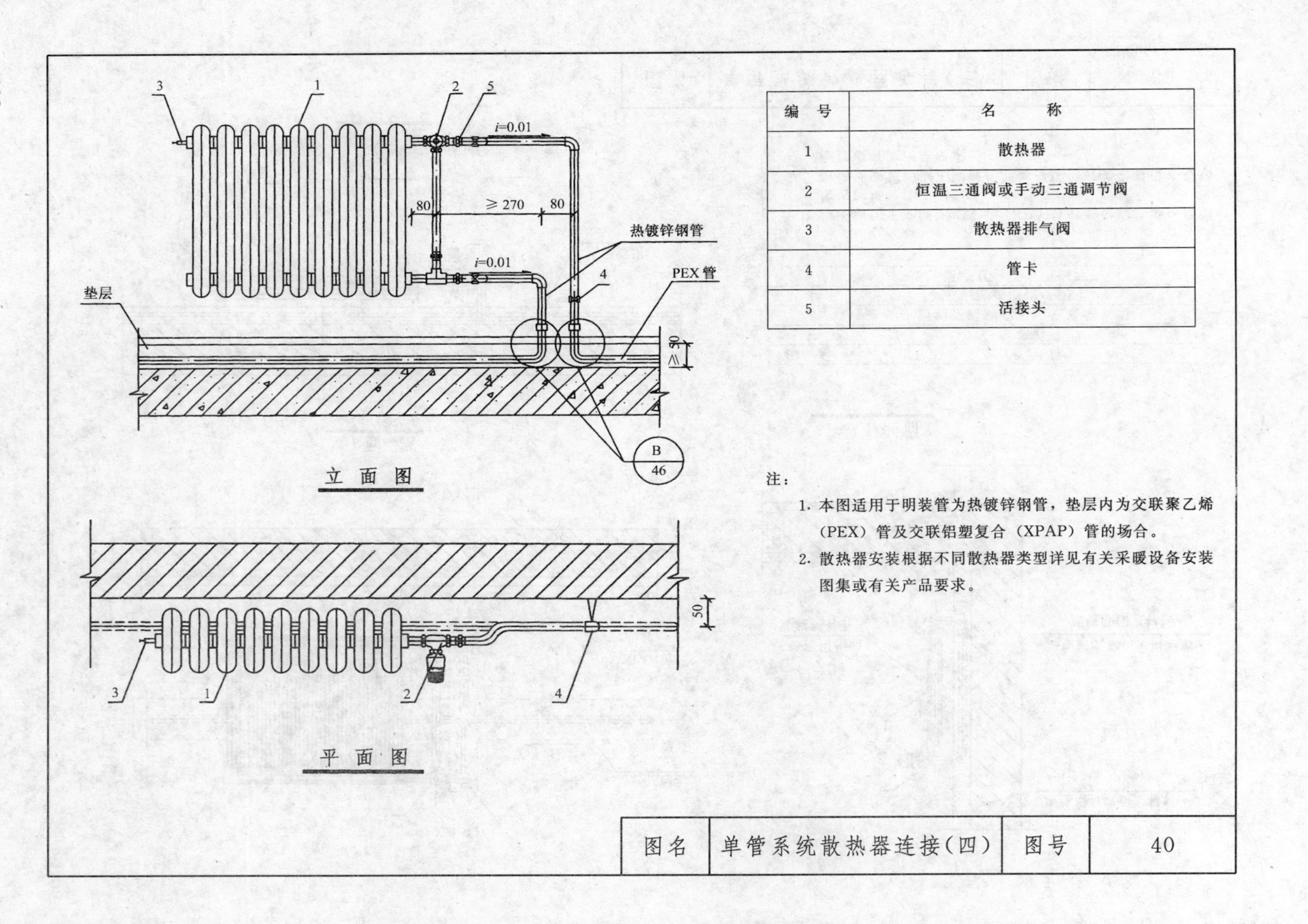

编号	名称
1	散热器
2	恒温三通阀或手动三通调节阀
3	散热器排气阀
4	管卡
5	活接头

注：

1. 本图适用于明装管为热镀锌钢管，垫层内为交联聚乙烯（PEX）管及交联铝塑复合（XPAP）管的场合。
2. 散热器安装根据不同散热器类型详见有关采暖设备安装图集或有关产品要求。

图名	单管系统散热器连接(四)	图号	40

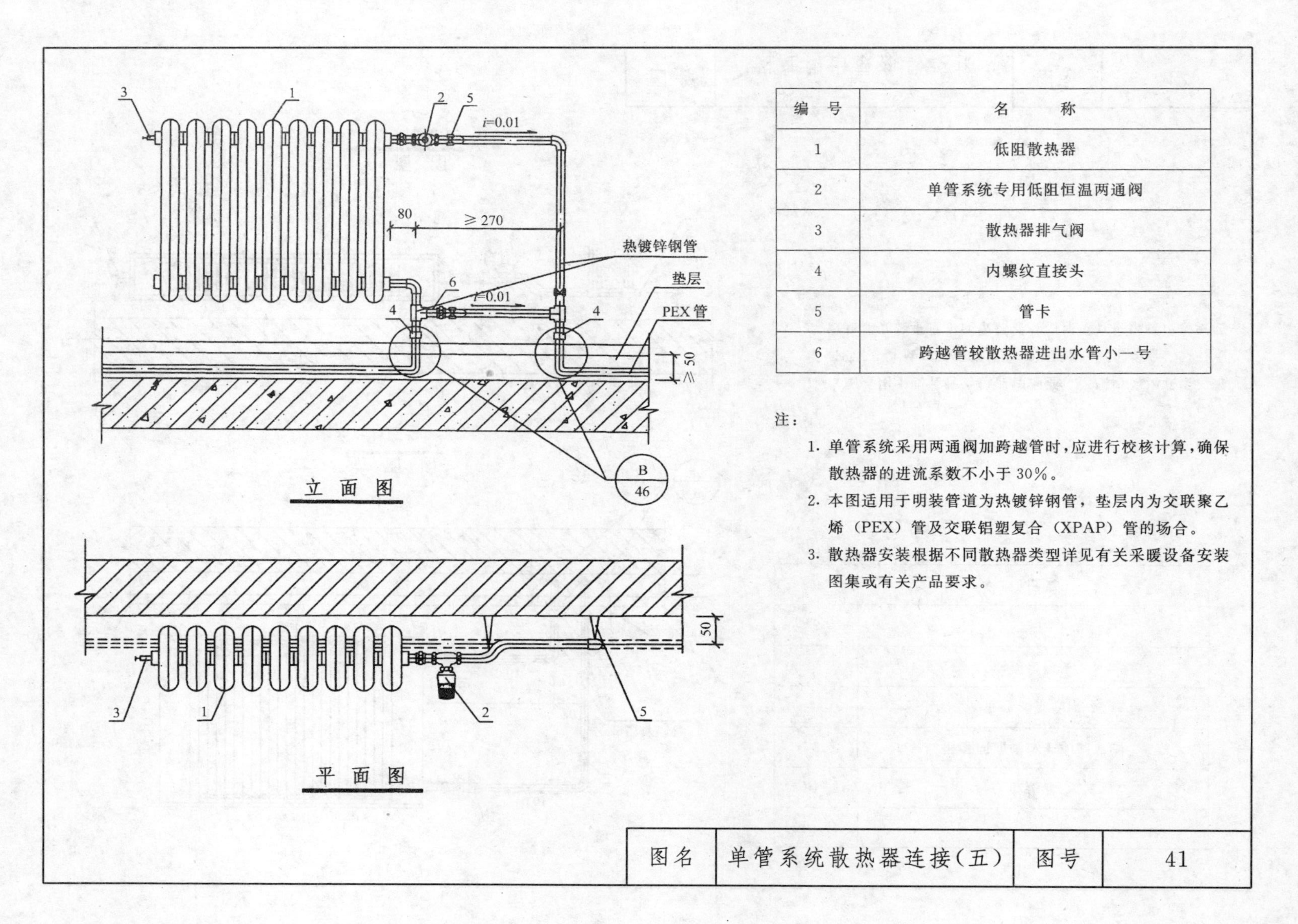

立 面 图

平 面 图

编号	名称
1	低阻散热器
2	单管系统专用低阻恒温两通阀
3	散热器排气阀
4	内螺纹直接头
5	管卡
6	跨越管较散热器进出水管小一号

注：

1. 单管系统采用两通阀加跨越管时，应进行校核计算，确保散热器的进流系数不小于 30%。
2. 本图适用于明装管道为热镀锌钢管，垫层内为交联聚乙烯（PEX）管及交联铝塑复合（XPAP）管的场合。
3. 散热器安装根据不同散热器类型详见有关采暖设备安装图集或有关产品要求。

图名	单管系统散热器连接（五）	图号	41

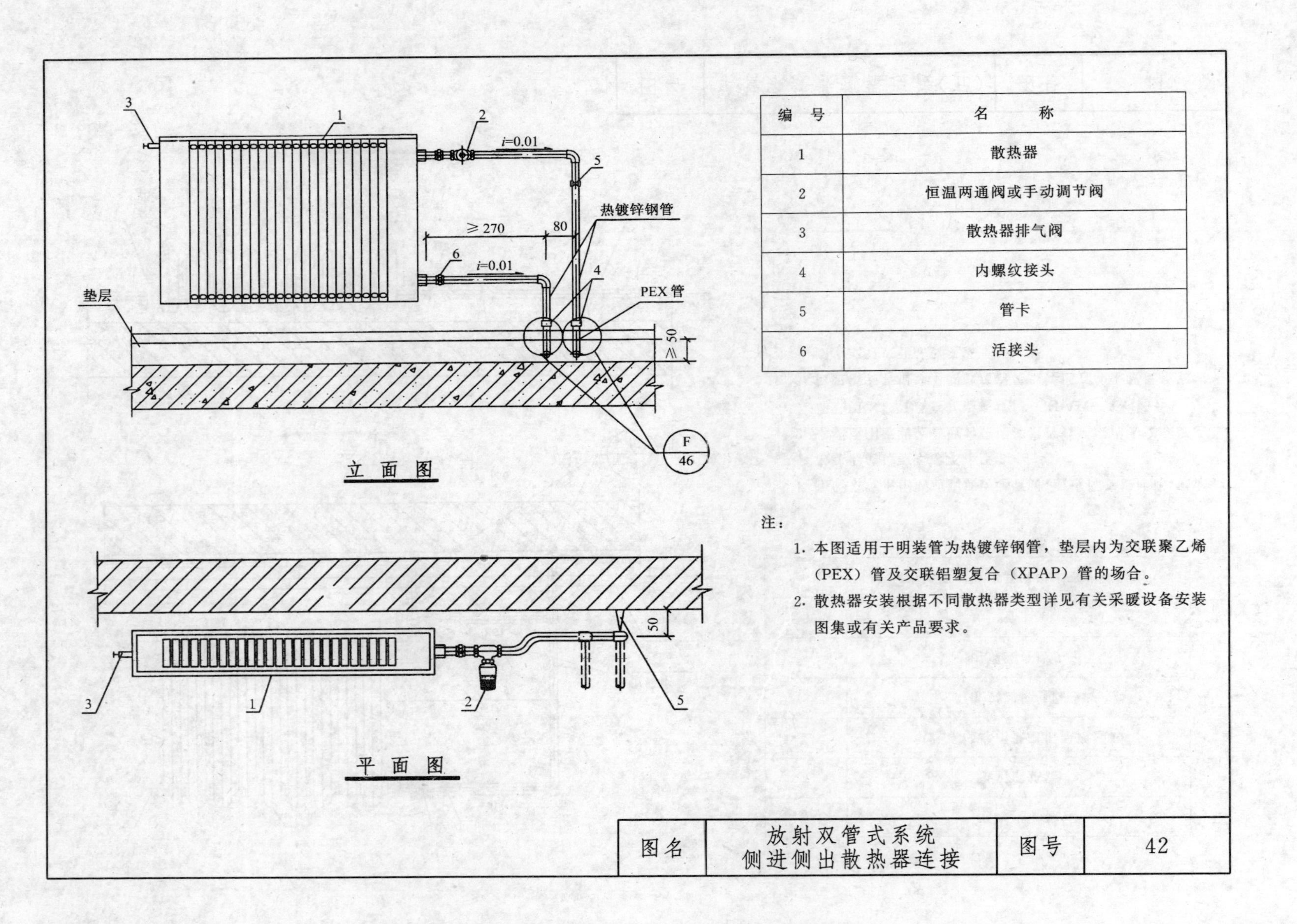

编 号	名 称
1	散热器
2	恒温两通阀或手动调节阀
3	散热器排气阀
4	内螺纹接头
5	管卡
6	活接头

注：

1. 本图适用于明装管为热镀锌钢管，垫层内为交联聚乙烯（PEX）管及交联铝塑复合（XPAP）管的场合。
2. 散热器安装根据不同散热器类型详见有关采暖设备安装图集或有关产品要求。

图名	放射双管式系统 侧进侧出散热器连接	图号	42

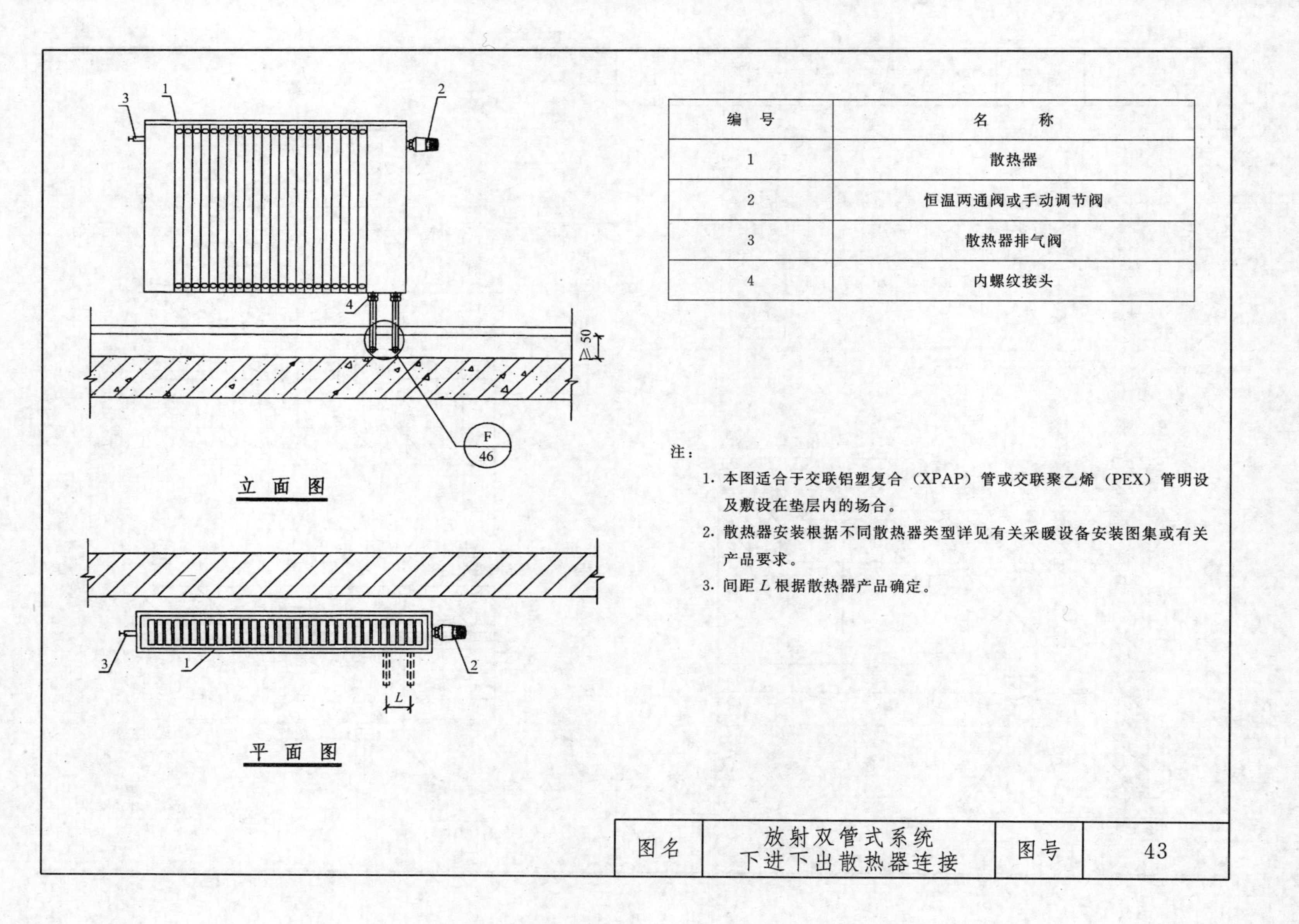

立面图

平面图

编号	名称
1	散热器
2	恒温两通阀或手动调节阀
3	散热器排气阀
4	内螺纹接头

注：

1. 本图适合于交联铝塑复合（XPAP）管或交联聚乙烯（PEX）管明设及敷设在垫层内的场合。
2. 散热器安装根据不同散热器类型详见有关采暖设备安装图集或有关产品要求。
3. 间距 L 根据散热器产品确定。

图名	放射双管式系统 下进下出散热器连接	图号	43

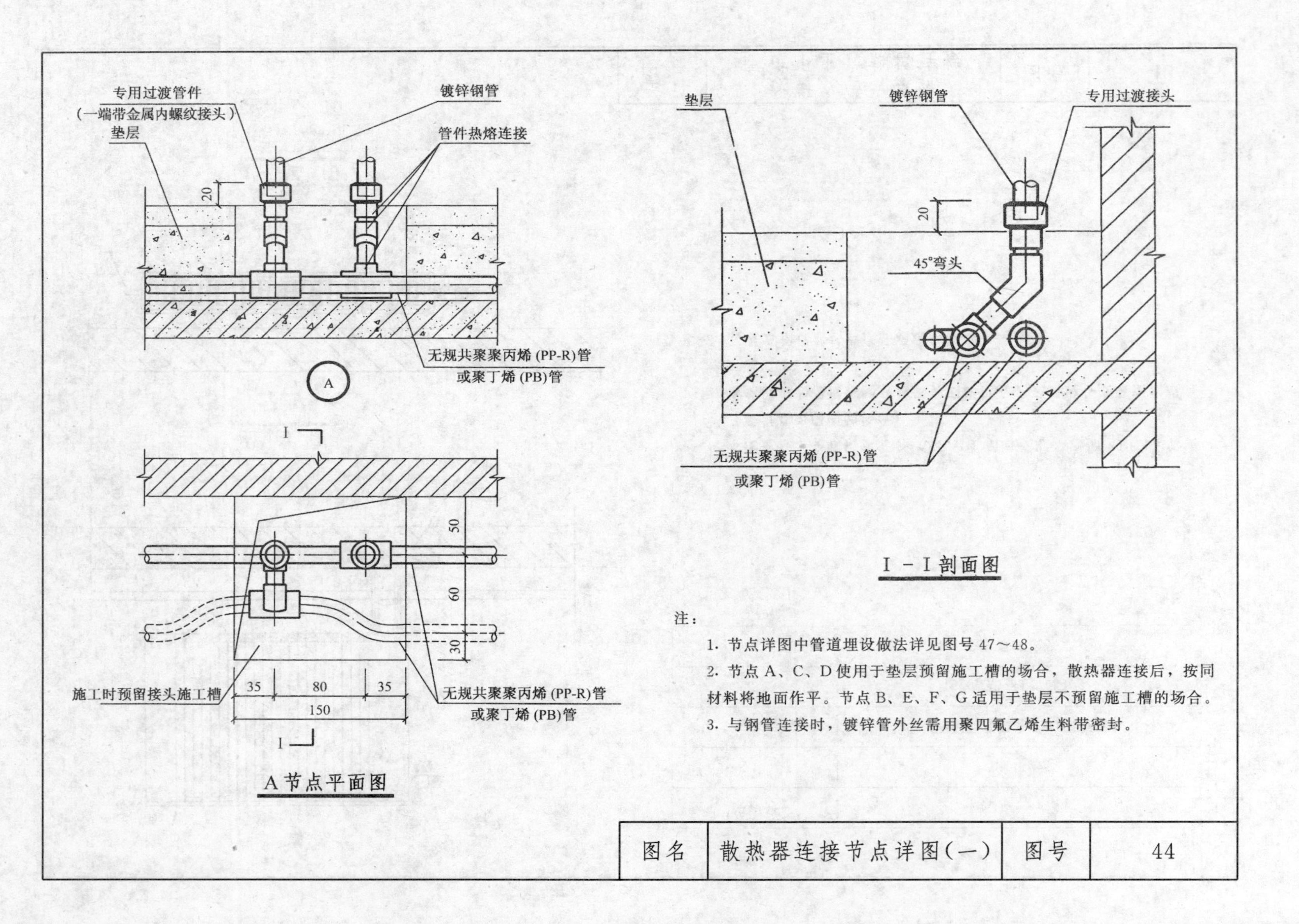

A节点平面图

I－I剖面图

注：

1. 节点详图中管道埋设做法详见图号47～48。
2. 节点A、C、D使用于垫层预留施工槽的场合，散热器连接后，按同材料将地面作平。节点B、E、F、G适用于垫层不预留施工槽的场合。
3. 与钢管连接时，镀锌管外丝需用聚四氟乙烯生料带密封。

图名	散热器连接节点详图(一)	图号	44

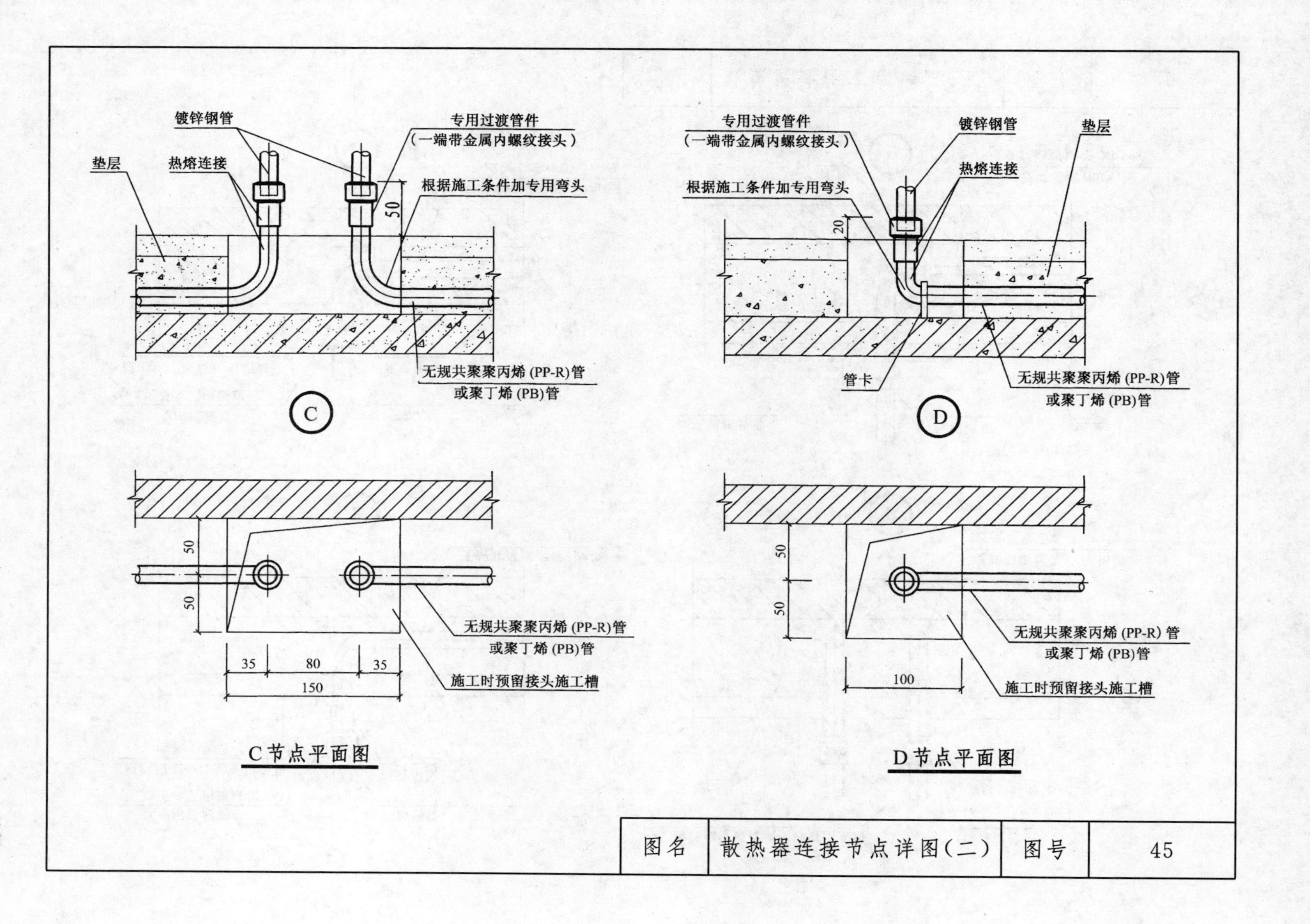
镀锌钢管
专用过渡管件
(一端带金属内螺纹接头)
垫层
热熔连接
根据施工条件加专用弯头
50
无规共聚聚丙烯(PP-R)管
或聚丁烯(PB)管
C
50
50
无规共聚聚丙烯(PP-R)管
或聚丁烯(PB)管
35
80
35
150
施工时预留接头施工槽
C节点平面图
专用过渡管件
(一端带金属内螺纹接头)
镀锌钢管
垫层
热熔连接
根据施工条件加专用弯头
20
管卡
无规共聚聚丙烯(PP-R)管
或聚丁烯(PB)管
D
50
50
无规共聚聚丙烯(PP-R)管
或聚丁烯(PB)管
100
施工时预留接头施工槽
D节点平面图
图名
散热器连接节点详图(二)
图号
45

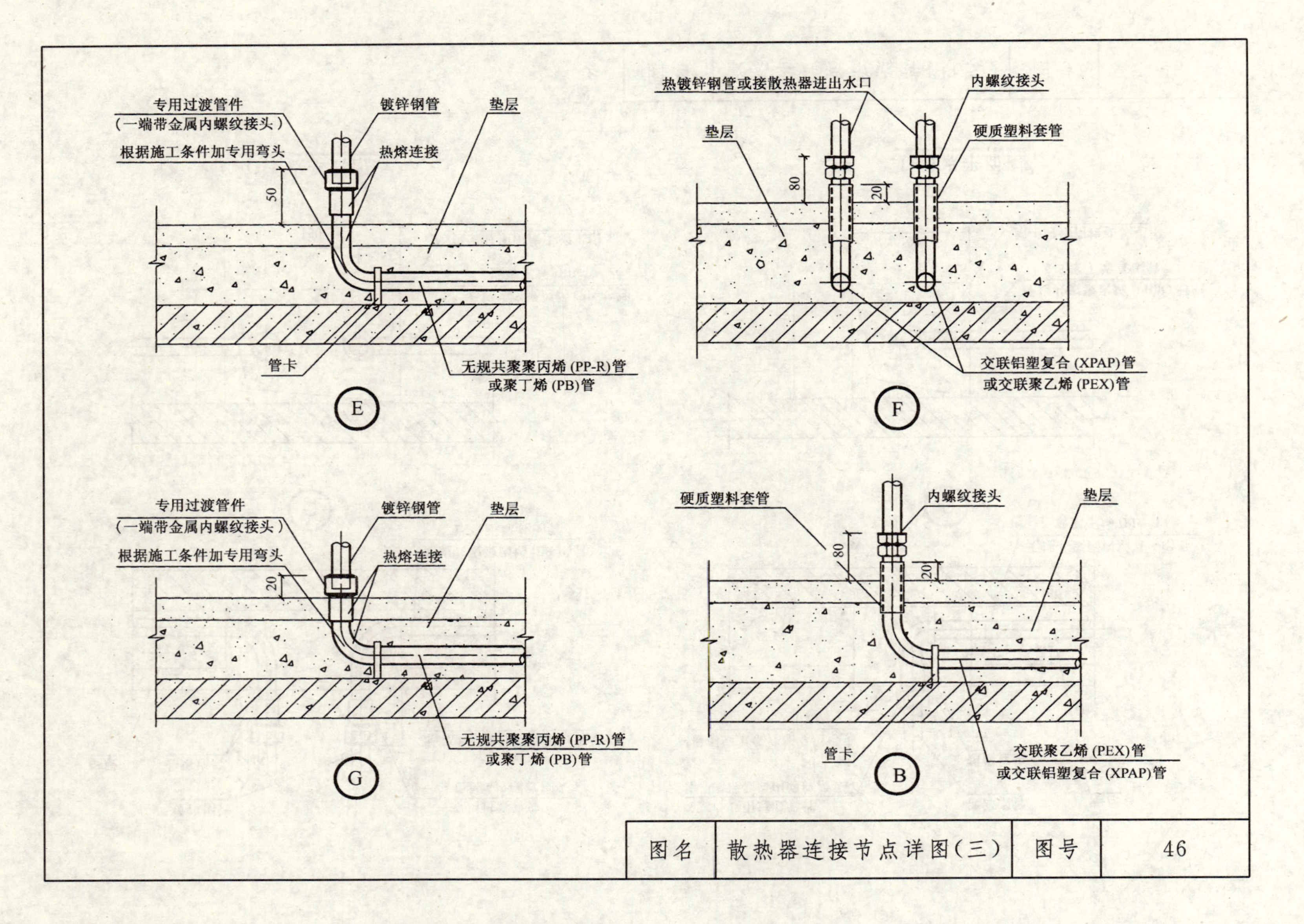
专用过渡管件
（一端带金属内螺纹接头）
根据施工条件加专用弯头
镀锌钢管
热熔连接
垫层
50
管卡
无规共聚聚丙烯 (PP-R)管
或聚丁烯 (PB)管
E
热镀锌钢管或接散热器进出水口
内螺纹接头
垫层
硬质塑料套管
80
20
交联铝塑复合 (XPAP)管
或交联聚乙烯 (PEX)管
F
专用过渡管件
（一端带金属内螺纹接头）
根据施工条件加专用弯头
镀锌钢管
热熔连接
垫层
20
无规共聚聚丙烯 (PP-R)管
或聚丁烯 (PB)管
G
硬质塑料套管
内螺纹接头
垫层
80
20
管卡
交联聚乙烯 (PEX)管
或交联铝塑复合 (XPAP)管
B
图名
散热器连接节点详图(三)
图号
46

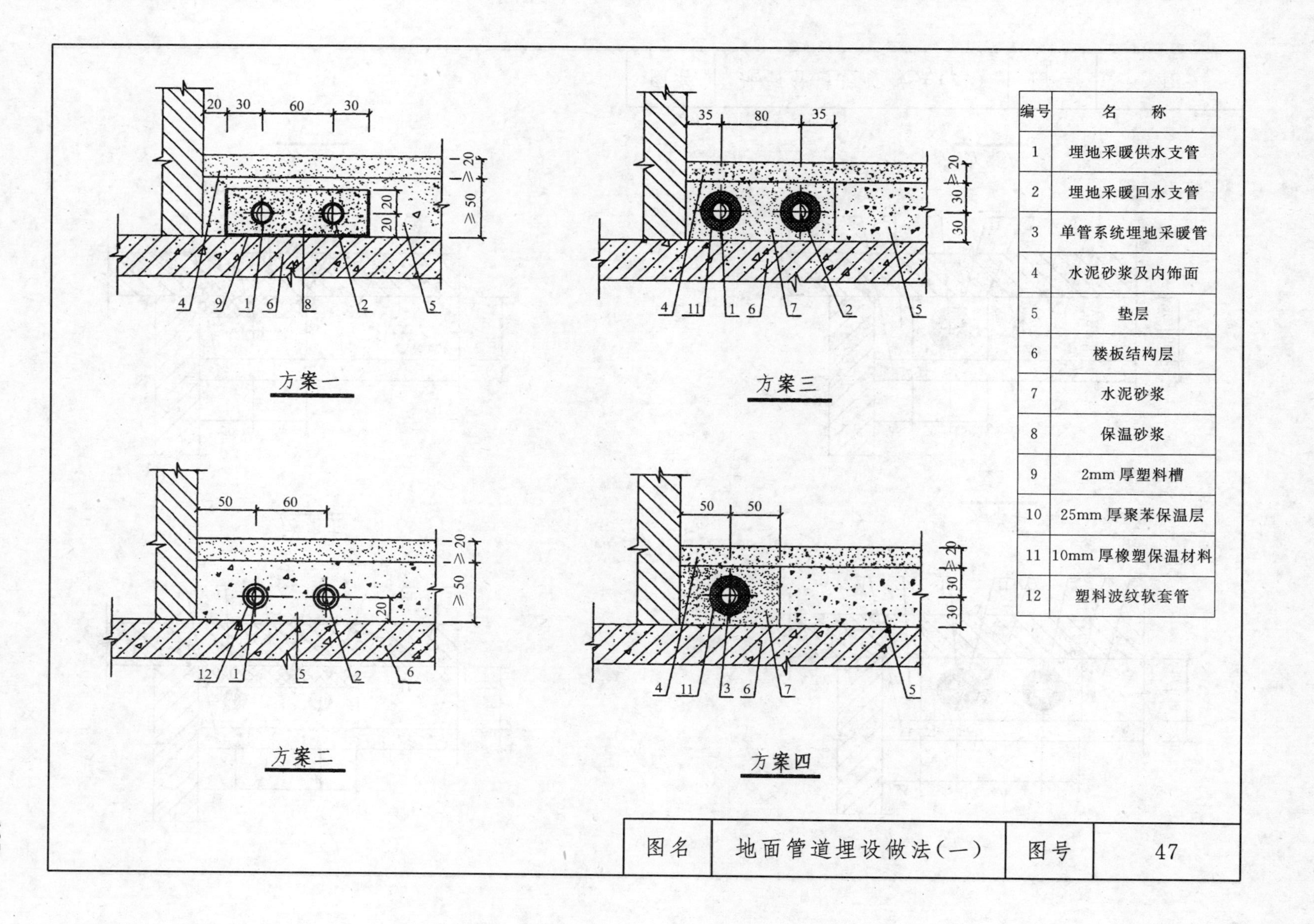

编号	名　　称
1	埋地采暖供水支管
2	埋地采暖回水支管
3	单管系统埋地采暖管
4	水泥砂浆及内饰面
5	垫层
6	楼板结构层
7	水泥砂浆
8	保温砂浆
9	2mm 厚塑料槽
10	25mm 厚聚苯保温层
11	10mm 厚橡塑保温材料
12	塑料波纹软套管

图名	地面管道埋设做法(一)	图号	47

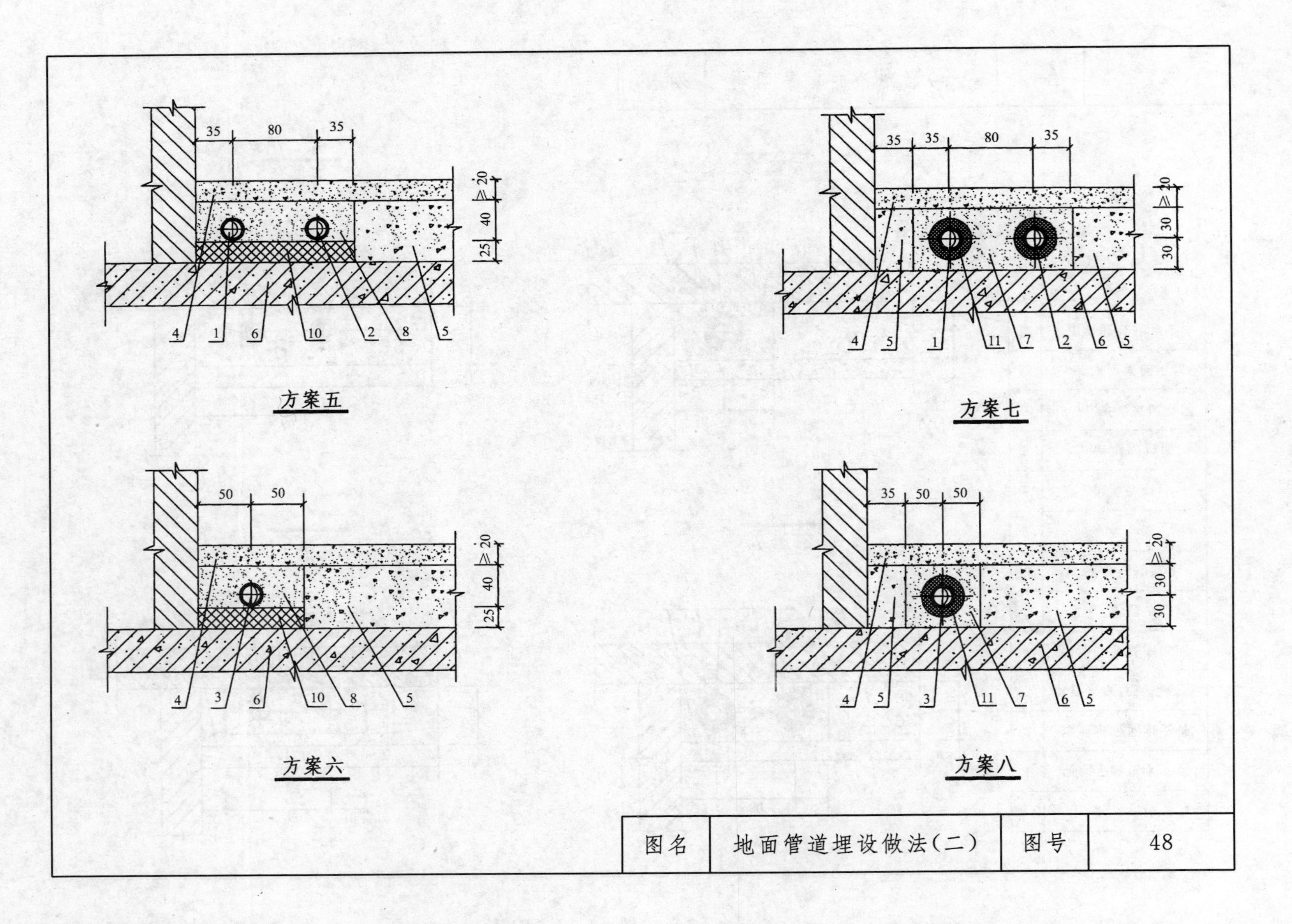
35
80
35
≥20
40
25
4
1
6
10
2
8
5
方案五
50
50
≥20
40
25
4
3
6
10
8
5
方案六
35
35
80
35
≥20
30
30
4
5
1
11
7
2
6
5
方案七
35
50
50
≥20
30
30
4
5
3
11
7
6
5
方案八
图名
地面管道埋设做法（二）
图号
48

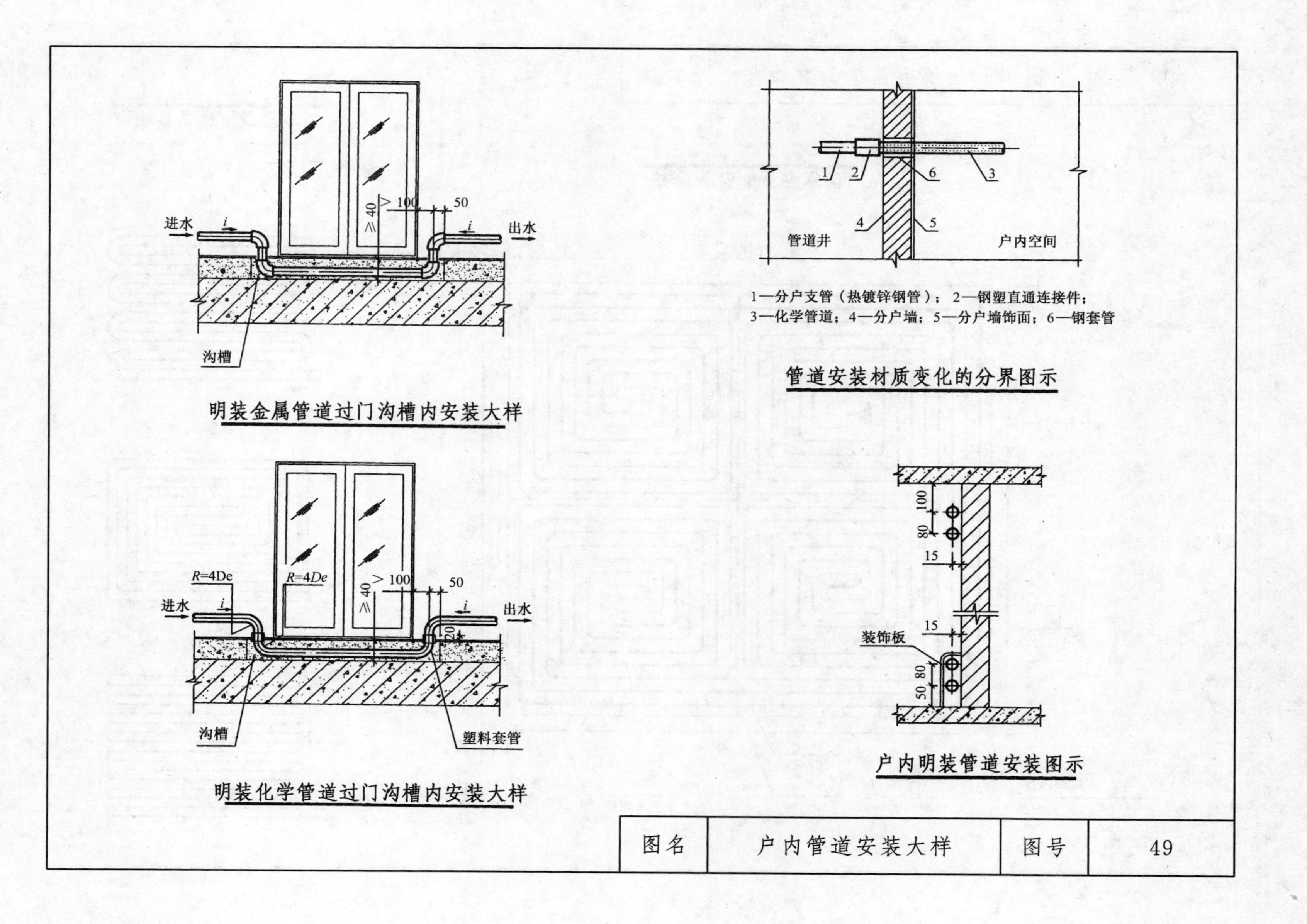
进水
i
出水
≥40
≥100
50
沟槽
明装金属管道过门沟槽内安装大样
R=4De
R=4De
20
塑料套管
明装化学管道过门沟槽内安装大样
1
2
6
3
4
5
管道井
户内空间
1—分户支管（热镀锌钢管）；2—钢塑直通连接件；
3—化学管道；4—分户墙；5—分户墙饰面；6—钢套管
管道安装材质变化的分界图示
100
80
15
装饰板
户内明装管道安装图示
图名
户内管道安装大样
图号
49

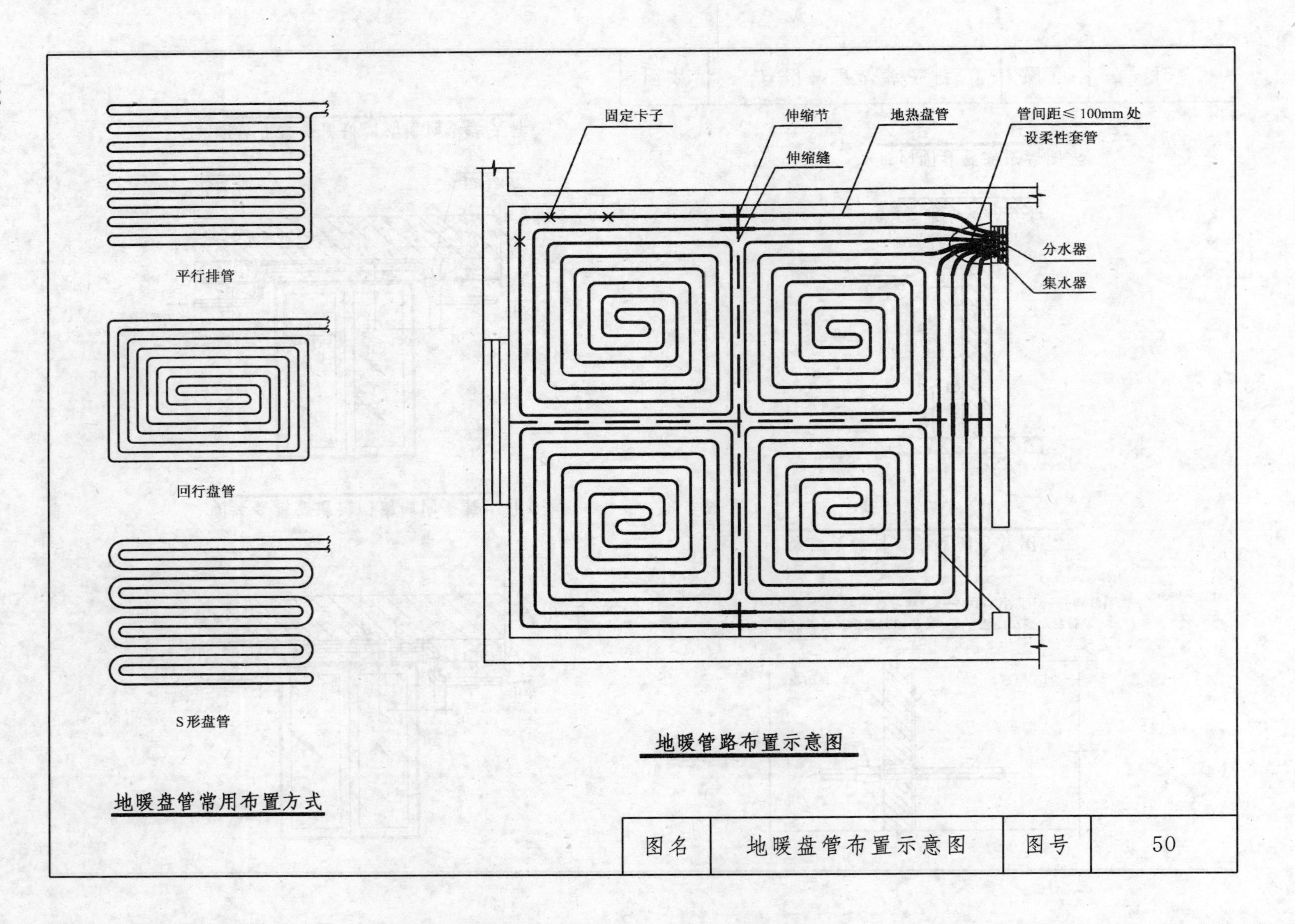

图名	地暖盘管布置示意图	图号	50

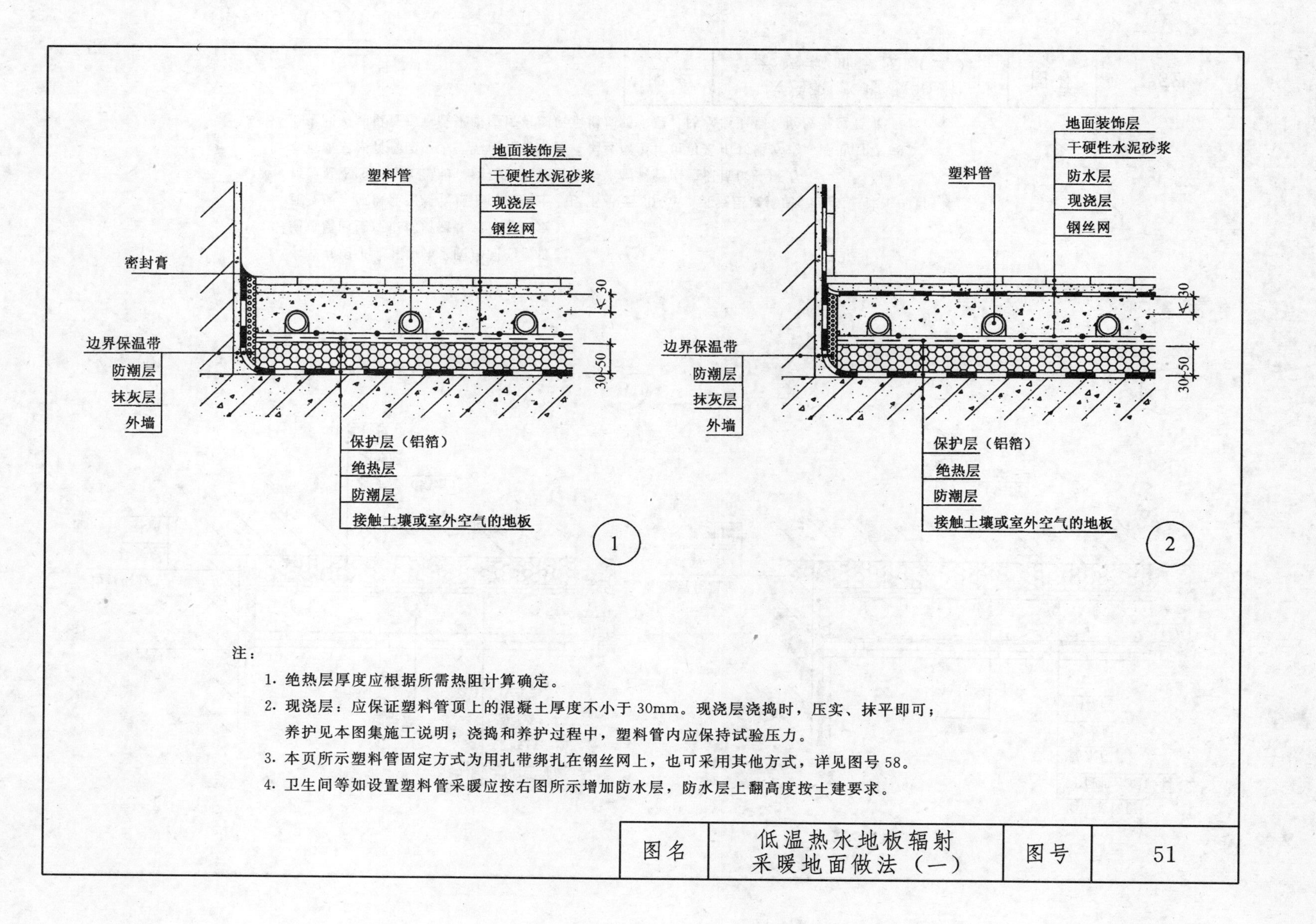

注：

1. 绝热层厚度应根据所需热阻计算确定。
2. 现浇层：应保证塑料管顶上的混凝土厚度不小于 30mm。现浇层浇捣时，压实、抹平即可；养护见本图集施工说明；浇捣和养护过程中，塑料管内应保持试验压力。
3. 本页所示塑料管固定方式为用扎带绑扎在钢丝网上，也可采用其他方式，详见图号 58。
4. 卫生间等如设置塑料管采暖应按右图所示增加防水层，防水层上翻高度按土建要求。

图名	低温热水地板辐射采暖地面做法（一）	图号	51

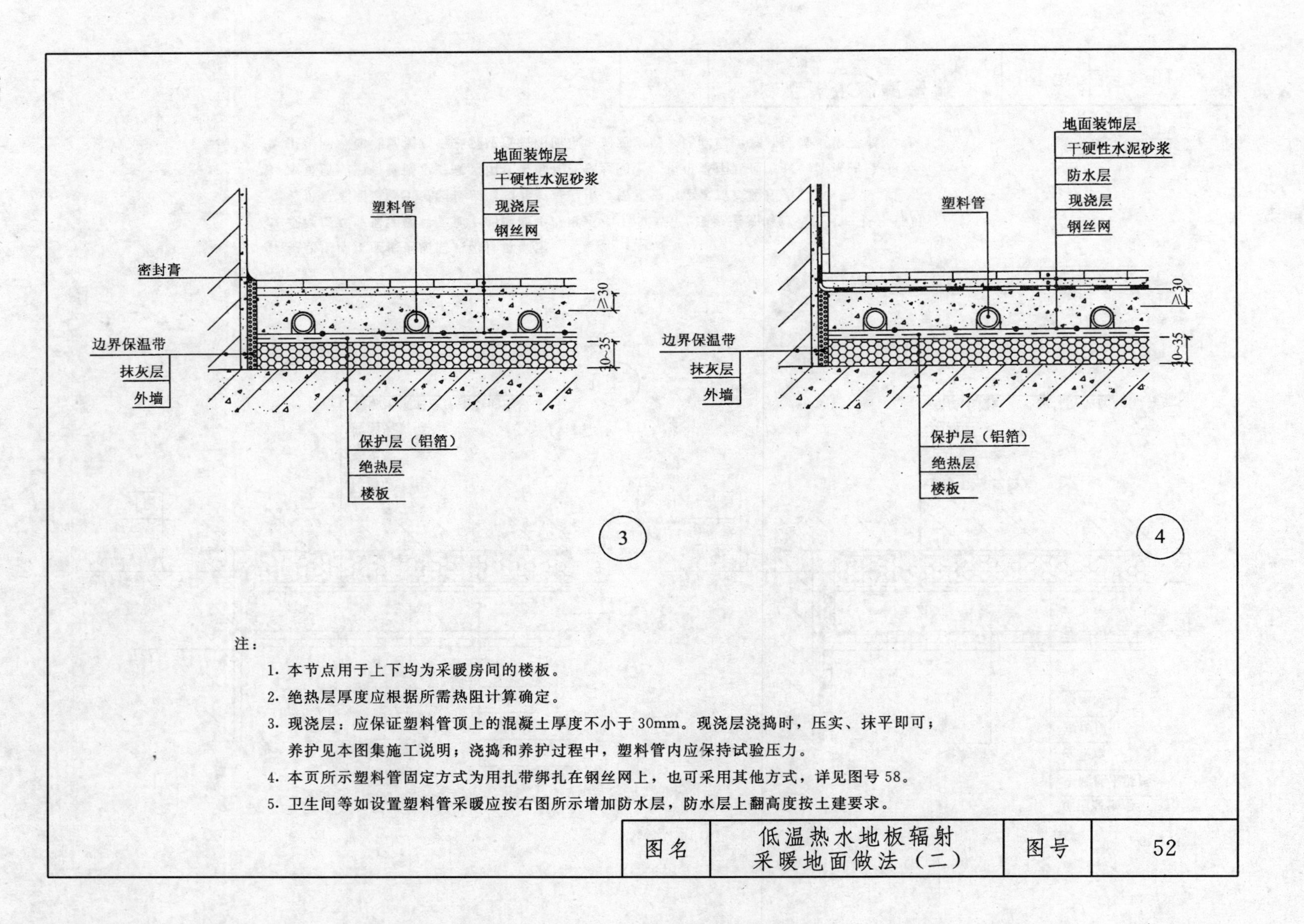

注：

1. 本节点用于上下均为采暖房间的楼板。
2. 绝热层厚度应根据所需热阻计算确定。
3. 现浇层：应保证塑料管顶上的混凝土厚度不小于 30mm。现浇层浇捣时，压实、抹平即可；养护见本图集施工说明；浇捣和养护过程中，塑料管内应保持试验压力。
4. 本页所示塑料管固定方式为用扎带绑扎在钢丝网上，也可采用其他方式，详见图号 58。
5. 卫生间等如设置塑料管采暖应按右图所示增加防水层，防水层上翻高度按土建要求。

图名	低温热水地板辐射 采暖地面做法（二）	图号	52

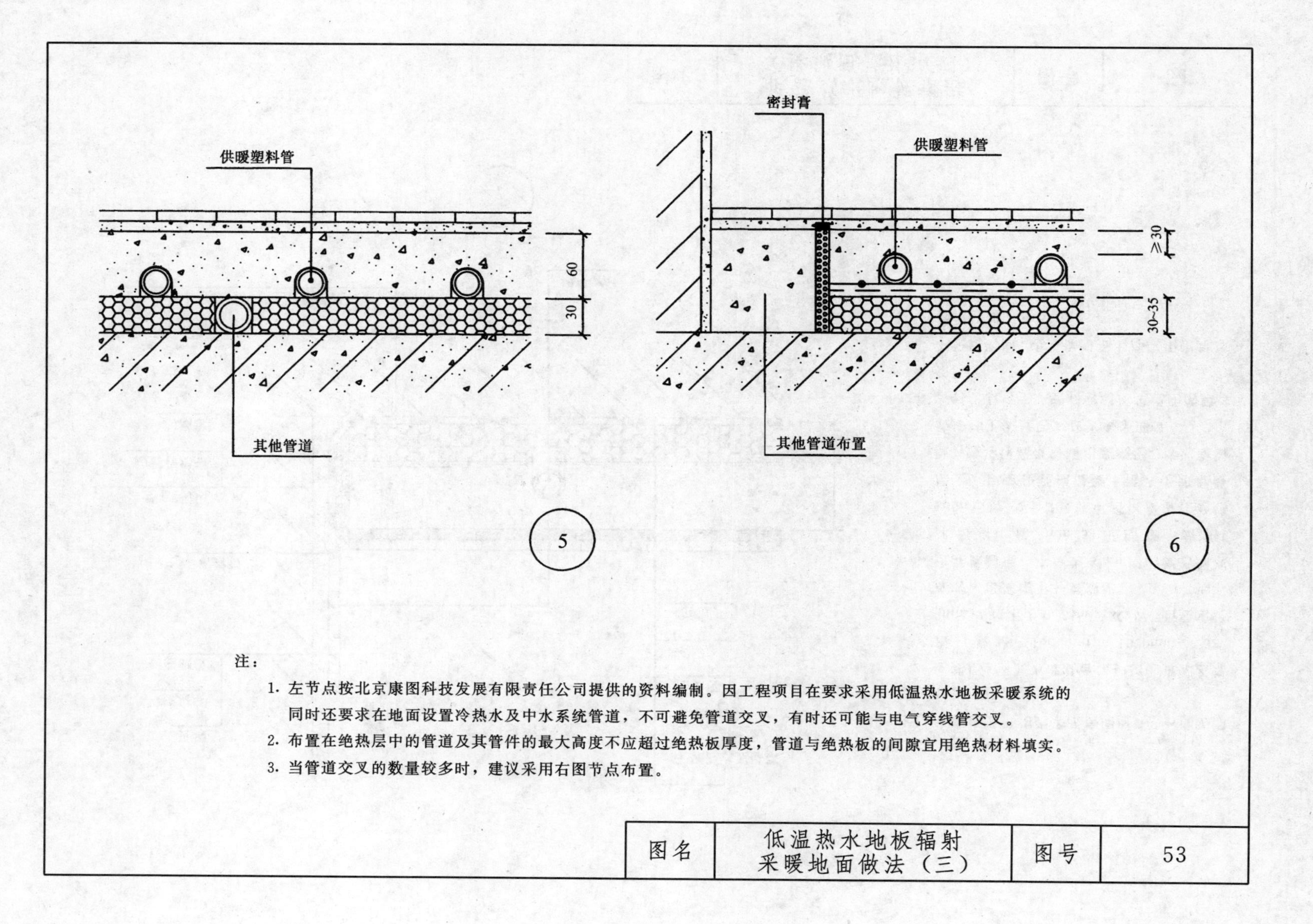

注：

1. 左节点按北京康图科技发展有限责任公司提供的资料编制。因工程项目在要求采用低温热水地板采暖系统的同时还要求在地面设置冷热水及中水系统管道，不可避免管道交叉，有时还可能与电气穿线管交叉。
2. 布置在绝热层中的管道及其管件的最大高度不应超过绝热板厚度，管道与绝热板的间隙宜用绝热材料填实。
3. 当管道交叉的数量较多时，建议采用右图节点布置。

图名	低温热水地板辐射 采暖地面做法（三）	图号	53

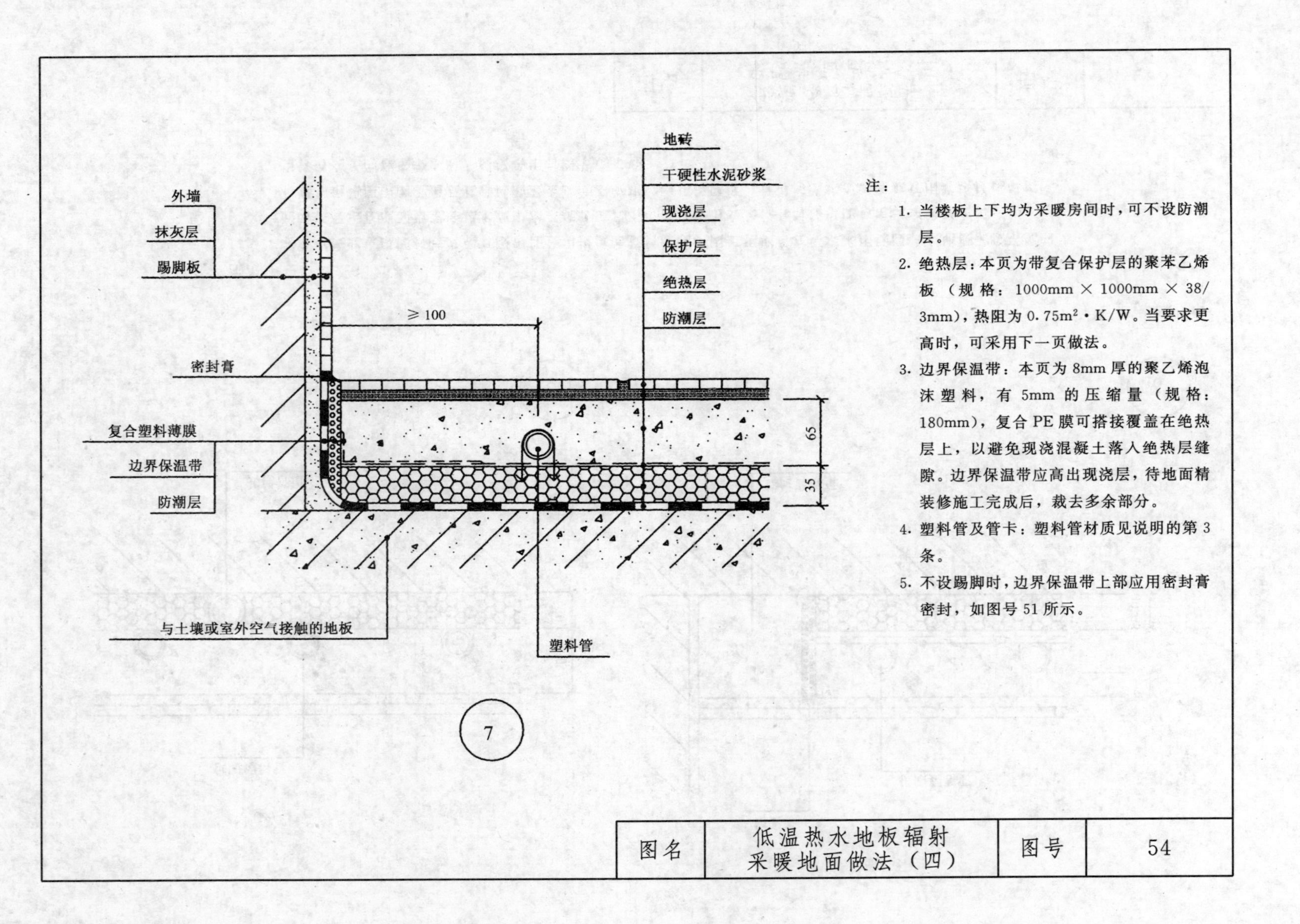

注：

1. 当楼板上下均为采暖房间时，可不设防潮层。
2. 绝热层：本页为带复合保护层的聚苯乙烯板（规格：1000mm × 1000mm × 38/3mm），热阻为 0.75m²·K/W。当要求更高时，可采用下一页做法。
3. 边界保温带：本页为 8mm 厚的聚乙烯泡沫塑料，有 5mm 的压缩量（规格：180mm），复合 PE 膜可搭接覆盖在绝热层上，以避免现浇混凝土落入绝热层缝隙。边界保温带应高出现浇层，待地面精装修施工完成后，裁去多余部分。
4. 塑料管及管卡：塑料管材质见说明的第 3 条。
5. 不设踢脚时，边界保温带上部应用密封膏密封，如图号 51 所示。

图名	低温热水地板辐射采暖地面做法（四）	图号	54

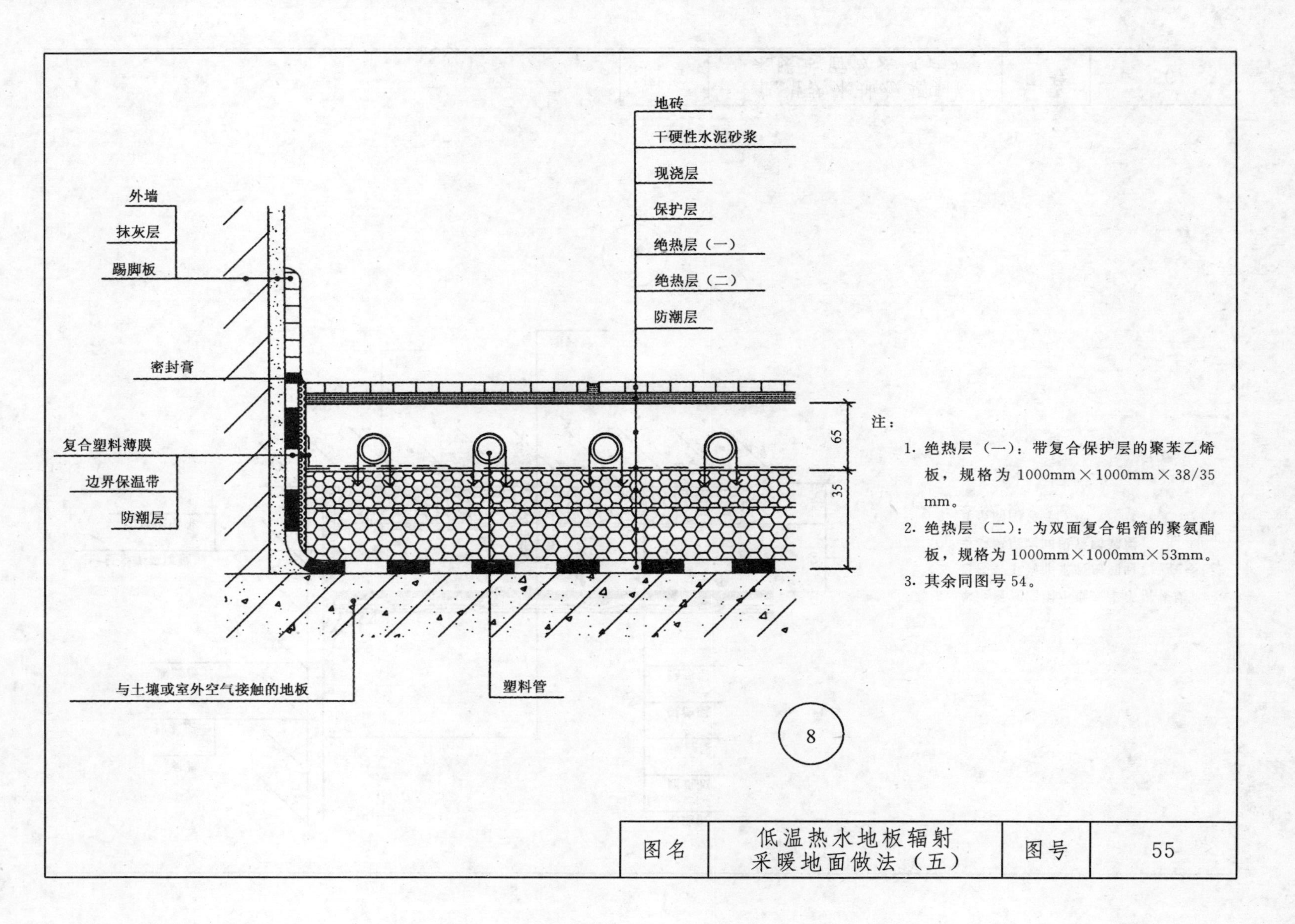

注：

1. 绝热层（一）：带复合保护层的聚苯乙烯板，规格为 1000mm×1000mm×38/35 mm。
2. 绝热层（二）：为双面复合铝箔的聚氨酯板，规格为 1000mm×1000mm×53mm。
3. 其余同图号 54。

图名	低温热水地板辐射采暖地面做法（五）	图号	55

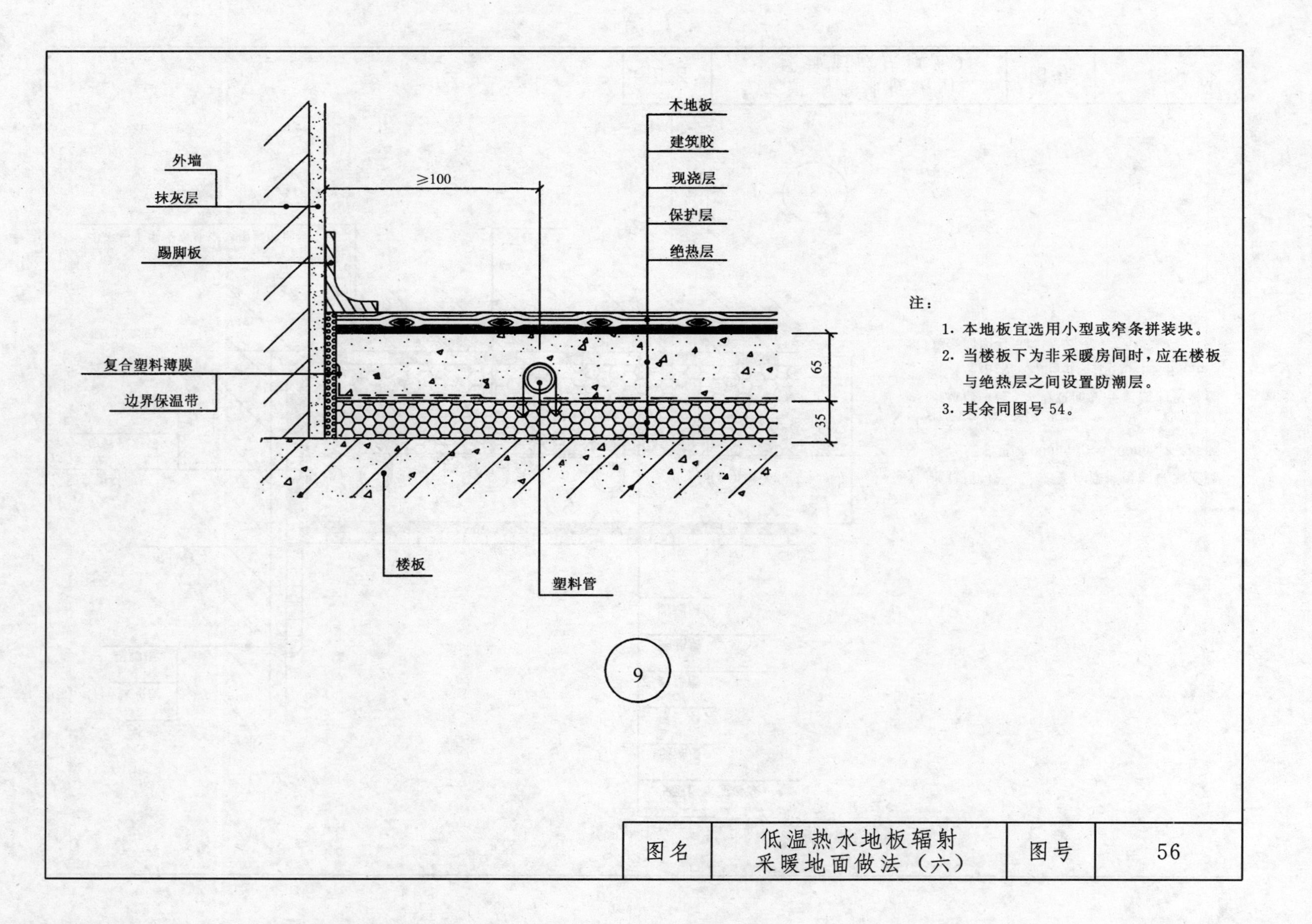

注：

1. 本地板宜选用小型或窄条拼装块。
2. 当楼板下为非采暖房间时，应在楼板与绝热层之间设置防潮层。
3. 其余同图号 54。

图名	低温热水地板辐射采暖地面做法（六）	图号	56

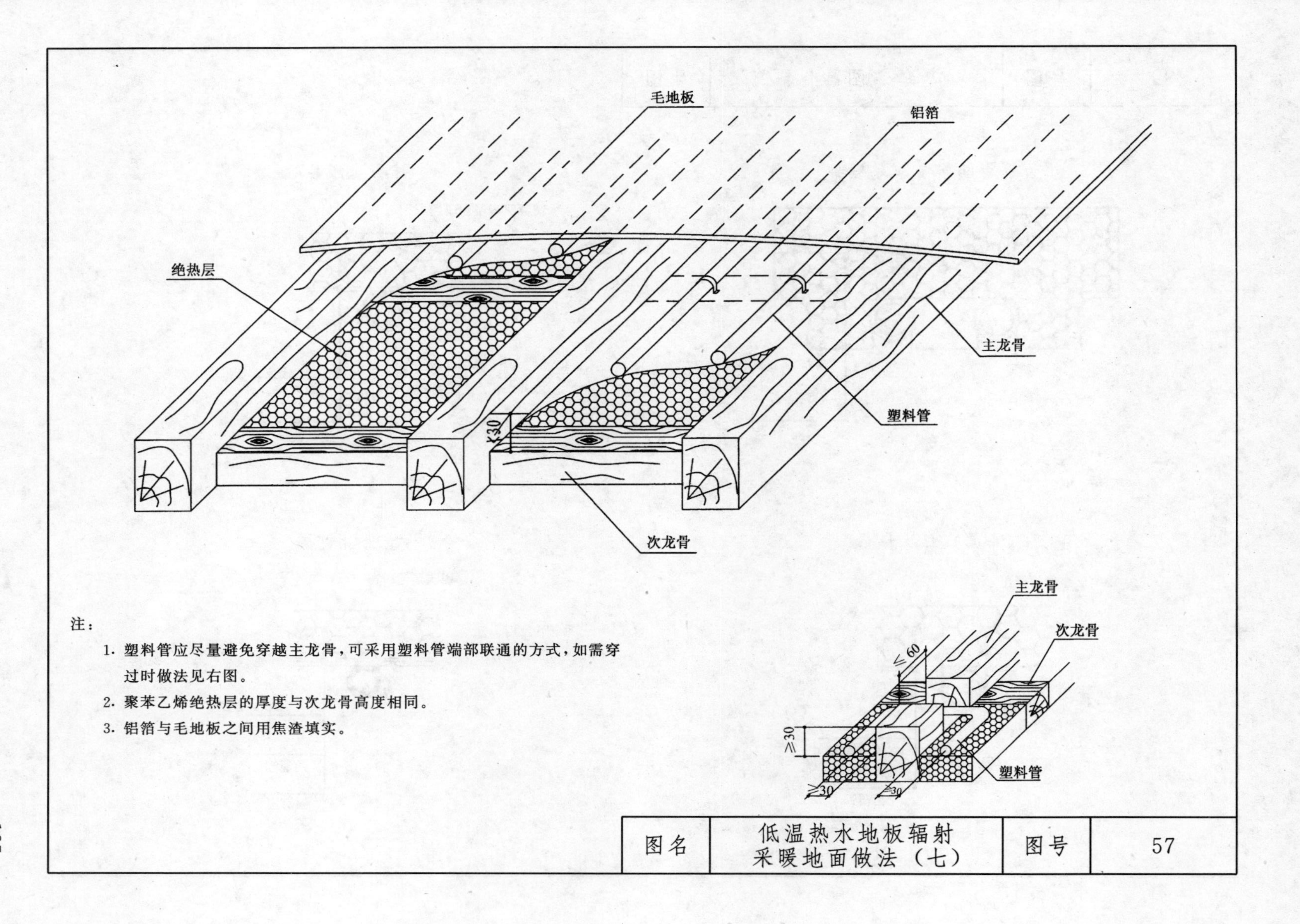

注：

1. 塑料管应尽量避免穿越主龙骨，可采用塑料管端部联通的方式，如需穿过时做法见右图。
2. 聚苯乙烯绝热层的厚度与次龙骨高度相同。
3. 铝箔与毛地板之间用焦渣填实。

图名	低温热水地板辐射 采暖地面做法（七）	图号	57

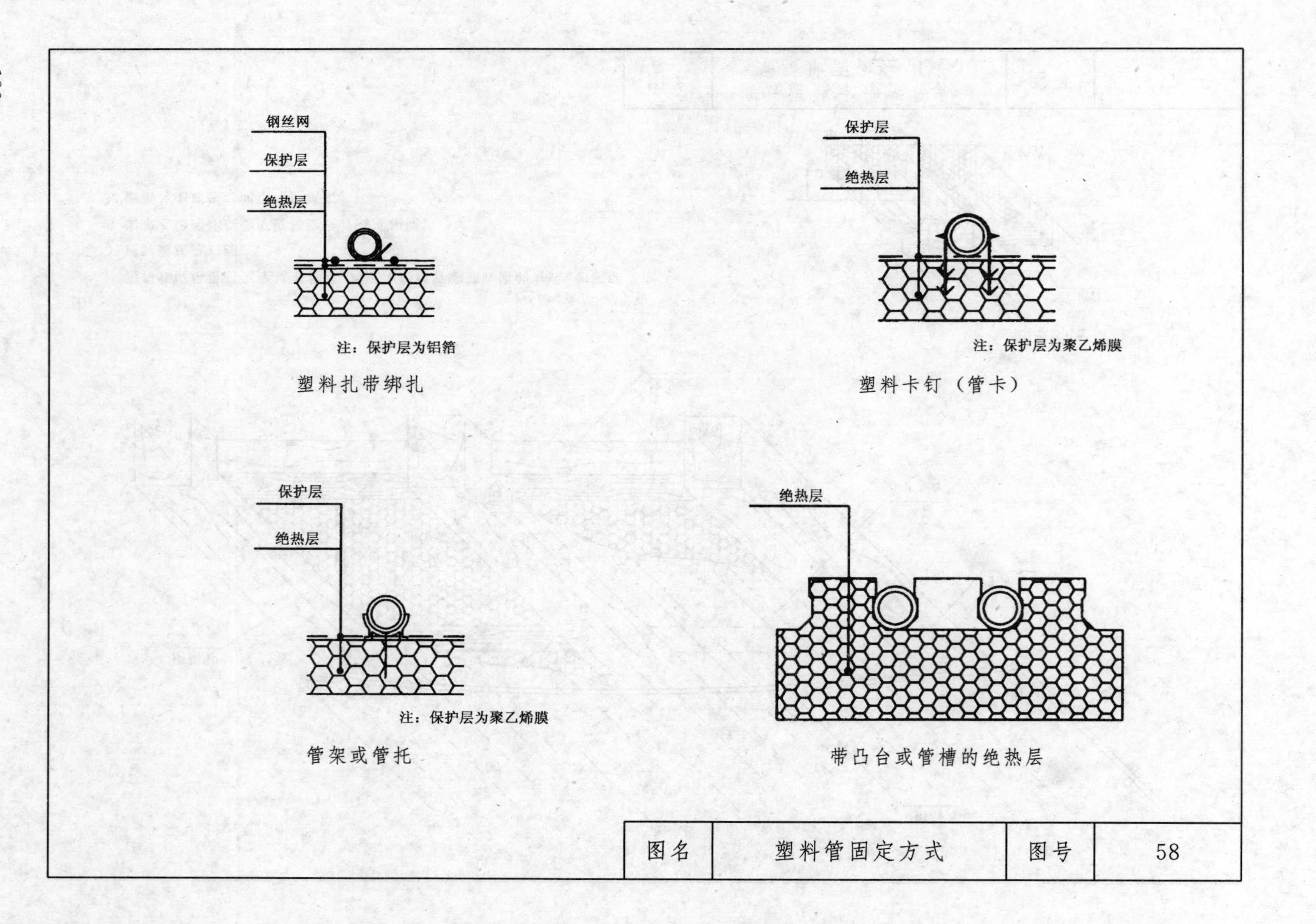

图名	塑料管固定方式	图号	58

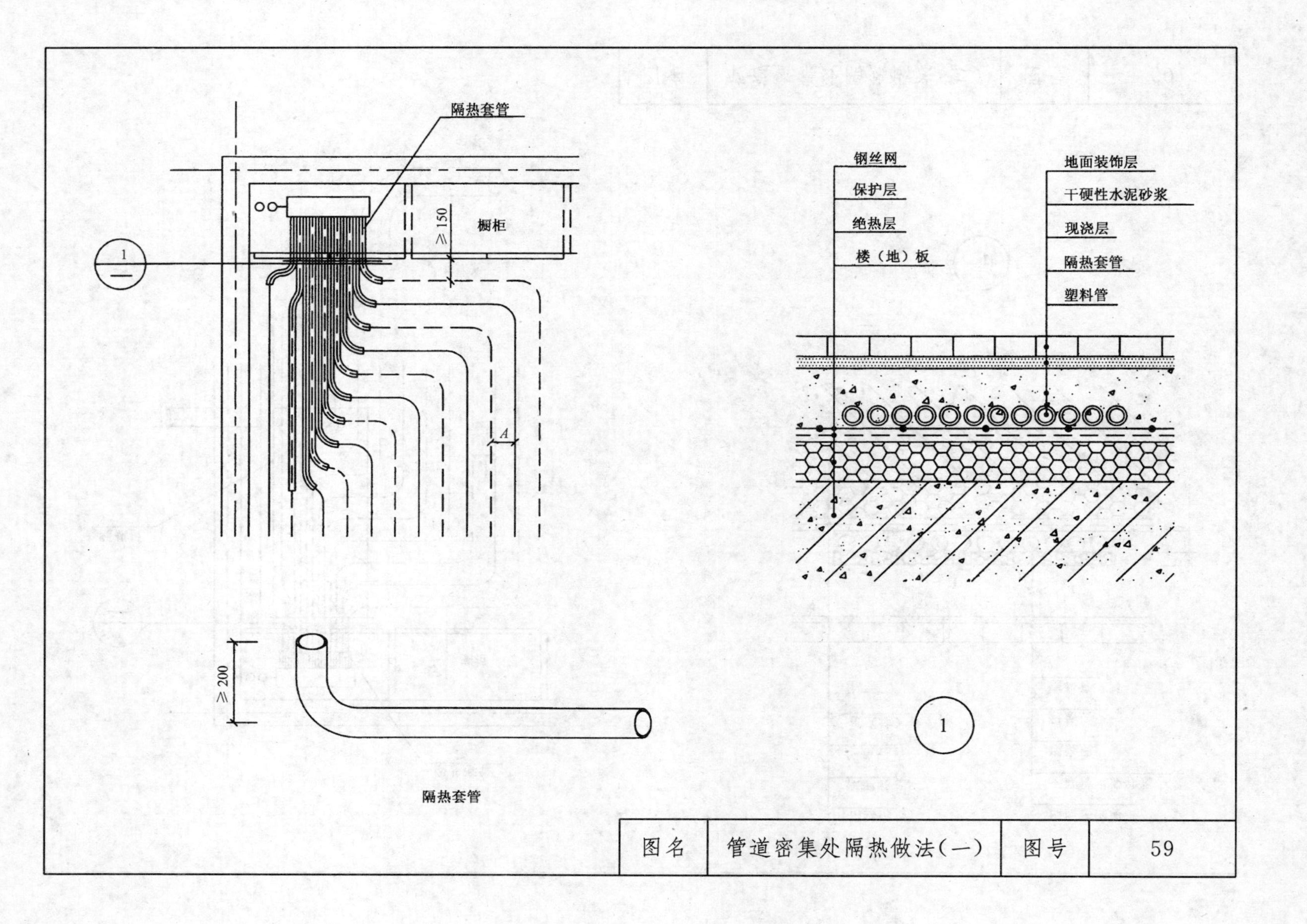

图名	管道密集处隔热做法(一)	图号	59

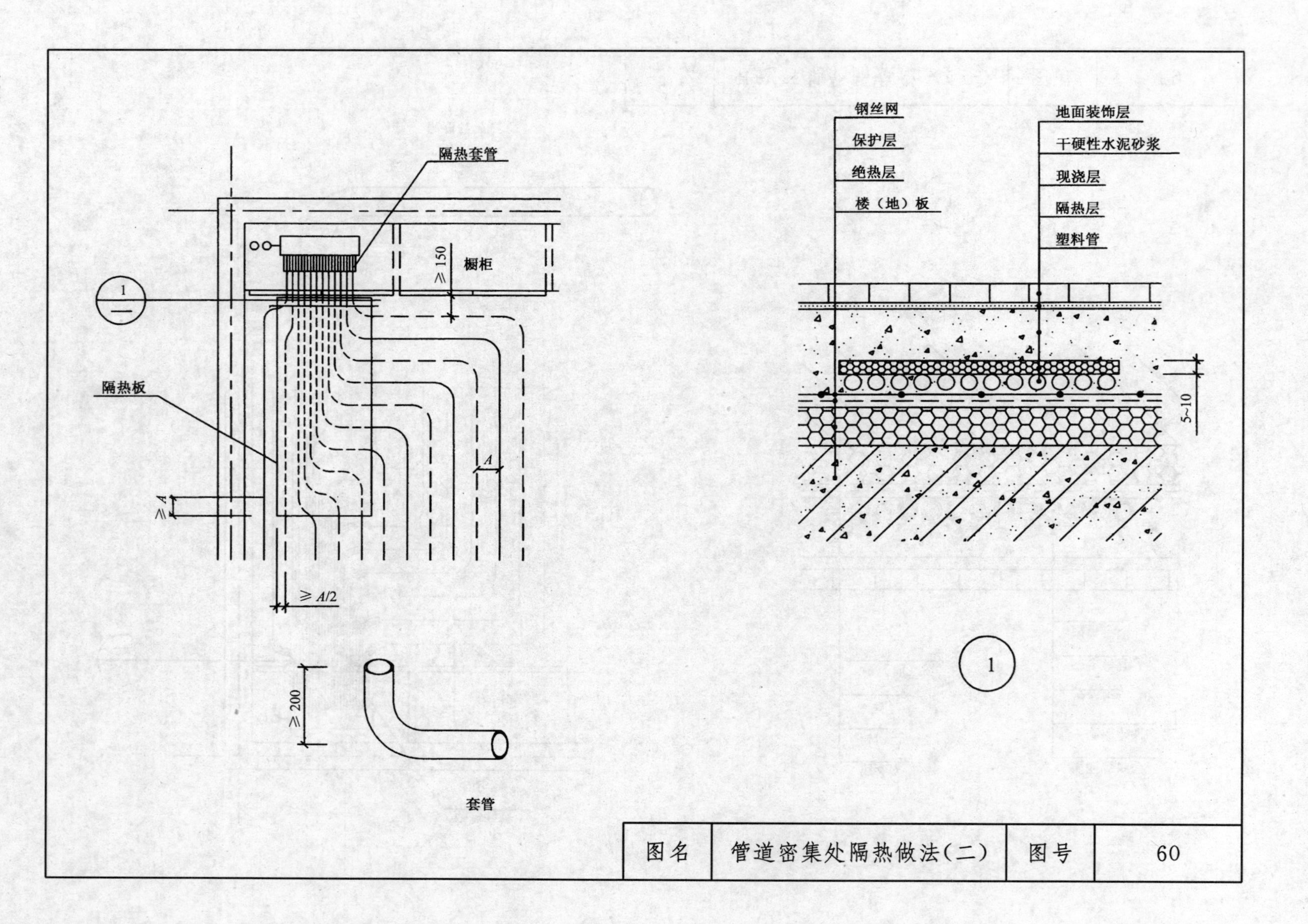
隔热套管
橱柜
≥150
1
隔热板
A
≥A
≥A/2
≥200
套管
钢丝网
保护层
绝热层
楼（地）板
地面装饰层
干硬性水泥砂浆
现浇层
隔热层
塑料管
5~10
1
图名
管道密集处隔热做法(二)
图号
60

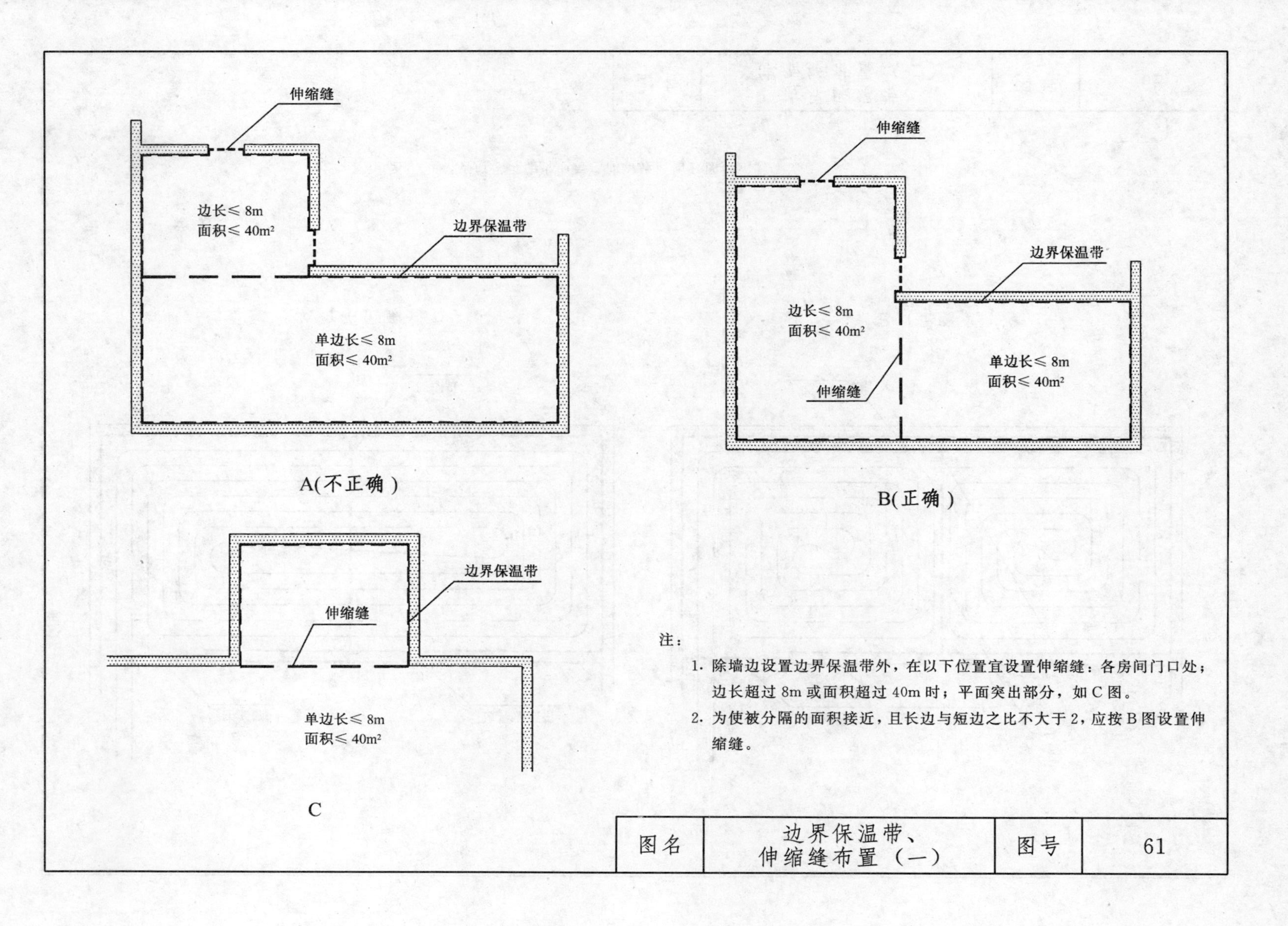

注：

1. 除墙边设置边界保温带外，在以下位置宜设置伸缩缝：各房间门口处；边长超过 8m 或面积超过 40m 时；平面突出部分，如 C 图。
2. 为使被分隔的面积接近，且长边与短边之比不大于 2，应按 B 图设置伸缩缝。

图名	边界保温带、伸缩缝布置（一）	图号	61

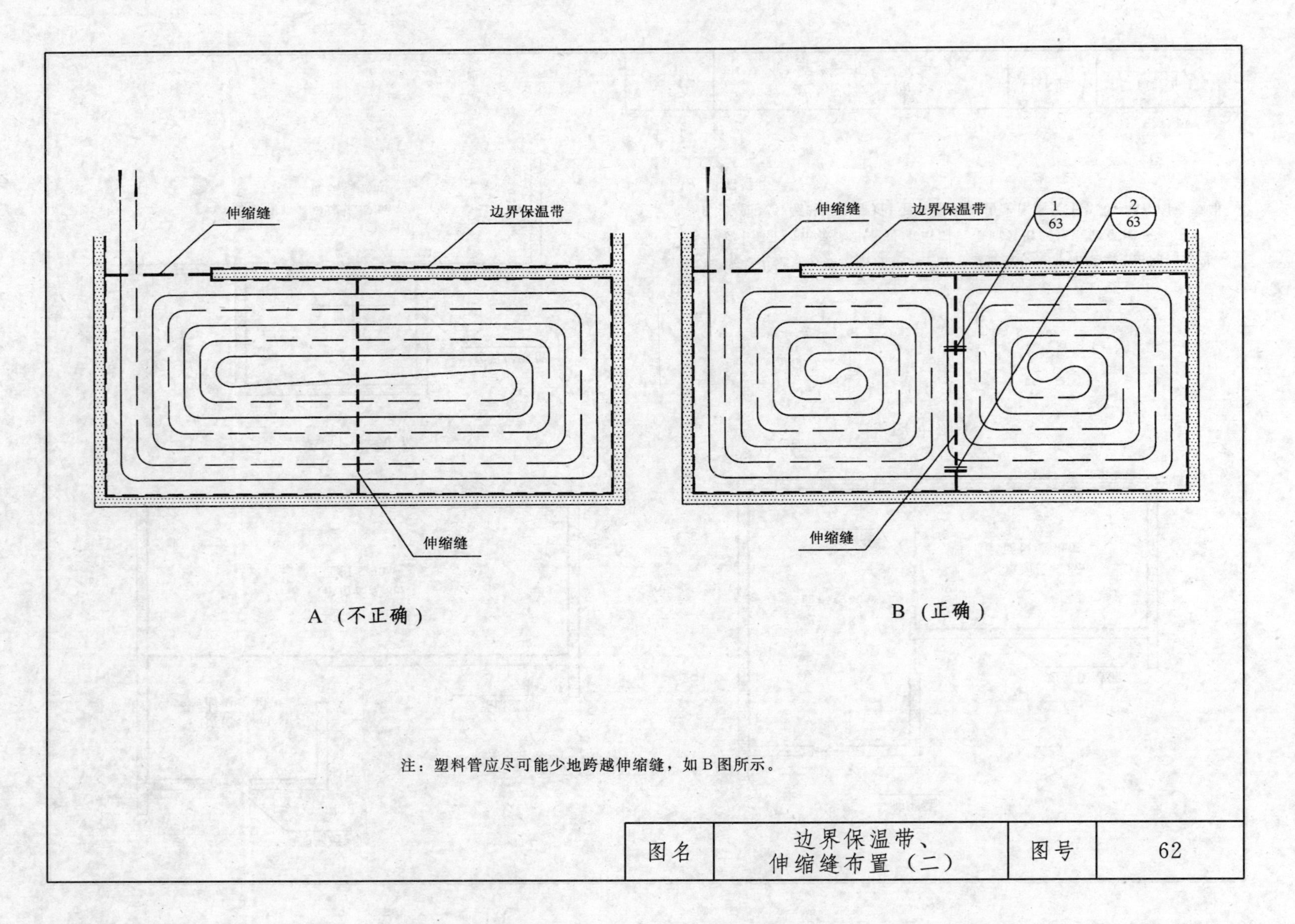

注：塑料管应尽可能少地跨越伸缩缝，如B图所示。

图名	边界保温带、 伸缩缝布置（二）	图号	62

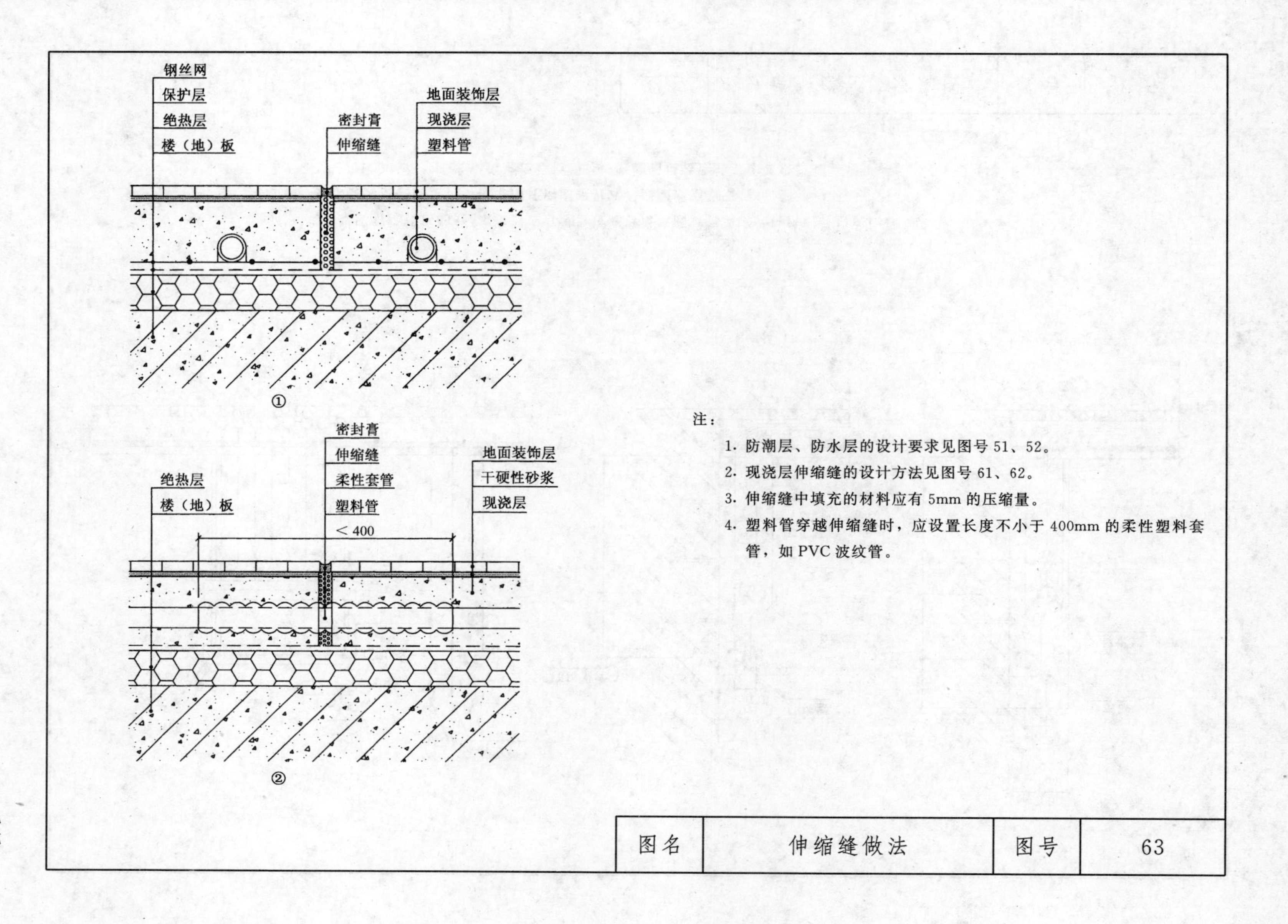

注：

1. 防潮层、防水层的设计要求见图号 51、52。
2. 现浇层伸缩缝的设计方法见图号 61、62。
3. 伸缩缝中填充的材料应有 5mm 的压缩量。
4. 塑料管穿越伸缩缝时，应设置长度不小于 400mm 的柔性塑料套管，如 PVC 波纹管。

图名	伸缩缝做法	图号	63

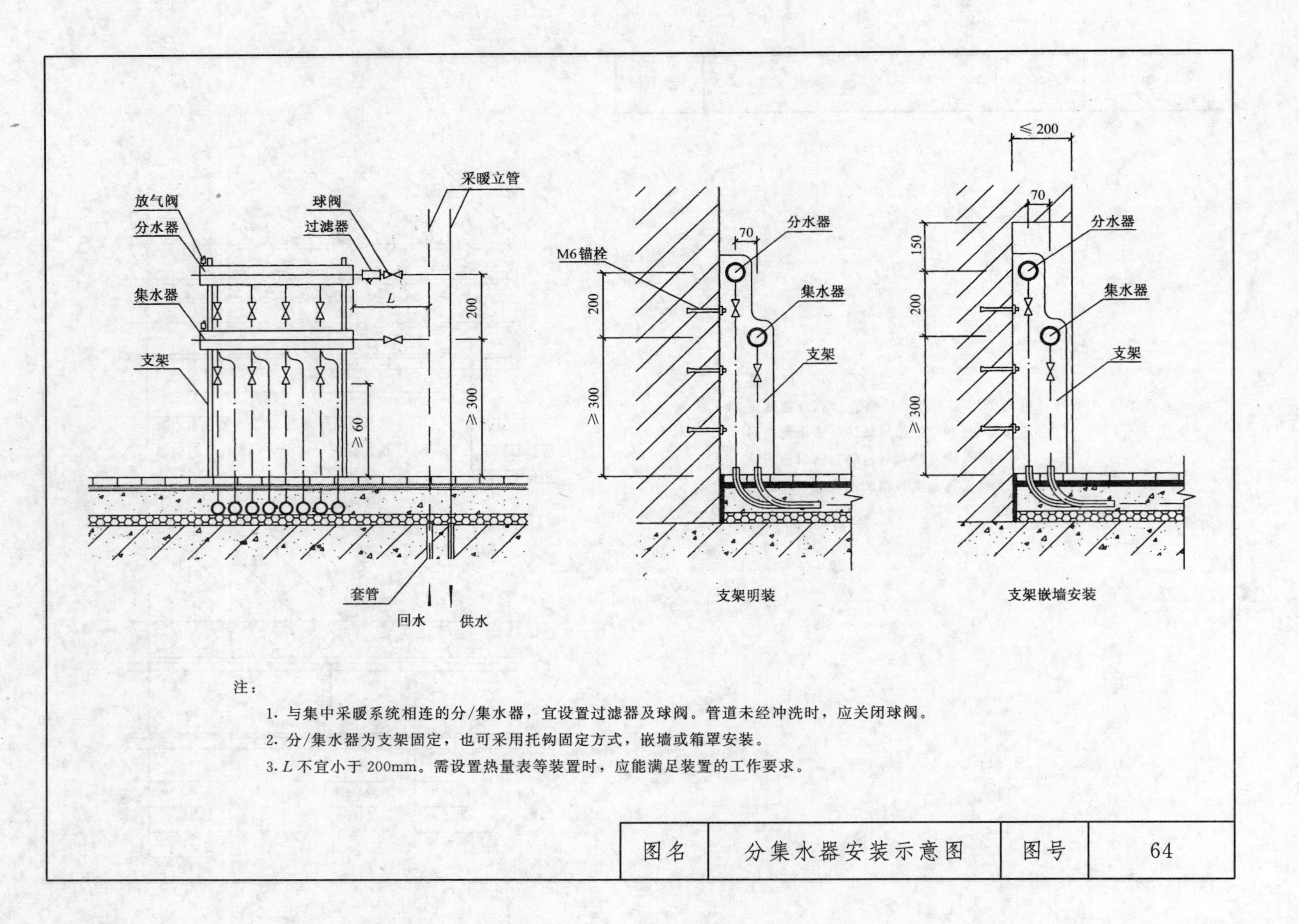

注：

1. 与集中采暖系统相连的分/集水器，宜设置过滤器及球阀。管道未经冲洗时，应关闭球阀。
2. 分/集水器为支架固定，也可采用托钩固定方式，嵌墙或箱罩安装。
3. L 不宜小于 200mm。需设置热量表等装置时，应能满足装置的工作要求。

图名	分集水器安装示意图	图号	64

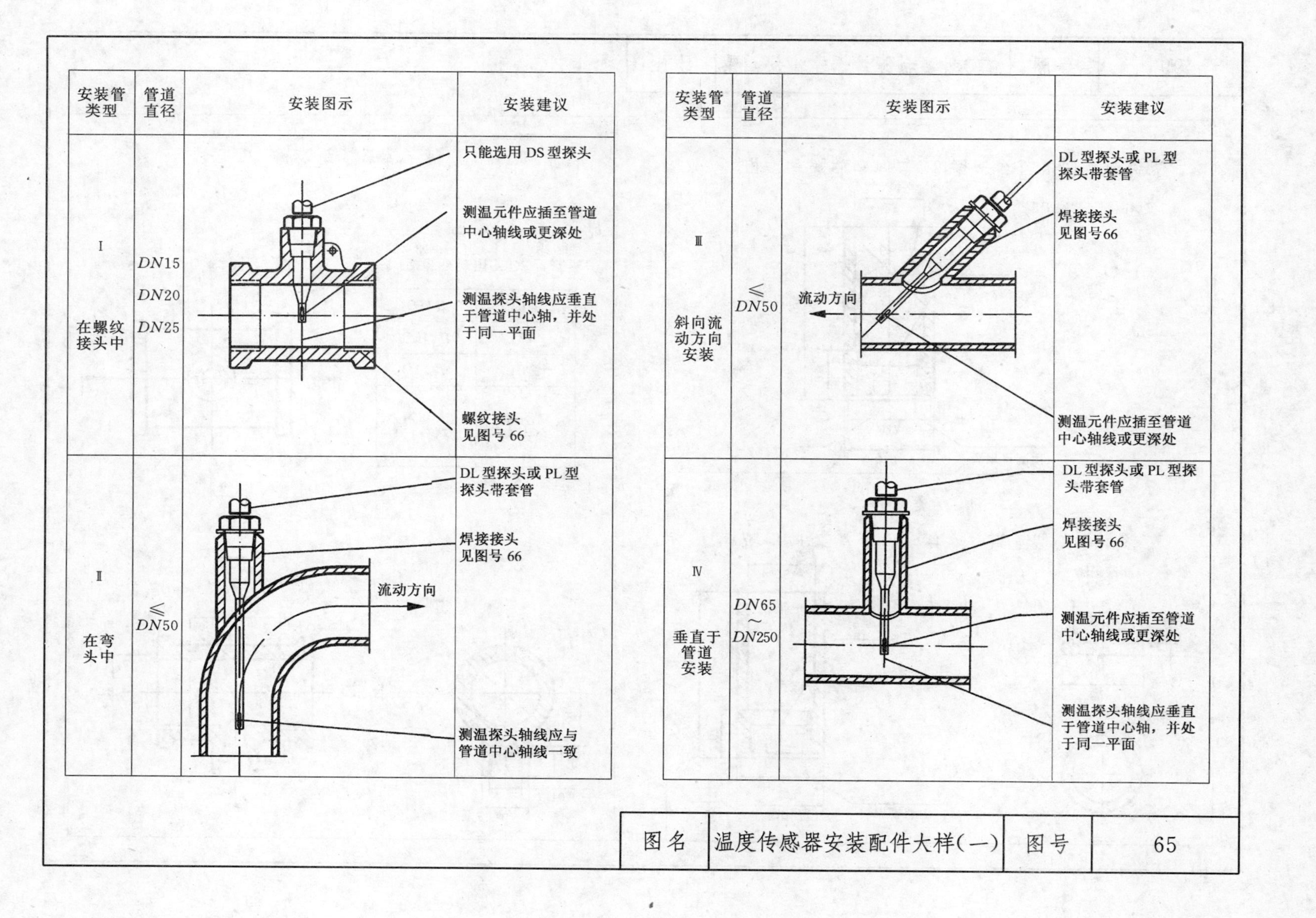
安装管类型
管道直径
安装图示
安装建议
Ⅰ
在螺纹接头中
DN15
DN20
DN25
只能选用DS型探头
测温元件应插至管道中心轴线或更深处
测温探头轴线应垂直于管道中心轴，并处于同一平面
螺纹接头见图号66
Ⅱ
在弯头中
≤DN50
DL型探头或PL型探头带套管
焊接接头见图号66
流动方向
测温探头轴线应与管道中心轴线一致
Ⅲ
斜向流动方向安装
≤DN50
流动方向
DL型探头或PL型探头带套管
焊接接头见图号66
测温元件应插至管道中心轴线或更深处
Ⅳ
垂直于管道安装
DN65～DN250
DL型探头或PL型探头带套管
焊接接头见图号66
测温元件应插至管道中心轴线或更深处
测温探头轴线应垂直于管道中心轴，并处于同一平面
图名
温度传感器安装配件大样(一)
图号
65

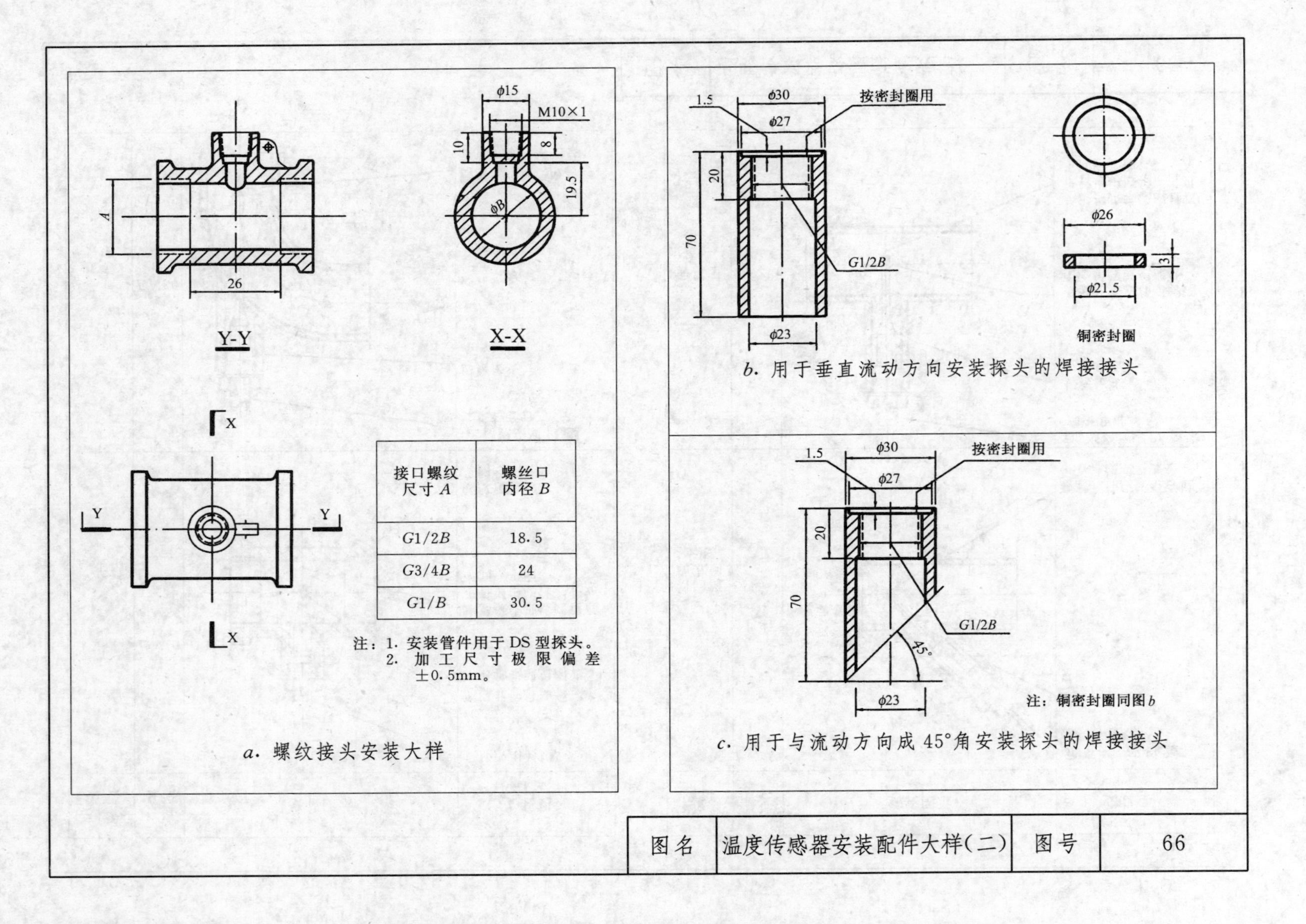

接口螺纹尺寸 A	螺丝口内径 B
$G1/2B$	18.5
$G3/4B$	24
$G1/B$	30.5

注：1. 安装管件用于 DS 型探头。
2. 加工尺寸极限偏差 ±0.5mm。

a. 螺纹接头安装大样

b. 用于垂直流动方向安装探头的焊接接头

c. 用于与流动方向成 45°角安装探头的焊接接头

图名	温度传感器安装配件大样(二)	图号	66

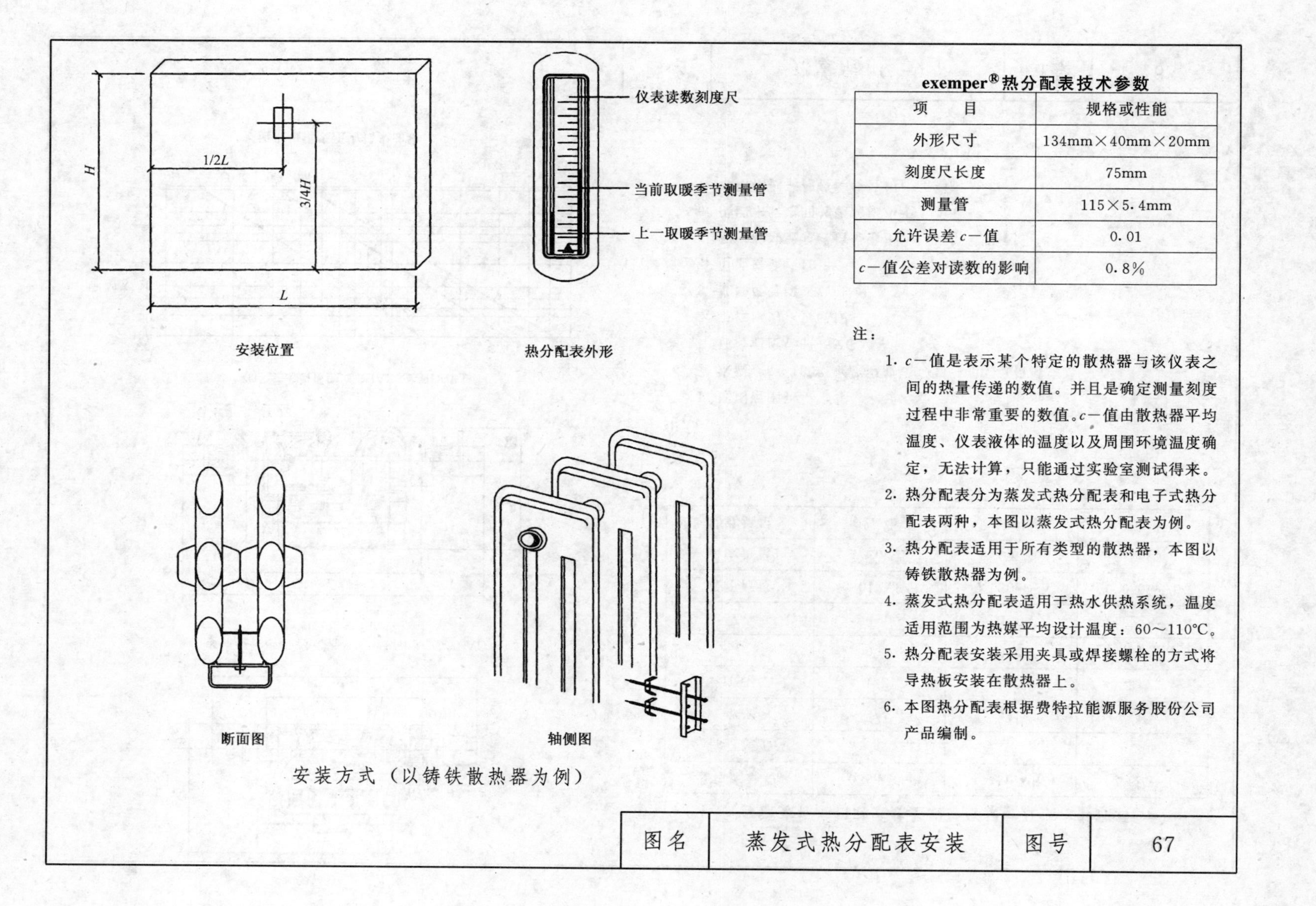

安装位置

热分配表外形

断面图

轴侧图

安装方式（以铸铁散热器为例）

exemper®热分配表技术参数

项　目	规格或性能
外形尺寸	134mm×40mm×20mm
刻度尺长度	75mm
测量管	115×5.4mm
允许误差 c一值	0.01
c一值公差对读数的影响	0.8%

注：

1. c一值是表示某个特定的散热器与该仪表之间的热量传递的数值。并且是确定测量刻度过程中非常重要的数值。c一值由散热器平均温度、仪表液体的温度以及周围环境温度确定，无法计算，只能通过实验室测试得来。
2. 热分配表分为蒸发式热分配表和电子式热分配表两种，本图以蒸发式热分配表为例。
3. 热分配表适用于所有类型的散热器，本图以铸铁散热器为例。
4. 蒸发式热分配表适用于热水供热系统，温度适用范围为热媒平均设计温度：60～110℃。
5. 热分配表安装采用夹具或焊接螺栓的方式将导热板安装在散热器上。
6. 本图热分配表根据费特拉能源服务股份公司产品编制。

图名	蒸发式热分配表安装	图号	67

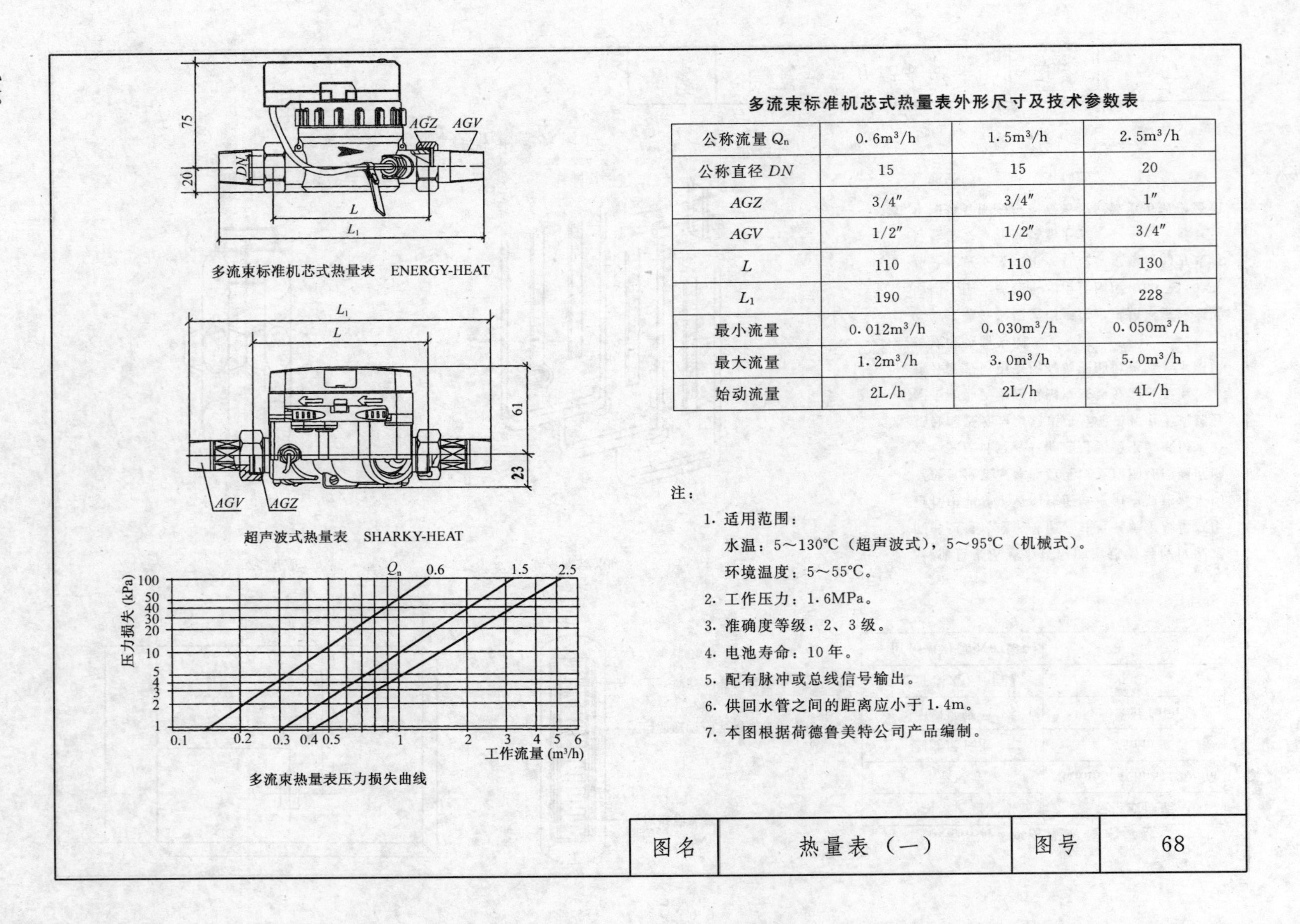

多流束标准机芯式热量表 ENERGY-HEAT

超声波式热量表 SHARKY-HEAT

多流束热量表压力损失曲线

多流束标准机芯式热量表外形尺寸及技术参数表

公称流量 Q_n	0.6m³/h	1.5m³/h	2.5m³/h
公称直径 *DN*	15	15	20
AGZ	3/4″	3/4″	1″
AGV	1/2″	1/2″	3/4″
L	110	110	130
L_1	190	190	228
最小流量	0.012m³/h	0.030m³/h	0.050m³/h
最大流量	1.2m³/h	3.0m³/h	5.0m³/h
始动流量	2L/h	2L/h	4L/h

注：

1. 适用范围：

   水温：5～130℃（超声波式），5～95℃（机械式）。

   环境温度：5～55℃。
2. 工作压力：1.6MPa。
3. 准确度等级：2、3 级。
4. 电池寿命：10 年。
5. 配有脉冲或总线信号输出。
6. 供回水管之间的距离应小于 1.4m。
7. 本图根据荷德鲁美特公司产品编制。

图名	热量表（一）	图号	68

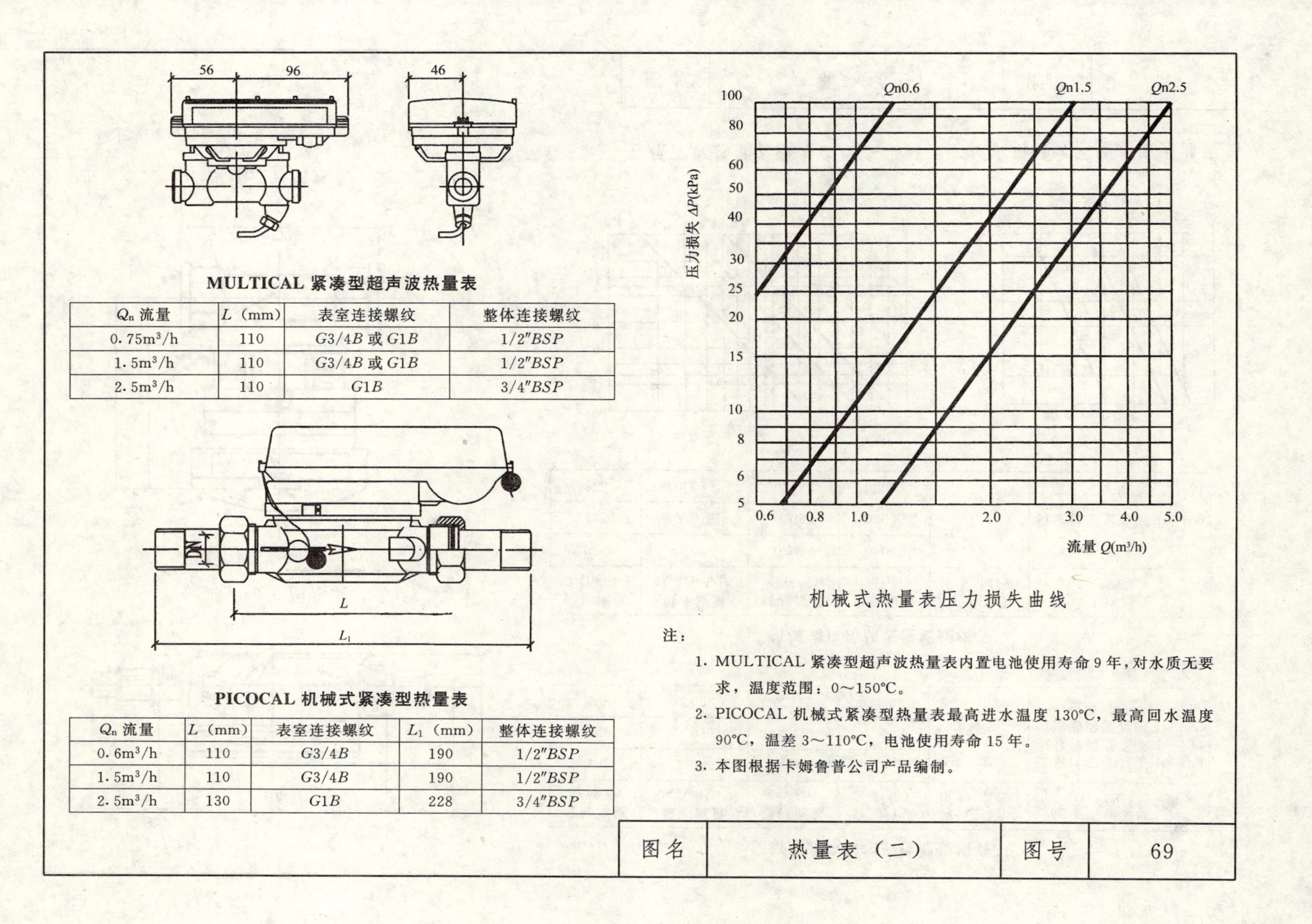

MULTICAL 紧凑型超声波热量表

Q_n 流量	L（mm）	表室连接螺纹	整体连接螺纹
0.75m³/h	110	$G3/4B$ 或 $G1B$	1/2″BSP
1.5m³/h	110	$G3/4B$ 或 $G1B$	1/2″BSP
2.5m³/h	110	$G1B$	3/4″BSP

PICOCAL 机械式紧凑型热量表

Q_n 流量	L（mm）	表室连接螺纹	L_1（mm）	整体连接螺纹
0.6m³/h	110	$G3/4B$	190	1/2″BSP
1.5m³/h	110	$G3/4B$	190	1/2″BSP
2.5m³/h	130	$G1B$	228	3/4″BSP

机械式热量表压力损失曲线

注：

1. MULTICAL 紧凑型超声波热量表内置电池使用寿命 9 年，对水质无要求，温度范围：0～150℃。
2. PICOCAL 机械式紧凑型热量表最高进水温度 130℃，最高回水温度 90℃，温差 3～110℃，电池使用寿命 15 年。
3. 本图根据卡姆鲁普公司产品编制。

图名	热量表（二）	图号	69

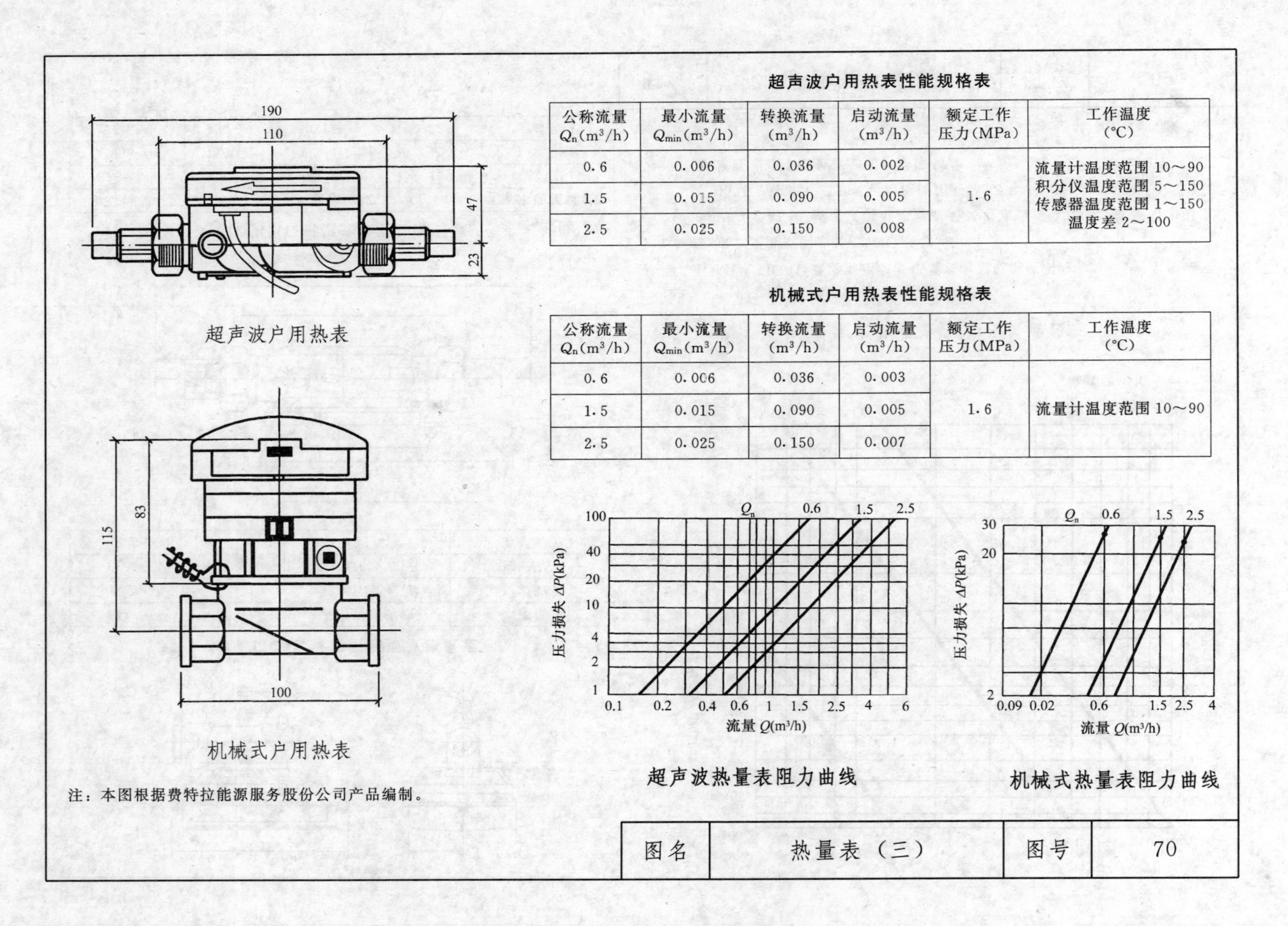

超声波户用热表

机械式户用热表

超声波户用热表性能规格表

公称流量 Q_n(m³/h)	最小流量 Q_{min}(m³/h)	转换流量 (m³/h)	启动流量 (m³/h)	额定工作压力(MPa)	工作温度 (℃)
0.6	0.006	0.036	0.002	1.6	流量计温度范围 10～90 积分仪温度范围 5～150 传感器温度范围 1～150 温度差 2～100
1.5	0.015	0.090	0.005		
2.5	0.025	0.150	0.008		

机械式户用热表性能规格表

公称流量 Q_n(m³/h)	最小流量 Q_{min}(m³/h)	转换流量 (m³/h)	启动流量 (m³/h)	额定工作压力(MPa)	工作温度 (℃)
0.6	0.006	0.036	0.003	1.6	流量计温度范围 10～90
1.5	0.015	0.090	0.005		
2.5	0.025	0.150	0.007		

超声波热量表阻力曲线

机械式热量表阻力曲线

注：本图根据费特拉能源服务股份公司产品编制。

图名	热量表（三）	图号	70

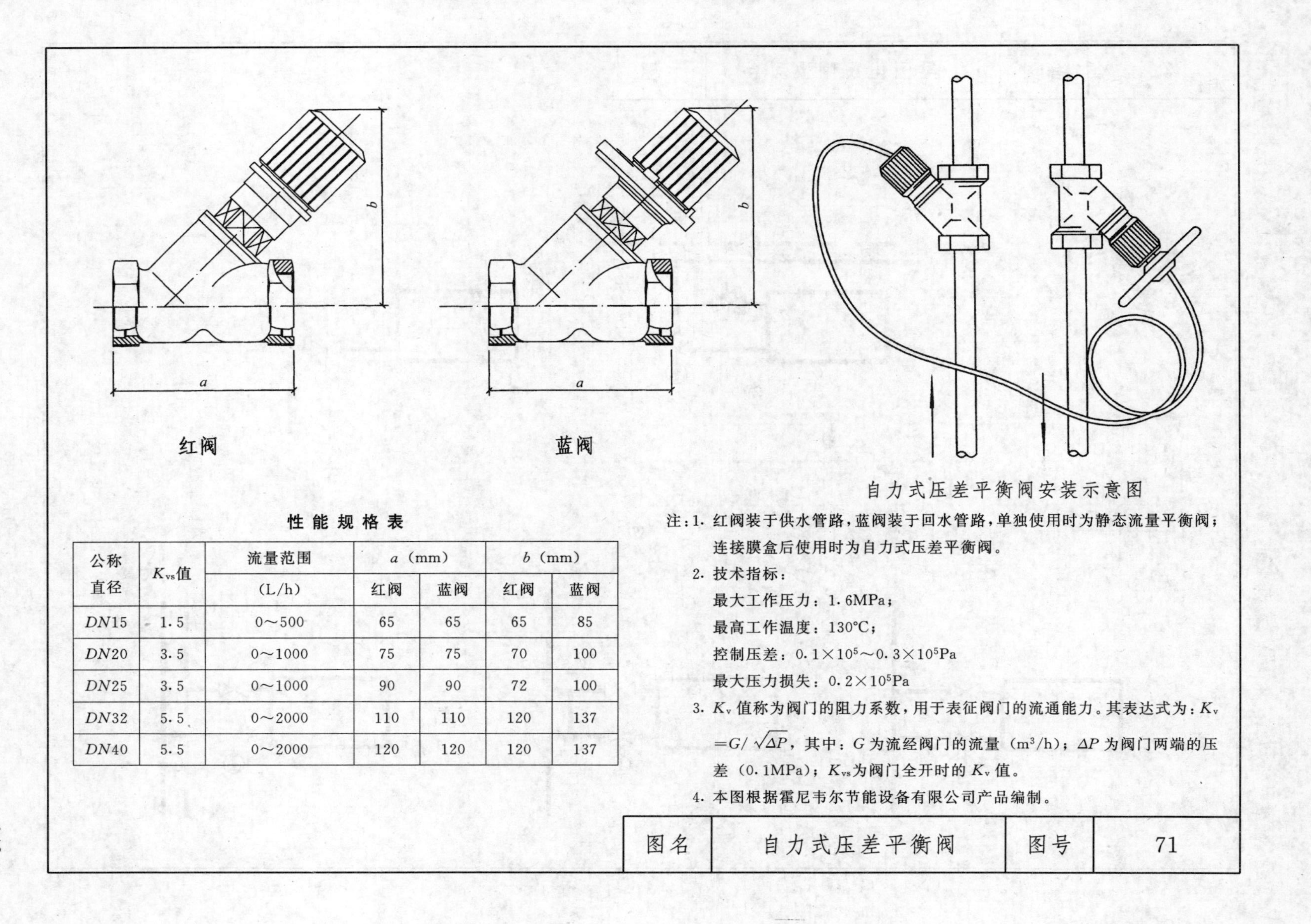

自力式压差平衡阀安装示意图

性能规格表

公称直径	K_{vs}值	流量范围 (L/h)	a (mm)		b (mm)	
			红阀	蓝阀	红阀	蓝阀
DN15	1.5	0～500	65	65	65	85
DN20	3.5	0～1000	75	75	70	100
DN25	3.5	0～1000	90	90	72	100
DN32	5.5	0～2000	110	110	120	137
DN40	5.5	0～2000	120	120	120	137

注：1. 红阀装于供水管路，蓝阀装于回水管路，单独使用时为静态流量平衡阀；连接膜盒后使用时为自力式压差平衡阀。

2. 技术指标：

最大工作压力：1.6MPa；

最高工作温度：130℃；

控制压差：$0.1\times10^5\sim0.3\times10^5$Pa

最大压力损失：0.2×10^5Pa

3. K_v 值称为阀门的阻力系数，用于表征阀门的流通能力。其表达式为：$K_v=G/\sqrt{\Delta P}$，其中：G 为流经阀门的流量（m^3/h）；ΔP 为阀门两端的压差（0.1MPa）；K_{vs}为阀门全开时的 K_v 值。

4. 本图根据霍尼韦尔节能设备有限公司产品编制。

图名	自力式压差平衡阀	图号	71

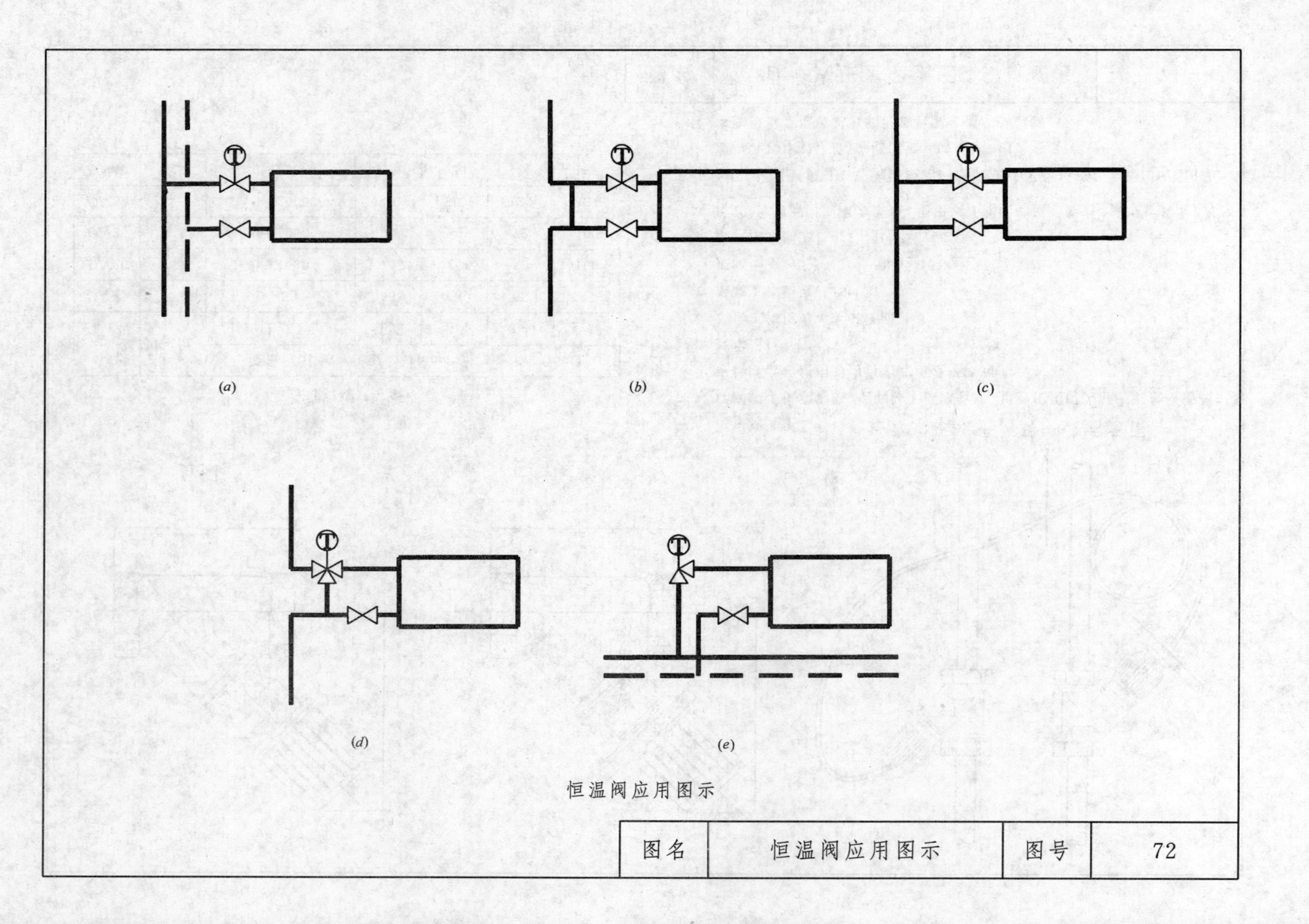

恒温阀应用图示

图名	恒温阀应用图示	图号	72

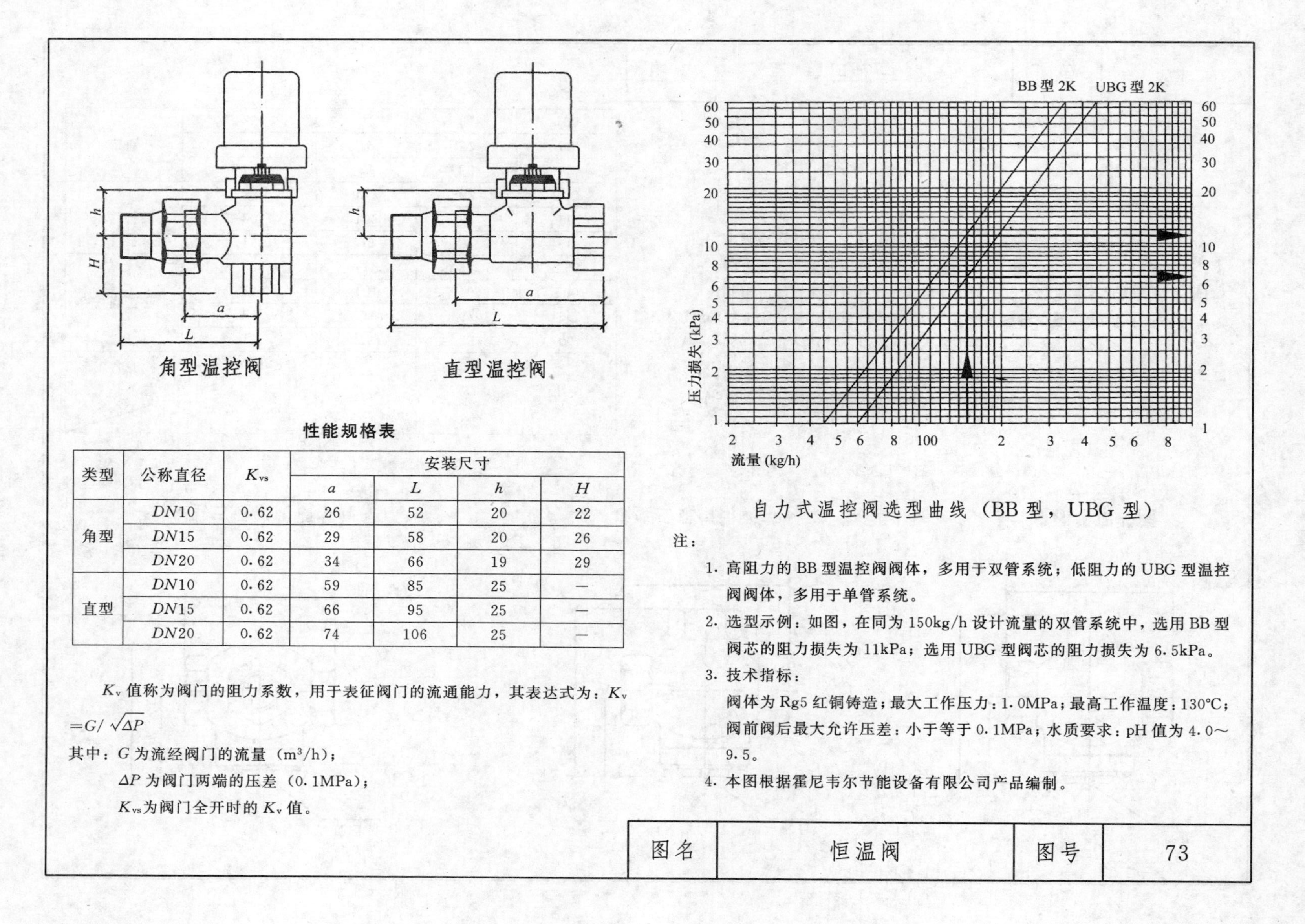

角型温控阀

直型温控阀

性能规格表

类型	公称直径	K_{vs}	安装尺寸			
			a	*L*	*h*	*H*
角型	*DN*10	0.62	26	52	20	22
	*DN*15	0.62	29	58	20	26
	*DN*20	0.62	34	66	19	29
直型	*DN*10	0.62	59	85	25	—
	*DN*15	0.62	66	95	25	—
	*DN*20	0.62	74	106	25	—

K_v 值称为阀门的阻力系数，用于表征阀门的流通能力，其表达式为：$K_v = G/\sqrt{\Delta P}$

其中：G 为流经阀门的流量（m^3/h）；

ΔP 为阀门两端的压差（0.1MPa）；

K_{vs} 为阀门全开时的 K_v 值。

自力式温控阀选型曲线（BB 型，UBG 型）

注：

1. 高阻力的 BB 型温控阀阀体，多用于双管系统；低阻力的 UBG 型温控阀阀体，多用于单管系统。
2. 选型示例：如图，在同为 150kg/h 设计流量的双管系统中，选用 BB 型阀芯的阻力损失为 11kPa；选用 UBG 型阀芯的阻力损失为 6.5kPa。
3. 技术指标：
   阀体为 Rg5 红铜铸造；最大工作压力：1.0MPa；最高工作温度：130℃；阀前阀后最大允许压差：小于等于 0.1MPa；水质要求：pH 值为 4.0～9.5。
4. 本图根据霍尼韦尔节能设备有限公司产品编制。

图名	恒温阀	图号	73

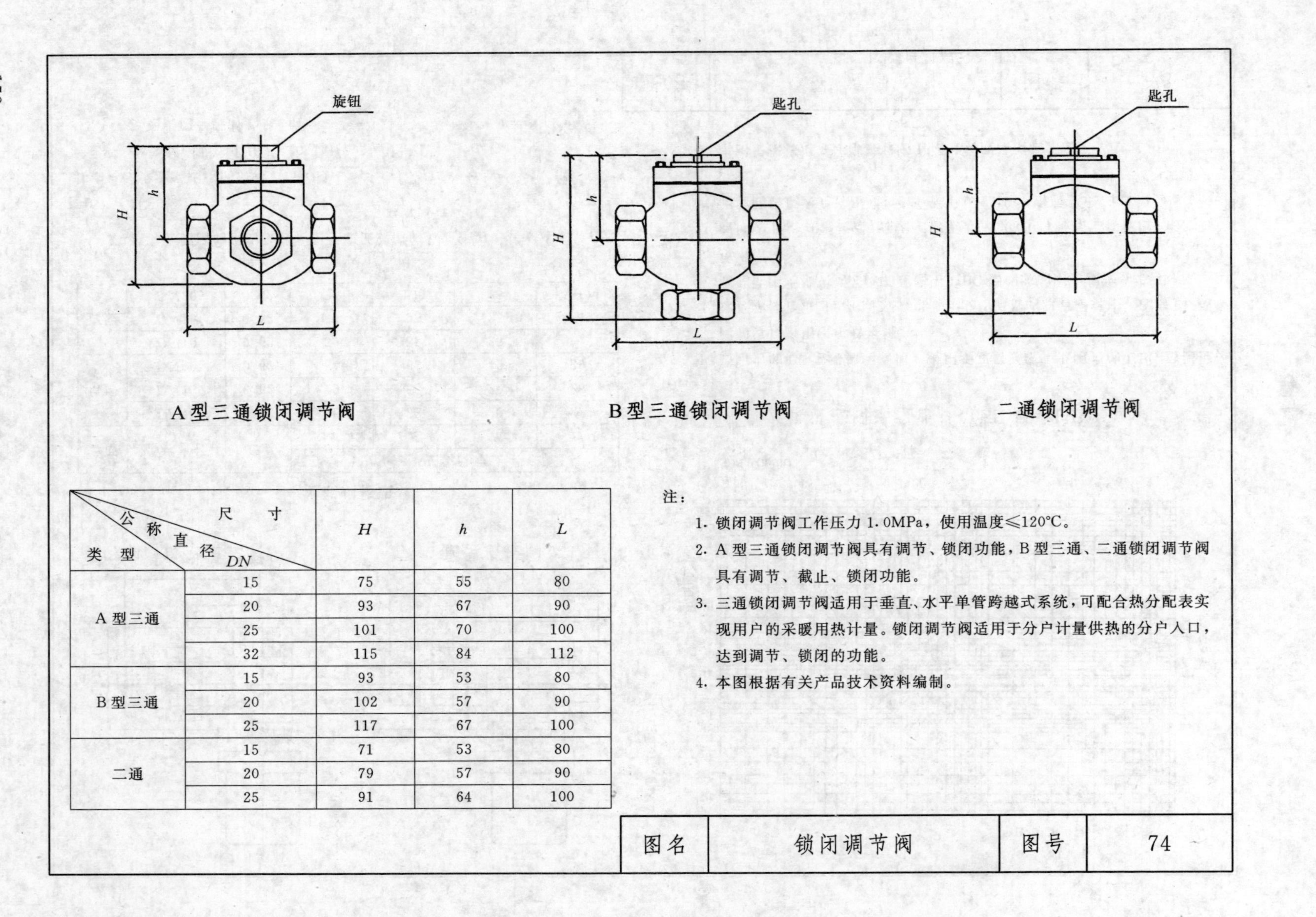

A 型三通锁闭调节阀

B 型三通锁闭调节阀

二通锁闭调节阀

类型 \ 公称直径 DN \ 尺寸		H	h	L
A 型三通	15	75	55	80
	20	93	67	90
	25	101	70	100
	32	115	84	112
B 型三通	15	93	53	80
	20	102	57	90
	25	117	67	100
二通	15	71	53	80
	20	79	57	90
	25	91	64	100

注：

1. 锁闭调节阀工作压力 1.0MPa，使用温度≤120℃。
2. A 型三通锁闭调节阀具有调节、锁闭功能，B 型三通、二通锁闭调节阀具有调节、截止、锁闭功能。
3. 三通锁闭调节阀适用于垂直、水平单管跨越式系统，可配合热分配表实现用户的采暖用热计量。锁闭调节阀适用于分户计量供热的分户入口，达到调节、锁闭的功能。
4. 本图根据有关产品技术资料编制。

图名	锁闭调节阀	图号	74

表 1

塑料类管材使用条件分级表

使用条件等级 \ 应力安全系数	正常操作温度		最大操作温度		异常温度		典型应用举例
	℃	时间（a）	℃	时间（a）	℃	时间（h）	
	1.5		1.3		1.0		
1	60	49	80	1	95	100	供 60℃ 热水
2	70	49	80	1	95	100	供 70℃ 热水
3	30	20	50	4.5	65	100	低温热水地板辐射采暖
	40	25					
4	40	20	70	2.5	100	100	低温热水地板辐射采暖
	60	25					
	20	2.5					
5	60	25	90	1	100	100	80/60℃ 散热器采暖
	80	10					
	20	14					
（5A）	90	7.2	95	1.7	100	100	90/70℃ 散热器采暖
	80	5.5					
	70	6					
	20	29.6					

塑料类管材的许用设计应力 σ_D（MPa）　表 2

使用条件分级	1	2	4	5	5A
PB 管	5.18	5.04	5.46	4.31	3.39
PEX 管	3.85	3.54	4.00	3.24	2.94
PP-R 管	3.09	2.13	3.30	1.90	1.45

注：

表 1 中 1～5 级与国际标准 ISO/10508：1995 应用示件分级一致。3 级已基本上不采用。5A 级为北京市建筑设计研究院，针对设计供水温度 95 ℃的系统提出的一组数据。塑料管材使用条件等级应通过分析使用寿命年限内不同温度的频率合理确定。如山东地区低温热水地板辐射采暖工程一般按 4 级确定，即在共 50a 的总使用周期中，运行温度 20 ℃共历时 2.5a，40 ℃共历时 20a，60 ℃共历时 25a，70 ℃共历时 2.5a，100 ℃的意外运行条件累计不超过 100h。

图名	塑料类管材使用条件分级表	图号	75

交联铝塑复合（XPAP）管是内层和外层为密度≥0.94g/cm³的交联聚乙烯，中间层为增强铝管，层间用热熔胶紧密结合为一的管材。

铝塑复合管的环境温度、工作温度及工作压力应符合表1要求。

环境温度、工作温度及工作压力　　表1

用途及代号	环境温度（℃）	工作温度（℃）	工作压力（MPa）
冷水用　L	−40～60	≤60	≤1.0
热水用　R	−40～95	≤95	≤1.0
燃气用　q	−20～40	≤40	≤0.4
特种流体　T	−40～60	≤60	≤0.5

热水用管材的一般物理力学性能：

密度	≥0.94g/cm³(交联聚乙烯层)
纵向长度回缩率	≤2%
蠕变特性及检测点液体压力	2.2MPa,95℃,10h
交联度	≥65%(化学交联)
断裂延伸率	≥350%(23±1℃)
导热系数	≥0.45W/(m·K)
线膨胀系数	0.025mm/(m·K)
铝层：抗拉强度	≥100MPa
延伸率	≥20%
胶粘层：专用热熔胶密度	≥0.926g/cm³
熔融指数	≥1g/10min
断裂延伸率	≥400%
剥离强度	≥70N/25mm

铝塑复合管的规格及壁厚应符合表2要求。

铝塑复合管基本结构尺寸　　表2

尺寸规格（内径外径）	外径偏差（mm）	壁厚偏差（mm）	内层聚乙烯最小壁厚（mm）	外层聚乙烯最小壁厚（mm）	铝材最小厚度（mm）
0912	+0.30	+0.40	0.70	0.40	0.18
1014	+0.30	+0.40	0.80	0.40	0.18
1216	+0.30	+0.40	0.90	0.40	0.18
1620	+0.30	+0.40	1.00	0.40	0.23
2025	+0.30	+0.50	1.10	0.40	0.23
2632	+0.30	+0.50	1.20	0.40	0.28
3240	+0.40	+0.60	1.80	0.70	0.35
4150	+0.50	+0.70	2.00	0.80	0.45
5163	+0.60	+0.80	3.00	1.00	0.55
6075	+0.70	+1.00	3.00	1.00	0.65

注：

1. 铝塑复合管采用卡套式铜制管接头或承插式金属接头连接，密封圈采用硅橡胶或氟橡胶。
2. 本图根据建设部标准《交联聚乙烯/铝/交联聚乙烯复合压力管》（GJ/T108—1999）及有关资料编制。

图名	交联铝塑复合(XPAP)管	图号	76

交联聚乙烯（PEX）管是以密度≥0.94g/cm³ 的聚乙烯或乙烯共聚物，添加适量助剂，通过化学的或物理的方法，使其线形的大分子交联成三维网状的大分子结构形成的材料制成的管材。

管材的一般物理力学性能：

密度	≥0.94g/cm³
纵向长度回缩率	≤3%
热稳定性试验	环应力 2.5MPa，110℃ 热空气中 8760h 无破坏或泄漏。
拉伸强度	≥16MPa
交联度	≥65%
断裂延伸率	≥400%（23±1℃）
导热系数	≥0.41W/（m·K）
线膨胀系数	0.20mm/（m·K）

管材规格尺寸、供货方式及管件结构形式　　表 1

规格（外径×壁厚）		20×1.9	25×2.3	32×2.9	40×3.7	50×4.6	63×5.7
管材供货方式	直管（m）	6.0	6.0	6.0	6.0	6.0	6.0
	盘管（m）	200	150	120	/	/	/
管件结构形式	卡套式	/	/	●	●	●	●
	卡箍式	●	●	/	/	/	/

适用于使用条件分级 4 级的最小壁厚（$\sigma_D=4.00$MPa）　　**表 2**

系统的工作压力 P_D（MPa）		0.4	0.6	0.8	1.0
管材的 $S_{calc.max}$ 值		7.6	6.6	5.0	4.0
应选的管材系列		S6.3	S6.3	S5	S4

续表

		管材应选的最小壁厚（mm）			
管道外径（mm）	16	1.3	1.3	1.5	1.8
	20	1.5	1.5	1.9	2.3
	25	1.9	1.9	2.3	2.8
	32	2.4	2.4	2.9	3.6

适用于使用条件分级 5 级的最小壁厚（$\sigma_D=3.24$MPa）　　**表 3**

系统的工作压力 P_D（MPa）		0.4	0.6	0.8	1.0
管材的 $S_{calc.max}$ 值		7.6	5.4	4.0	3.2
应选的管材系列		S6.3	S5	S4	S3.2
		管材应选的最小壁厚（mm）			
管道外径（mm）	16	1.3	1.5	1.8	2.2
	20	1.5	1.9	2.3	2.8
	25	1.9	2.3	2.8	3.5
	32	2.4	2.9	3.6	4.4

适用于使用条件分级 5A 级的最小壁厚（$\sigma_D=2.94$MPa）　　**表 4**

系统的工作压力 P_D（MPa）		0.4	0.6	0.8	1.0
管材的 $S_{calc.max}$ 值		7.3	4.9	3.7	2.9
应选的管材系列		S6.3	S4	S3.2	S2.5
		管材应选的最小壁厚（mm）			
管道外径（mm）	16	1.3	1.8	2.2	2.7
	20	1.5	2.3	2.8	3.4
	25	1.9	2.8	3.5	4.2
	32	2.4	3.6	4.4	5.4

注：

1. 考虑管材生产和施工过程可能产生的缺陷，采用管材的壁厚地板辐射采暖不宜小于 1.7mm，散热器采暖不宜小于 2mm。
2. 本图参照有关资料编制。

图名	交联聚乙烯（PEX）管	图号	77

聚丁烯（PB）管是由聚丁烯-1树脂添加适量助剂，经挤出成形的热塑性管材。

管材的一般物理力学性能：

密度	≥0.92g/cm³
纵向长度回缩率	≤2%
热稳定性试验	环应力2.4MPa，110℃热空气中8760h无破坏或泄漏。
蠕变特性及检测点液体压力	环应力16MPa，20℃，>1h；环应力6.0MPa，95℃，>1000h。
断裂延伸率	≥280%（23±1℃）
导热系数	≥0.33W/（m·K）
线膨胀系数	0.18mm/（m·K）
抗拉屈服强度	≥17MPa（23±1℃）
维卡软化点	113℃

适用于使用条件分级4级的最小壁厚（$\sigma_D=5.46MPa$）　**表1**

系统的工作压力 P_D（MPa）		0.4	0.6	0.8	1.0
管材的 $S_{calc.max}$ 值		10.9	9.1	6.8	5.4
应选的管材系列		S10	S8	S6.3	S5
		管材应选的最小壁厚（mm）			
管道外径（mm）	16	1.3	1.3	1.3	1.5
	20	1.3	1.3	1.5	1.9
	25	1.3	1.5	1.9	2.3
	32	1.6	1.9	2.4	2.9

适用于使用条件分级5级的最小壁厚（$\sigma_D=4.31MPa$）　**表2**

系统的工作压力 P_D（MPa）		0.4	0.6	0.8	1.0
管材的 $S_{calc.max}$ 值		10.9	7.2	5.4	4.3
应选的管材系列		S10	S6.3	S5	S4
		管材应选的最小壁厚（mm）			
管道外径（mm）	16	1.3	1.3	1.5	1.8
	20	1.3	1.5	1.9	2.3
	25	1.3	1.9	2.3	2.8
	32	1.6	2.4	2.9	3.6

适用于使用条件分级5A级的最小壁厚（$\sigma_D=3.39MPa$）　**表3**

系统的工作压力 P_D（MPa）		0.4	0.6	0.8	1.0
管材的 $S_{calc.max}$ 值		8.5	5.7	4.2	3.4
应选的管材系列		S8	S5	S4	S3.2
		管材应选的最小壁厚（mm）			
管道外径（mm）	16	1.3	1.5	1.8	2.2
	20	1.3	1.9	2.3	2.8
	25	1.5	2.3	2.8	3.5
	32	1.9	2.9	3.6	4.4

注：

1. 本图参照北京市标准《低温热水地板辐射采暖应用技术规程》（DBJ/T01—49—2000）及有关资料编制。
2. 考虑管材生产和施工过程可能产生的缺陷，管材壁厚地板辐射采暖不宜小于1.7mm，散热器采暖不宜小于2mm。

图名	聚丁烯（PB）管	图号	78

无规共聚聚丙烯(PP-R)管是以丙烯和适量乙烯的无规共聚物，添加适量助剂，经挤出成形的热塑性管材。

管材的一般物理力学性能：

密度	≥0.89～0.91g/cm³
纵向长度回缩率	≤2%
热稳定性试验	环应力1.9MPa，110℃热空气中8760h无破坏或泄漏。
蠕变特性及检测点液体压力	环应力16.5MPa，20℃，>1h；环应力3.5MPa，95℃，>1000h。
断裂延伸率	≥700%（23±1℃）
导热系数	≥0.37W/（m·K）
线膨胀系数	0.18mm/（m·K）
抗拉屈服强度	≥27MPa（23±1℃）
维卡软化点	140℃

适用于使用条件分级4级的最小壁厚（σ_D=3.30MPa）　**表1**

系统的工作压力 P_D（MPa）		0.4	0.6	0.8	1.0
管材的 $S_{calc.max}$ 值		6.9	5.5	4.1	3.3
应选的管材系列		S5	S5	S3.2	S3.2
		管材应选的最小壁厚（mm）			
管道外径（mm）	16	1.8	1.8	2.2	2.2
	20	1.9	1.9	2.8	2.8
	25	2.3	2.3	3.5	3.5
	32	2.9	2.9	4.4	4.4

不同温度及使用寿命下的允许压力　**表2**

使用温度（℃）	使用寿命（年）	公称压力（MPa）				
		1.00	1.25	1.60	2.00	2.50
20	10	1.31	1.65	2.08	2.62	3.30
	25	1.27	1.59	2.01	2.53	3.18
	50	1.23	1.55	1.96	2.46	3.10
40	10	0.94	1.18	1.49	1.88	2.36
	25	0.91	1.14	1.43	1.81	2.27
	50	0.88	1.11	1.39	1.76	2.21
60	10	0.67	0.84	1.05	1.38	1.67
	25	0.64	0.80	1.01	1.28	1.61
	50	0.62	0.78	0.98	1.23	1.55
70	10	0.56	0.70	0.88	1.11	1.40
	25	0.49	0.61	0.77	0.97	1.22
	50	0.41	0.52	0.65	0.82	1.03
80	5	0.48	0.61	0.76	0.96	1.21
	10	0.39	0.49	0.62	0.78	0.98
	25	0.31	0.39	0.50	0.62	0.79
95	1	0.37	0.47	0.59	0.74	0.93
	5	0.25	0.31	0.40	0.50	0.63

注：

1. 本图参照山东省标准《建筑给水聚丙烯（PP-R）管道工程技术规程》（DBJ14—BS11—2001）和北京市标准《低温热水地板辐射采暖应用技术规程》（DBJ/T01—49—2000）等有关资料编制。
2. 考虑管材生产和施工过程可能产生的缺陷，管材壁厚地板辐射采暖不宜小于1.7mm，散热器采暖不宜小于2mm。

图名	无规共聚聚丙烯(PP-R)管	图号	79

平均水温（℃）	计算室温（℃）	PB管下列供热管道间距（mm）下的单位地面面积的散热量和向下的传热损失（W/m²）									
		300		250		200		150		100	
		散热量	热损失	散热量	热损失	散热量	热损失	散热量	热损失	散热量	热损失
35	16	76.5	21.9	84.3	22.3	92.7	22.9	101.8	23.7	111.1	24.1
	18	68.9	20.1	75.9	20.4	83.5	20.9	91.5	21.7	99.8	22.6
	20	61.4	18.2	67.5	18.7	74.3	19.0	81.4	19.6	88.6	20.6
	22	53.9	16.5	59.3	16.8	65.1	17.2	71.4	17.5	77.6	18.5
	24	46.6	14.6	51.2	14.8	56.1	15.3	61.4	15.7	66.8	16.4
40	16	97.3	27.1	107.4	27.6	118.5	28.3	130.3	29.2	142.4	30.6
	18	89.6	25.4	98.9	25.9	109.1	26.4	119.9	27.2	130.9	28.6
	20	82.0	23.5	90.4	24.1	99.6	24.6	109.5	25.2	119.5	26.5
	22	74.4	21.7	82.0	22.1	90.3	22.7	99.2	23.3	108.2	24.4
	24	66.8	19.9	73.6	20.3	81.0	20.8	88.9	21.5	96.9	22.4
45	16	118.6	32.4	131.1	33.0	144.9	33.8	159.6	35.1	174.7	36.6
	18	110.8	30.6	122.5	31.2	135.3	31.9	149.0	33.0	163.1	34.6
	20	103.1	28.8	113.9	29.4	125.7	30.0	138.4	31.2	151.4	32.5
	22	95.3	27.0	105.3	27.5	116.2	28.2	127.9	29.1	139.8	30.5
	24	87.7	25.2	96.7	25.6	106.7	26.3	117.4	27.2	128.3	28.4
50	16	140.3	37.6	155.2	38.4	171.8	39.4	189.5	40.8	207.9	42.7
	18	132.4	35.8	146.5	36.5	162.1	37.5	178.8	38.9	196.0	40.6
	20	124.6	34.0	137.8	34.7	152.4	35.7	168.1	36.8	184.2	38.6
	22	116.8	32.2	129.1	32.9	142.7	33.8	157.3	35.0	172.4	36.6
	24	109.0	30.5	120.4	31.1	133.1	31.9	146.7	32.9	160.7	34.5
55	16	162.2	42.9	179.7	43.7	199.1	44.9	220.0	46.5	241.7	48.7
	18	154.3	41.1	170.9	42.0	189.3	43.0	209.2	44.4	229.7	46.7
	20	146.4	39.3	162.2	40.1	179.5	41.3	198.3	42.6	217.7	44.7
	22	138.5	37.5	153.4	38.3	169.8	39.5	187.5	40.7	205.8	42.7
	24	130.7	35.8	144.6	36.5	160.0	37.5	176.7	38.7	193.9	40.6

注：

本表适用于低温热水地板辐射采暖系统，当地面层为水泥、陶瓷砖、水磨石或石料［地面层热阻 $R=0.02$（m²·K）/W］、塑料管材公称外径为20mm（内径16mm）时，地板向房间的有效散热量。

图名	地暖地板向房间的有效散热量表（一）	图号	80

平均水温(℃)	计算室温(℃)	PB管下列供热管道间距（mm）下的单位地面面积的散热量和向下的传热损失（W/m²）									
		300		250		200		150		100	
		散热量	热损失	散热量	热损失	散热量	热损失	散热量	热损失	散热量	热损失
35	16	62.0	23.2	66.8	23.5	72.0	23.5	77.2	24.2	82.3	24.8
	18	55.9	21.3	60.3	21.6	64.9	21.6	69.5	22.1	74.2	22.6
	20	49.9	19.3	53.7	19.9	58.0	19.9	62.0	20.0	66.1	20.6
	22	43.9	17.4	47.2	17.9	51.0	17.9	54.5	17.9	58.0	18.5
	24	38.0	15.3	40.8	15.9	44.1	15.9	47.1	15.9	50.1	16.3
40	16	78.5	28.9	84.7	29.6	91.5	29.6	98.1	30.1	104.8	30.9
	18	72.4	27.1	78.1	27.7	84.4	27.7	90.5	27.8	96.5	28.8
	20	66.3	25.1	71.5	25.7	77.2	25.7	82.8	25.8	88.3	26.8
	22	60.2	23.1	64.9	23.7	70.1	23.7	75.1	23.8	80.1	24.5
	24	54.1	21.1	58.3	21.7	63.0	21.7	67.5	21.7	71.9	22.3
45	16	95.4	34.6	103.0	35.4	111.4	35.4	119.5	36.1	127.7	37.2
	18	89.2	32.5	96.3	33.4	104.1	33.4	111.7	33.9	119.4	35.0
	20	83.0	30.6	89.6	31.5	96.9	31.5	104.0	31.8	111.0	32.9
	22	76.9	28.5	82.9	29.5	89.7	29.5	96.2	29.6	102.7	30.8
	24	70.7	26.9	76.3	27.5	82.5	27.5	88.5	27.5	94.4	28.4
50	16	112.5	40.2	121.6	41.2	131.5	41.2	141.3	41.9	151.1	43.4
	18	106.2	38.4	114.8	39.3	124.2	39.3	133.4	40.1	142.6	41.3
	20	100.0	36.4	108.0	37.4	116.9	37.4	125.5	38.1	134.2	39.1
	22	93.8	34.5	101.3	35.4	109.6	35.4	117.7	35.8	125.7	37.0
	24	87.6	32.3	94.6	33.4	102.3	33.4	109.8	33.6	117.4	34.8
55	16	129.8	45.7	140.3	47.1	151.1	47.1	163.4	47.7	174.8	49.6
	18	122.8	44.0	132.9	44.0	145.1	44.0	155.9	45.5	166.7	47.0
	20	117.2	42.1	126.8	42.7	137.2	42.7	147.5	43.7	157.7	45.4
	22	110.9	40.3	120.0	41.0	129.8	41.0	139.5	41.8	149.2	43.4
	24	104.7	38.2	113.2	39.2	122.5	39.2	131.6	39.9	140.7	41.2

注：

本表适用于低温热水地板辐射采暖系统，当地面层为塑料类材料［地面层热阻 R=0.075（m²·K）/W］、塑料管材公称外径为20mm（内径16mm）时，地板向房间的有效散热量。

图名	地暖地板向房间的 有效散热量表（二）	图号	81

平均水温(℃)	计算室温(℃)	PB管下列供热管道间距（mm）下的单位地面面积的散热量和向下的传热损失（W/m²）									
		300		250		200		150		100	
		散热量	热损失	散热量	热损失	散热量	热损失	散热量	热损失	散热量	热损失
35	16	57.4	23.1	61.5	23.1	65.6	23.9	69.7	24.6	73.7	25.4
	18	51.8	21.4	55.5	21.4	59.2	21.7	62.9	22.4	66.5	23.1
	20	46.2	19.2	49.5	19.2	52.7	19.9	56.1	20.2	59.3	20.9
	22	40.7	17.7	43.5	17.7	46.5	17.5	49.3	18.0	52.1	18.7
	24	35.2	15.2	37.7	15.2	40.2	15.6	42.7	15.8	45.1	16.4
40	16	72.6	29.3	77.8	29.3	83.1	29.8	88.5	30.6	93.7	31.6
	18	66.9	27.3	71.8	27.3	76.6	27.7	81.5	28.4	86.3	29.4
	20	61.4	24.7	65.8	24.7	70.2	25.6	74.6	26.4	79.0	27.2
	22	55.8	22.7	59.8	22.7	63.7	23.6	67.8	24.2	71.7	24.9
	24	50.2	20.7	53.8	20.7	57.3	21.3	60.9	21.9	64.5	22.7
45	16	88.2	34.4	94.7	34.4	101.1	35.4	107.6	36.5	114.0	37.8
	18	82.4	32.4	88.5	32.4	94.5	33.6	100.6	34.6	106.6	35.6
	20	76.7	30.4	82.4	30.4	87.9	31.5	93.6	32.4	99.2	33.5
	22	71.1	28.4	76.3	28.4	81.4	29.4	86.7	30.1	91.8	31.2
	24	65.6	26.4	70.2	26.4	74.9	27.4	79.7	28.1	84.4	29.0
50	16	103.9	40.1	111.6	40.1	119.2	41.5	127.0	42.6	134.6	44.3
	18	98.2	38.1	105.4	38.1	112.6	39.3	119.9	40.5	127.1	42.0
	20	92.4	36.1	99.2	36.1	106.0	37.4	112.9	38.5	119.6	39.9
	22	86.7	34.2	93.0	34.2	99.4	35.3	105.8	36.3	112.2	37.6
	24	81.0	32.2	86.9	32.2	92.8	33.2	98.8	34.2	104.7	35.4
55	16	119.7	45.9	128.6	45.9	137.5	47.3	146.6	48.8	155.5	50.5
	18	114.0	43.8	122.4	43.8	130.8	45.5	139.5	46.8	148.0	48.5
	20	108.1	41.9	116.2	41.9	124.2	43.5	132.4	44.6	140.5	46.2
	22	102.3	39.9	110.0	39.9	117.5	41.5	125.3	42.4	132.9	44.1
	24	96.6	37.9	103.8	37.9	111.0	39.1	118.2	40.3	125.4	41.7

注：

本表适用于低温热水地板辐射采暖系统，当地面层为木地板［地面层热阻 R=0.1（m²·K）/W］、塑料管材公称外径为20mm（内径16mm）时，地板向房间的有效散热量。

图名	地暖地板向房间的有效散热量表（三）	图号	82

平均水温(℃)	计算室温(℃)	PB管下列供热管道间距（mm）下的单位地面面积的散热量和向下的传热损失（W/m²）									
		300		250		200		150		100	
		散热量	热损失	散热量	热损失	散热量	热损失	散热量	热损失	散热量	热损失
35	16	49.9	23.6	52.8	23.8	55.6	24.4	58.4	25.1	61.1	26.1
	18	45.2	21.3	47.7	21.7	50.2	22.3	52.7	23.0	55.2	23.7
	20	40.3	19.4	42.6	19.7	44.8	20.1	47.1	20.8	49.3	21.4
	22	35.5	17.4	37.5	17.6	39.5	18.1	41.5	18.6	43.4	19.1
	24	30.8	15.4	32.5	15.5	34.2	15.9	35.9	16.4	37.6	16.9
40	16	63.2	29.0	66.7	29.7	70.3	30.5	73.9	31.3	77.5	32.4
	18	58.2	27.2	61.6	27.6	64.9	28.5	68.2	29.2	71.4	30.1
	20	53.4	25.2	56.4	25.6	59.4	26.3	62.4	27.1	65.4	27.9
	22	48.6	22.9	51.3	23.4	54.0	24.2	56.8	24.8	59.4	25.7
	24	43.7	21.0	46.1	21.4	48.6	21.9	51.1	22.6	53.5	23.3
45	16	76.5	34.8	80.9	35.5	85.3	36.6	89.7	37.6	94.0	38.9
	18	71.6	32.9	75.6	33.5	79.7	34.6	83.9	35.6	87.9	36.7
	20	66.6	31.2	70.4	31.5	74.3	32.3	78.1	33.4	81.9	34.3
	22	61.8	28.8	65.2	29.4	68.8	30.3	72.3	31.1	75.8	32.1
	24	56.8	26.9	60.1	27.3	63.3	28.1	66.6	28.9	69.8	29.8
50	16	90.0	40.6	95.2	41.5	100.4	42.6	105.6	44.0	110.8	45.3
	18	85.0	38.7	89.9	39.4	94.8	40.7	99.8	41.8	104.6	43.1
	20	80.1	36.6	84.7	37.4	89.3	38.6	94.0	39.6	98.5	40.9
	22	75.1	34.8	79.4	35.4	83.8	36.3	88.1	37.5	92.4	38.6
	24	70.2	32.5	74.2	33.3	78.3	34.2	82.3	35.3	86.3	36.4
55	16	103.6	46.2	109.6	47.4	115.7	48.7	121.7	50.3	127.7	52.1
	18	98.6	44.8	104.3	45.4	110.1	46.8	115.9	48.1	121.5	49.8
	20	93.6	42.7	99.0	43.4	104.5	44.7	110.0	46.0	115.4	47.5
	22	88.6	40.7	93.8	41.3	98.9	42.5	104.1	43.8	109.3	45.3
	24	83.7	38.3	88.5	39.3	93.4	40.5	98.3	41.7	103.1	43.0

注：

本表适用于低温热水地板辐射采暖系统，当地面层以上铺地毯［地面层热阻 R=0.15（m²·K）/W］、塑料管材公称外径为20mm（内径16mm）时，地板向房间的有效散热量。

图名	地暖地板向房间的有效散热量表（四）	图号	83

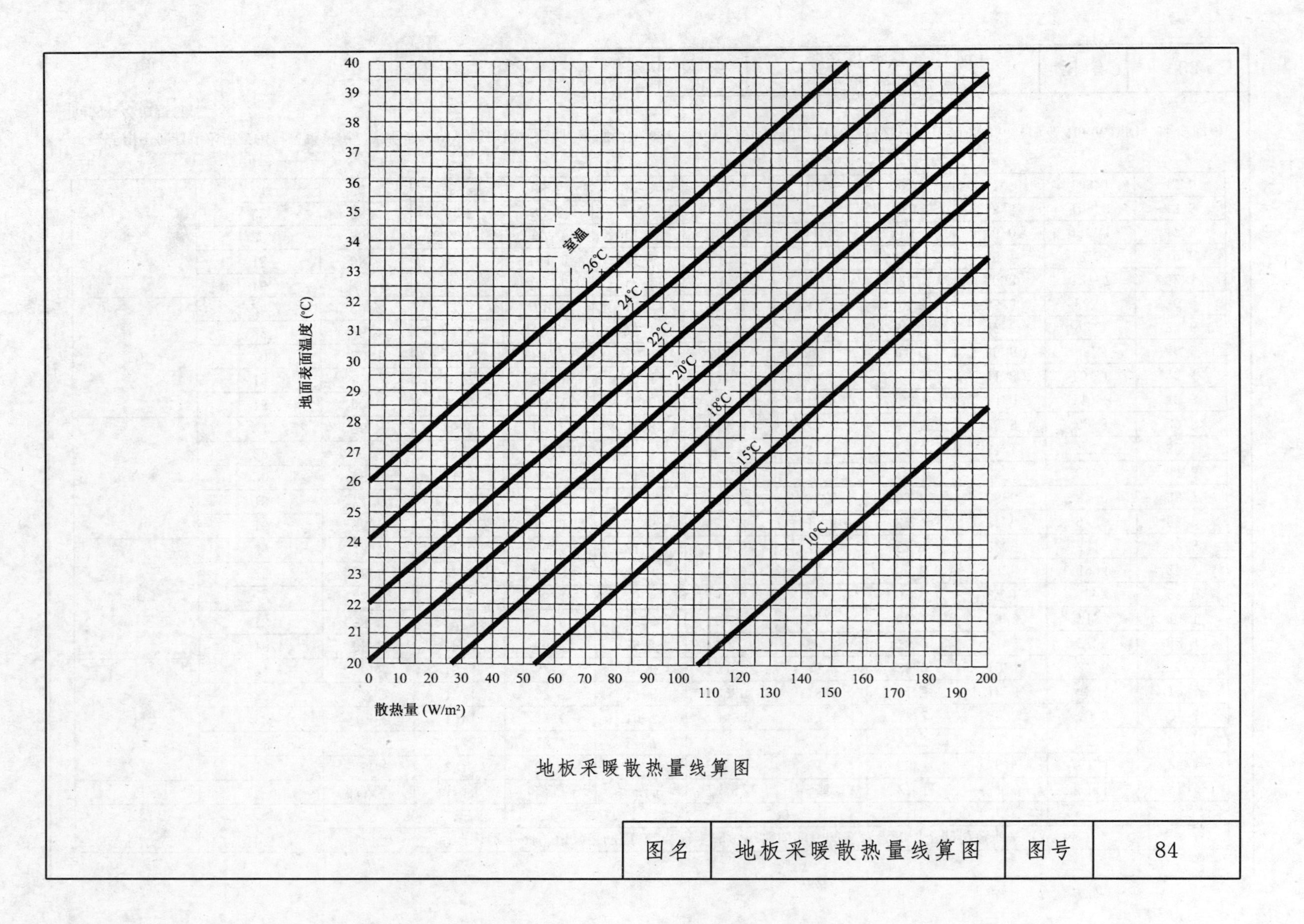

地板采暖散热量线算图

图名	地板采暖散热量线算图	图号	84

塑料管或铝塑复合管水力计算表

流量	计算内径/计算外径（mm）					
	12/16		16/20		20/25	
L/h	m/s	Pa/m	m/s	Pa/m	m/s	Pa/m
90	0.22	91.04				
108	0.27	125.76				
126	0.31	165.30				
144	0.35	209.44	0.20	53.07		
162	0.40	258.20	0.22	65.33		
180	0.44	311.17	0.25	78.77		
198	0.49	368.56	0.27	93.29		
216	0.53	430.07	0.30	108.89		
236	0.57	495.70	0.32	125.57		
252	0.62	565.35	0.35	143.13	0.22	46.70
270	0.66	638.93	0.37	161.77	0.24	55.62
288	0.71	716.42	0.40	181.39	0.25	62.39
306	0.75	797.75	0.42	201.99	0.27	69.55
324	0.80	882.90	0.45	223.57	0.29	77.01
342	0.84	971.78	0.47	246.13	0.30	84.86
360	0.88	1069.3	0.50	269.58	0.31	92.80
396	0.97	1255.7	0.55	319.21	0.35	109.97
432	1.06	1471.5	0.60	372.49	0.39	128.31
468	1.15	1697.1	0.65	429.28	0.41	147.93
504	1.24	1932.6	0.70	489.62	0.45	168.63

注：

1. 本表按《建筑给水排水设计手册》经整理和简化所得，计算水温条件为10℃。
2. 计算阻力的水温修正系数

计算水温（℃）	10	20	30	40	50	60	70
阻力修正系数	1.00	0.96	0.91	0.88	0.84	0.81	0.80

3. 当壁厚与上表不符时，应计算实际壁厚条件下的内径，并计算下列比值：

$$K=\frac{\text{水力计算表的计算内径}}{\text{实际壁厚条件下的内径}}$$

实际流速＝水力计算表的流速×K^2

实际阻力＝水力计算表的阻力×$K^{4.774}$

图名	塑料管或铝塑复合管 水力计算表	图号	85

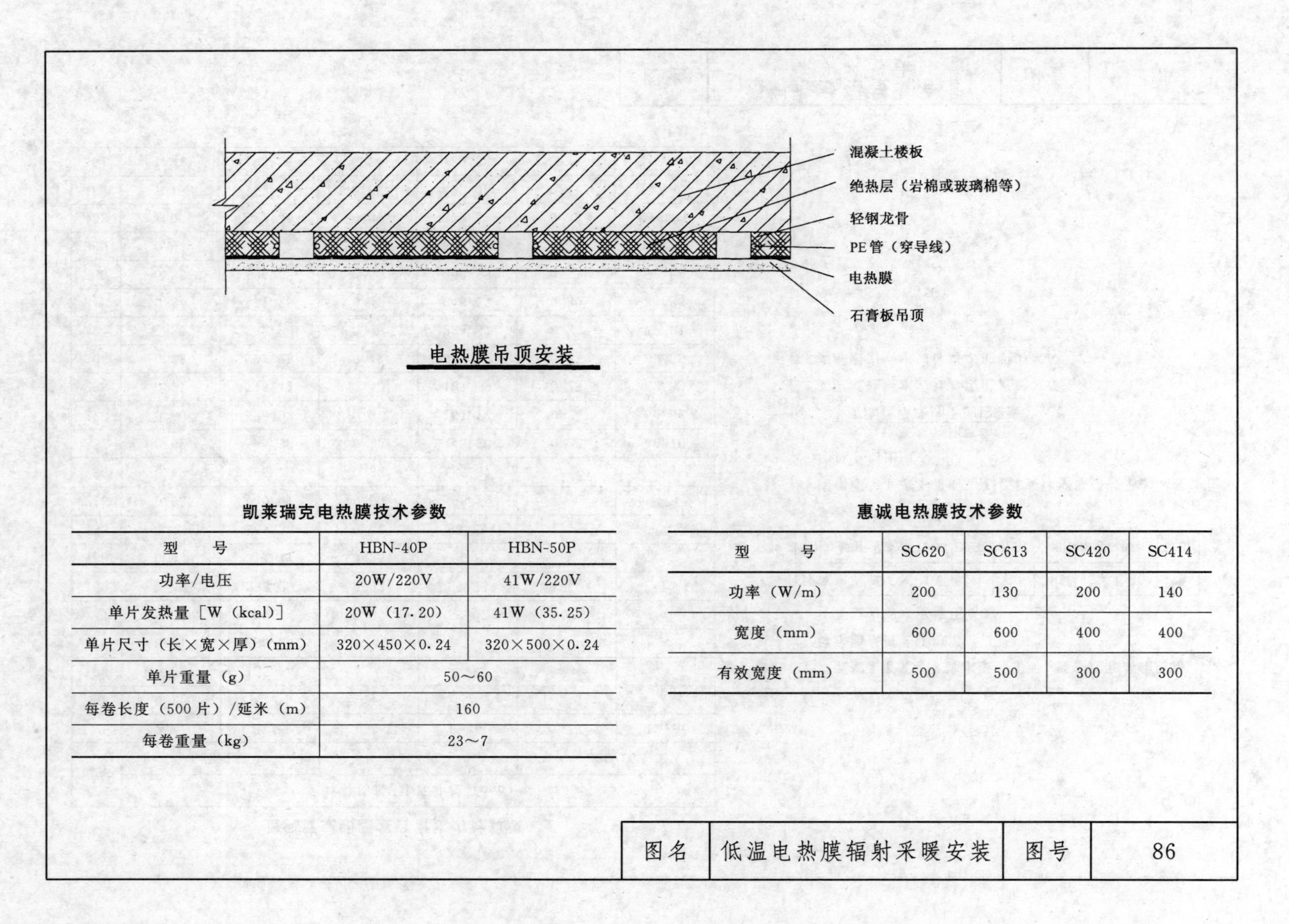

电热膜吊顶安装

凯莱瑞克电热膜技术参数

型　　号	HBN-40P	HBN-50P
功率/电压	20W/220V	41W/220V
单片发热量［W（kcal)］	20W（17.20）	41W（35.25）
单片尺寸（长×宽×厚）(mm)	320×450×0.24	320×500×0.24
单片重量（g）	50～60	
每卷长度（500片）/延米（m）	160	
每卷重量（kg）	23～7	

惠诚电热膜技术参数

型　　号	SC620	SC613	SC420	SC414
功率（W/m）	200	130	200	140
宽度（mm）	600	600	400	400
有效宽度（mm）	500	500	300	300

图名	低温电热膜辐射采暖安装	图号	86

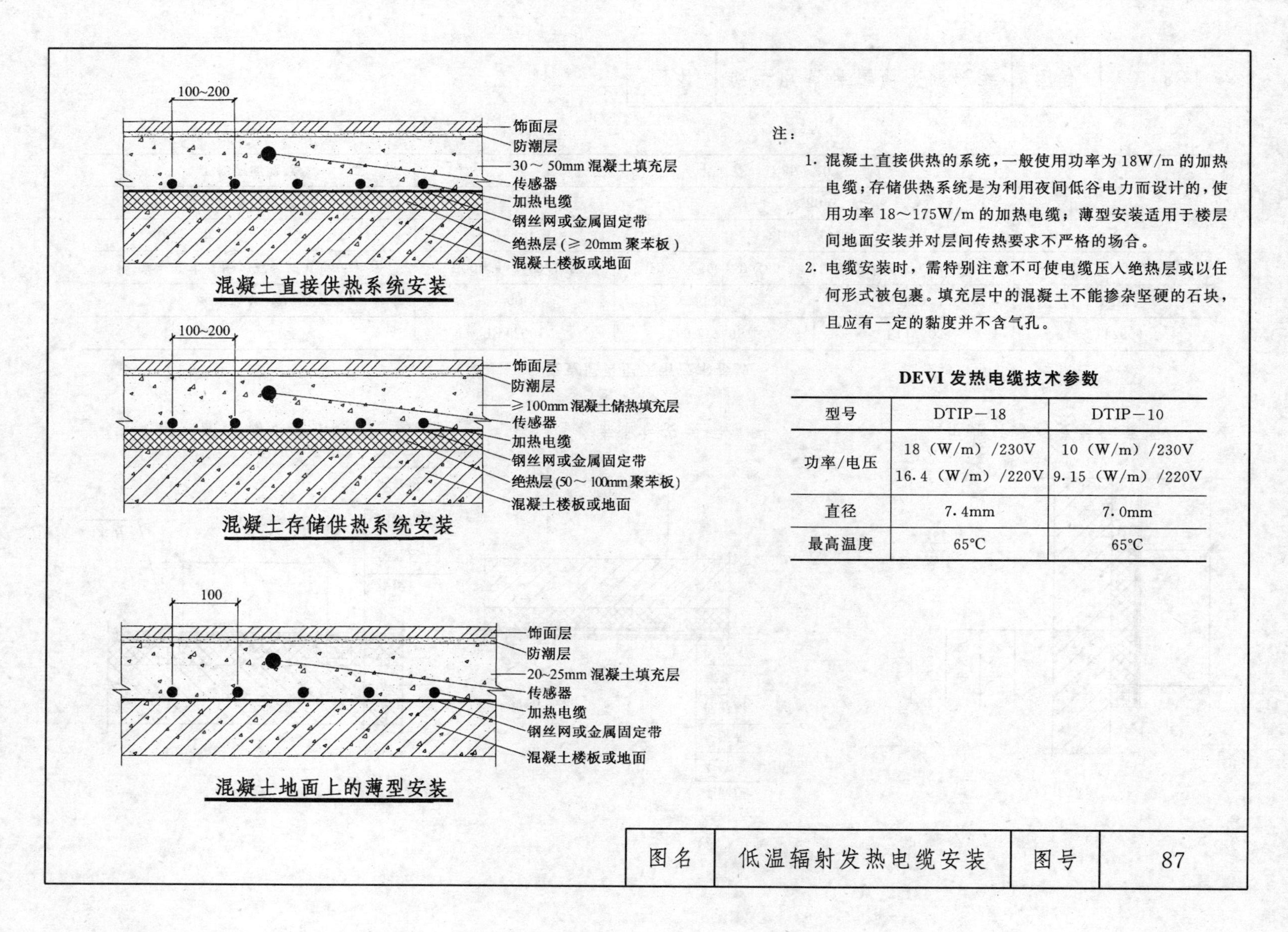

混凝土直接供热系统安装

混凝土存储供热系统安装

混凝土地面上的薄型安装

注：

1. 混凝土直接供热的系统，一般使用功率为18W/m的加热电缆；存储供热系统是为利用夜间低谷电力而设计的，使用功率18～175W/m的加热电缆；薄型安装适用于楼层间地面安装并对层间传热要求不严格的场合。
2. 电缆安装时，需特别注意不可使电缆压入绝热层或以任何形式被包裹。填充层中的混凝土不能掺杂坚硬的石块，且应有一定的黏度并不含气孔。

DEVI 发热电缆技术参数

型号	DTIP－18	DTIP－10
功率/电压	18（W/m）/230V 16.4（W/m）/220V	10（W/m）/230V 9.15（W/m）/220V
直径	7.4mm	7.0mm
最高温度	65℃	65℃

图名	低温辐射发热电缆安装	图号	87

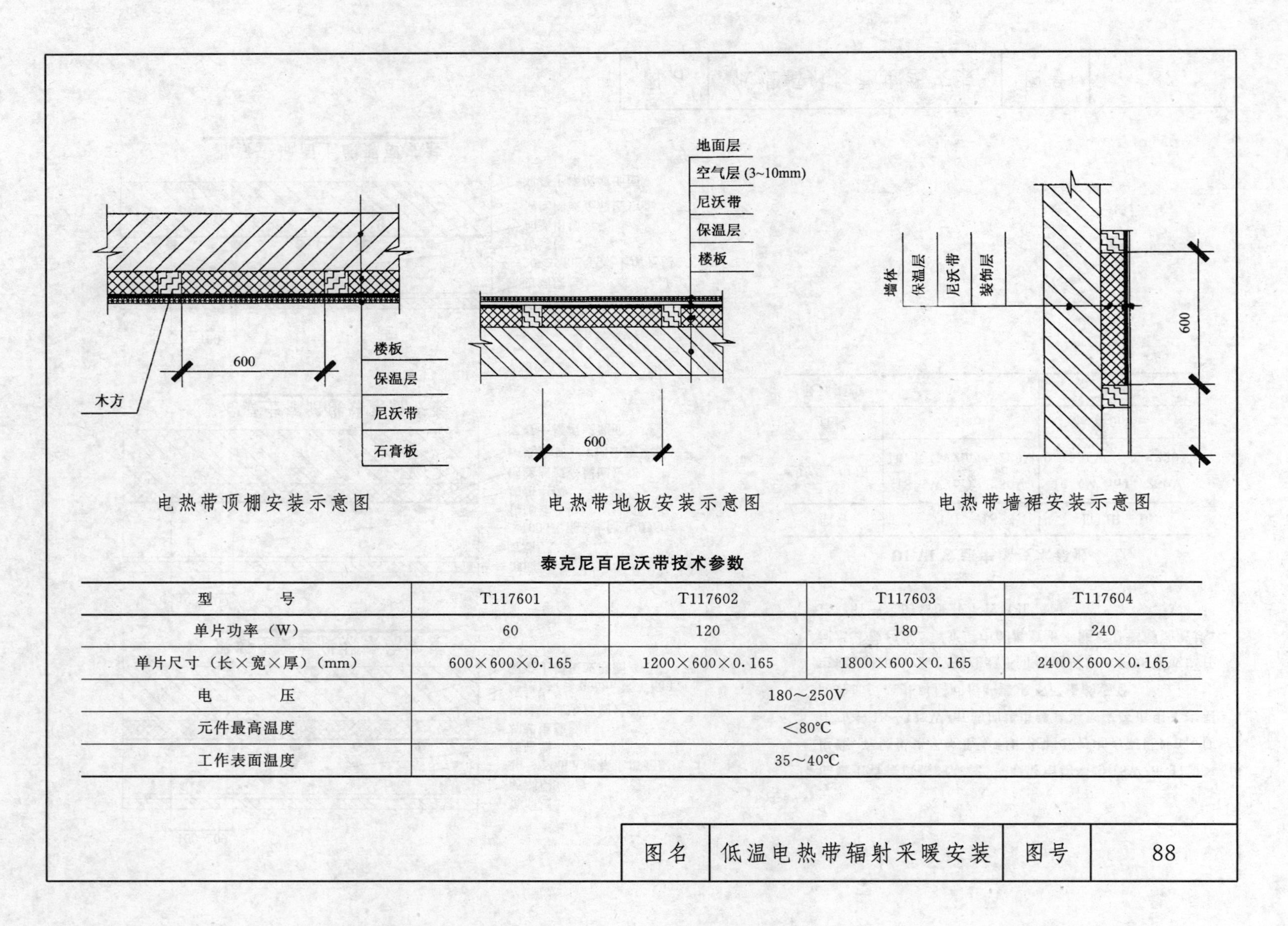

电热带顶棚安装示意图

电热带地板安装示意图

电热带墙裙安装示意图

泰克尼百尼沃带技术参数

型　　号	T117601	T117602	T117603	T117604
单片功率（W）	60	120	180	240
单片尺寸（长×宽×厚）(mm)	600×600×0.165	1200×600×0.165	1800×600×0.165	2400×600×0.165
电　　压	180～250V			
元件最高温度	<80℃			
工作表面温度	35～40℃			

图名	低温电热带辐射采暖安装	图号	88

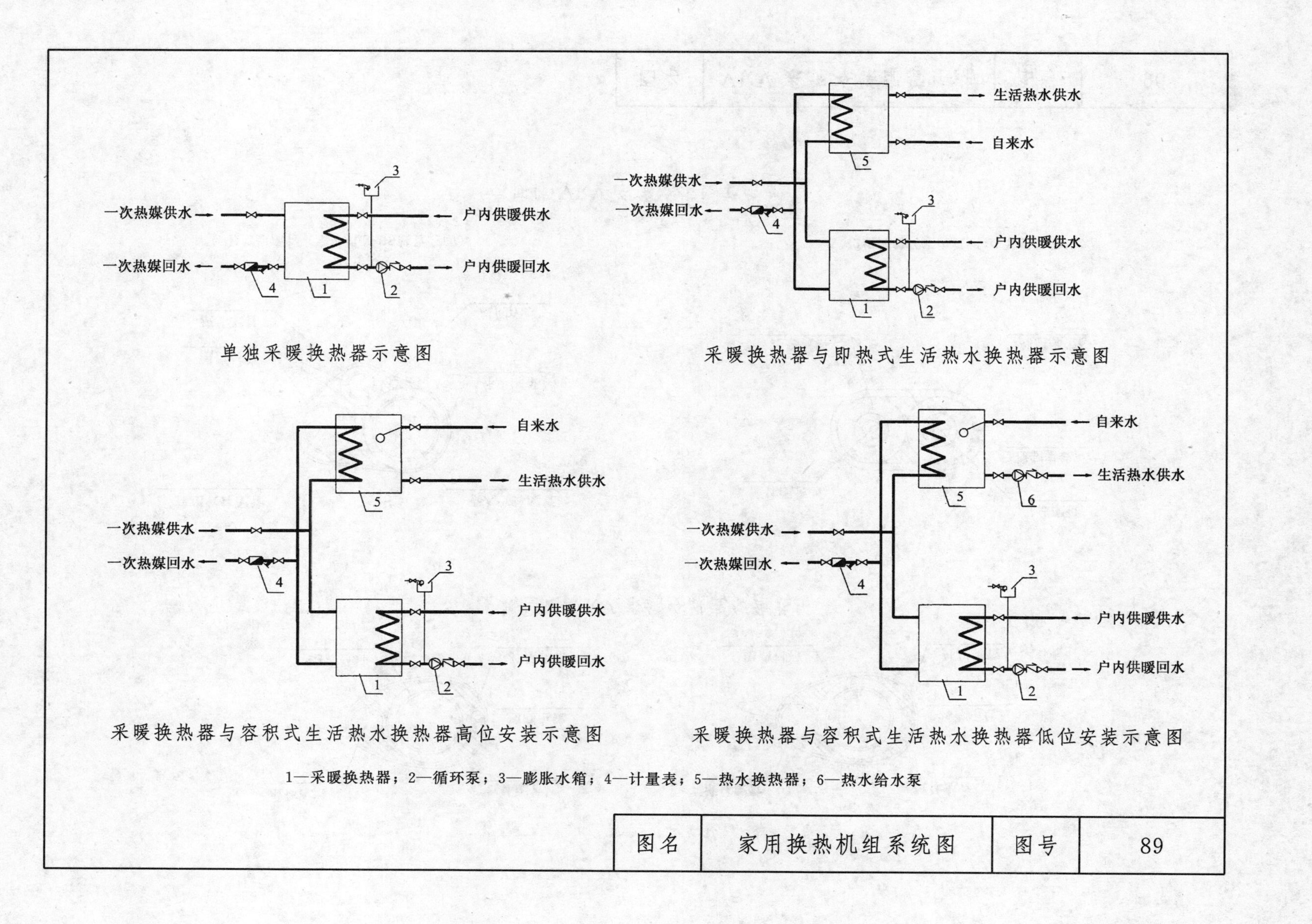

单独采暖换热器示意图

采暖换热器与即热式生活热水换热器示意图

采暖换热器与容积式生活热水换热器高位安装示意图

采暖换热器与容积式生活热水换热器低位安装示意图

1—采暖换热器；2—循环泵；3—膨胀水箱；4—计量表；5—热水换热器；6—热水给水泵

图名	家用换热机组系统图	图号	89

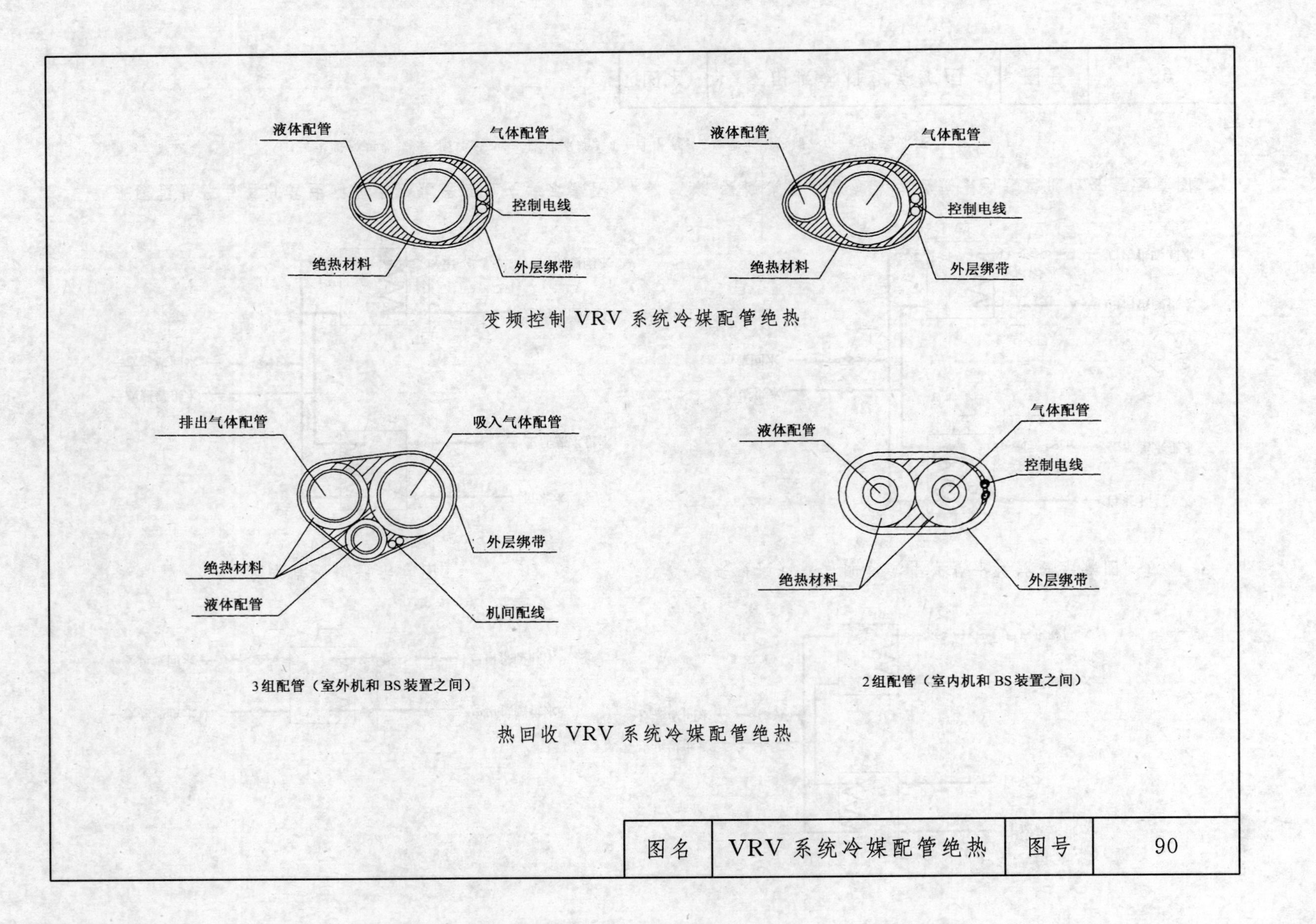

变频控制 VRV 系统冷媒配管绝热

3组配管（室外机和 BS 装置之间）

2组配管（室内机和 BS 装置之间）

热回收 VRV 系统冷媒配管绝热

图名	VRV 系统冷媒配管绝热	图号	90

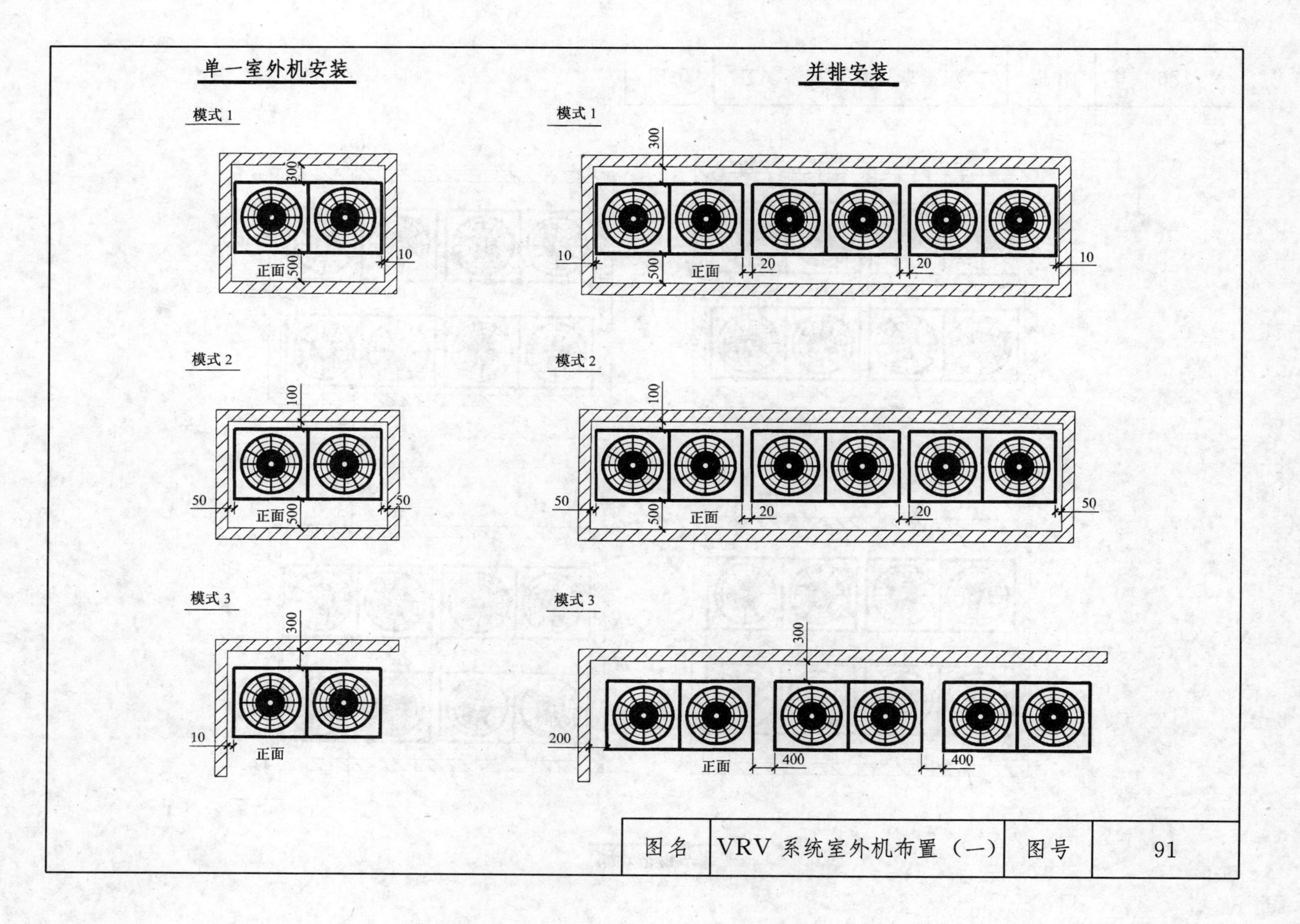

图名	VRV 系统室外机布置（一）	图号	91

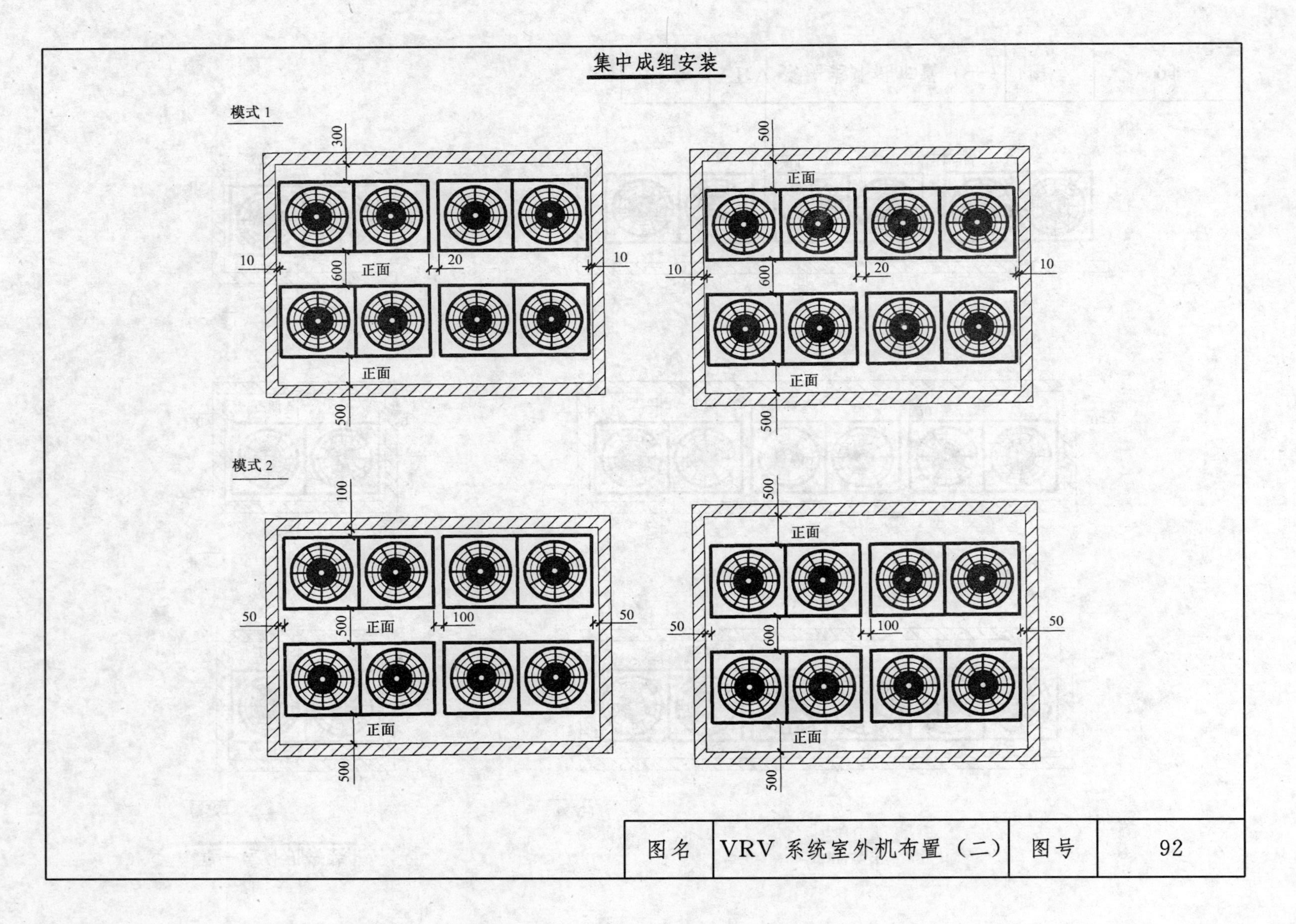

图名	VRV 系统室外机布置（二）	图号	92

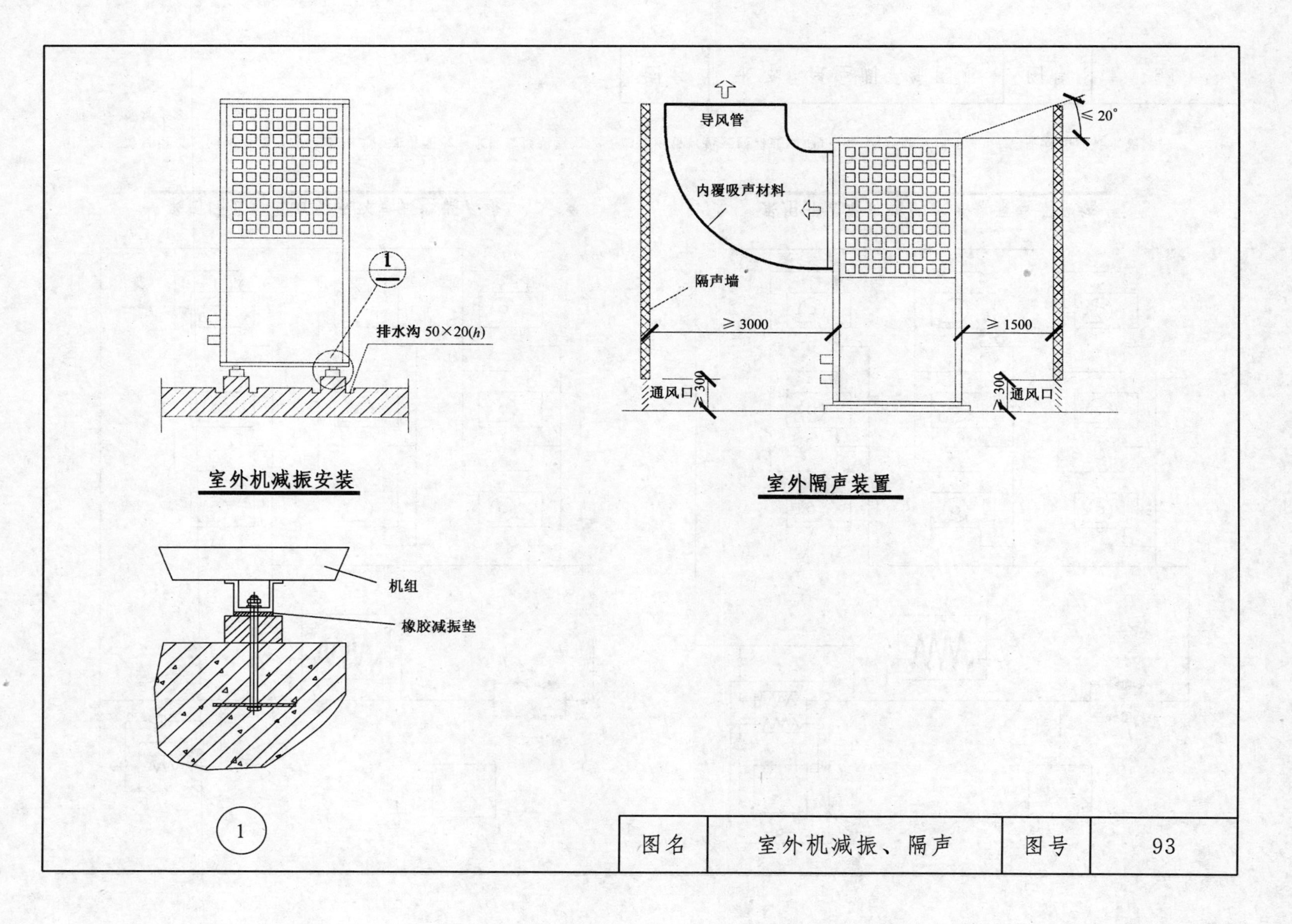

室外机减振安装

室外隔声装置

图名	室外机减振、隔声	图号	93

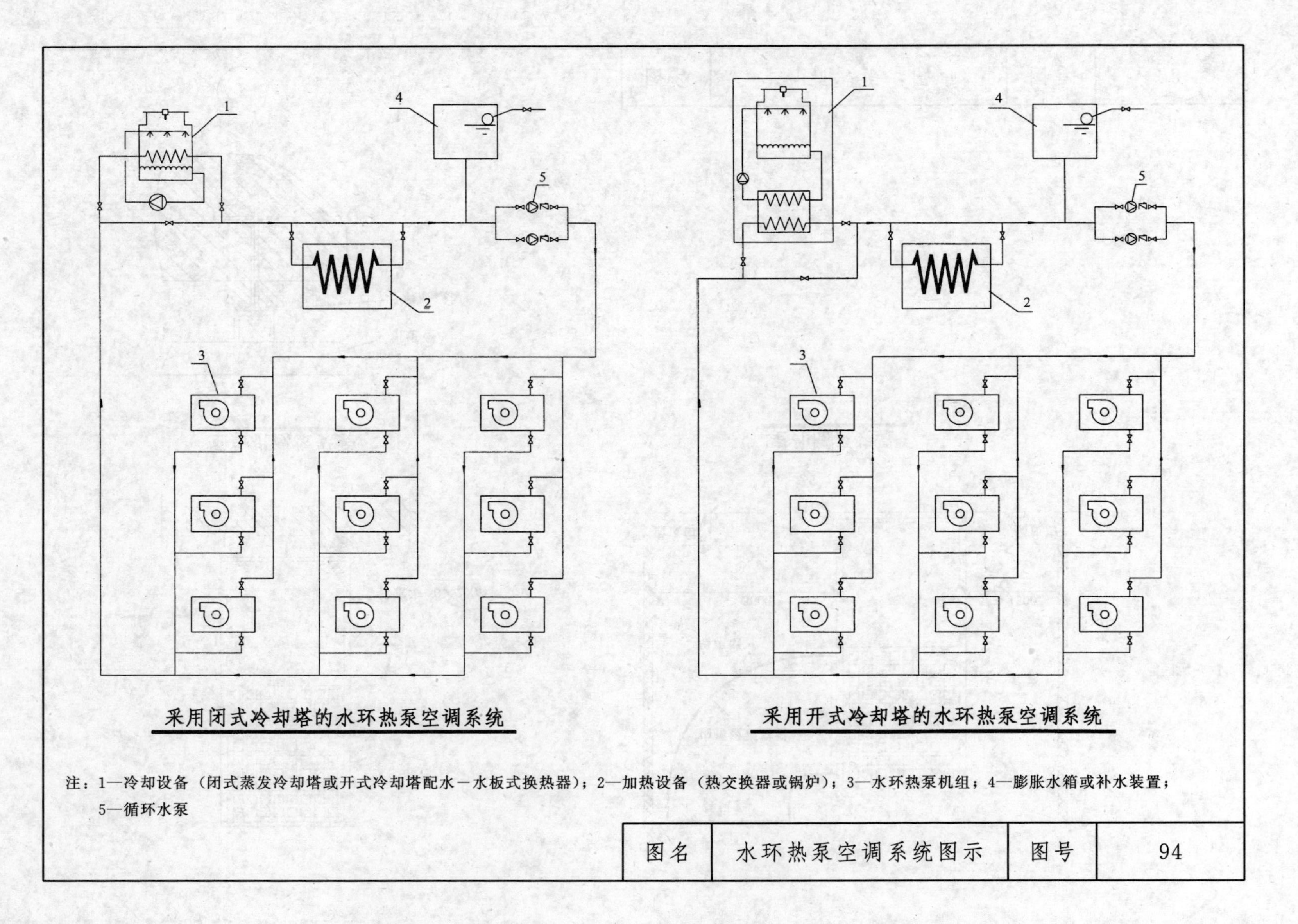

采用闭式冷却塔的水环热泵空调系统

采用开式冷却塔的水环热泵空调系统

注：1—冷却设备（闭式蒸发冷却塔或开式冷却塔配水－水板式换热器）；2—加热设备（热交换器或锅炉）；3—水环热泵机组；4—膨胀水箱或补水装置；5—循环水泵

图名	水环热泵空调系统图示	图号	94

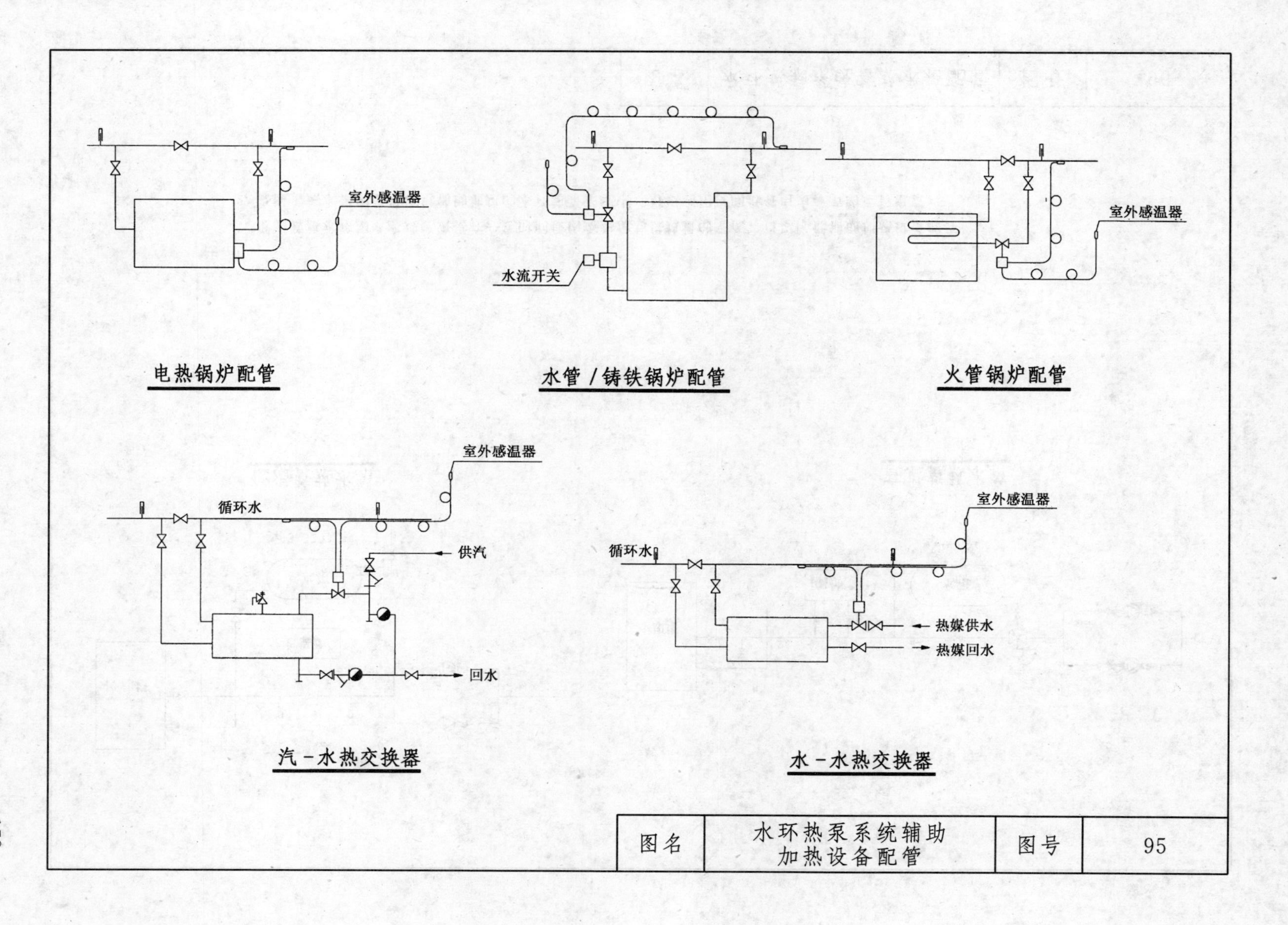
室外感温器
电热锅炉配管
水流开关
水管 / 铸铁锅炉配管
室外感温器
火管锅炉配管
室外感温器
循环水
供汽
回水
汽 - 水热交换器
室外感温器
循环水
热媒供水
热媒回水
水 - 水热交换器
图名
水环热泵系统辅助
加热设备配管
图号
95

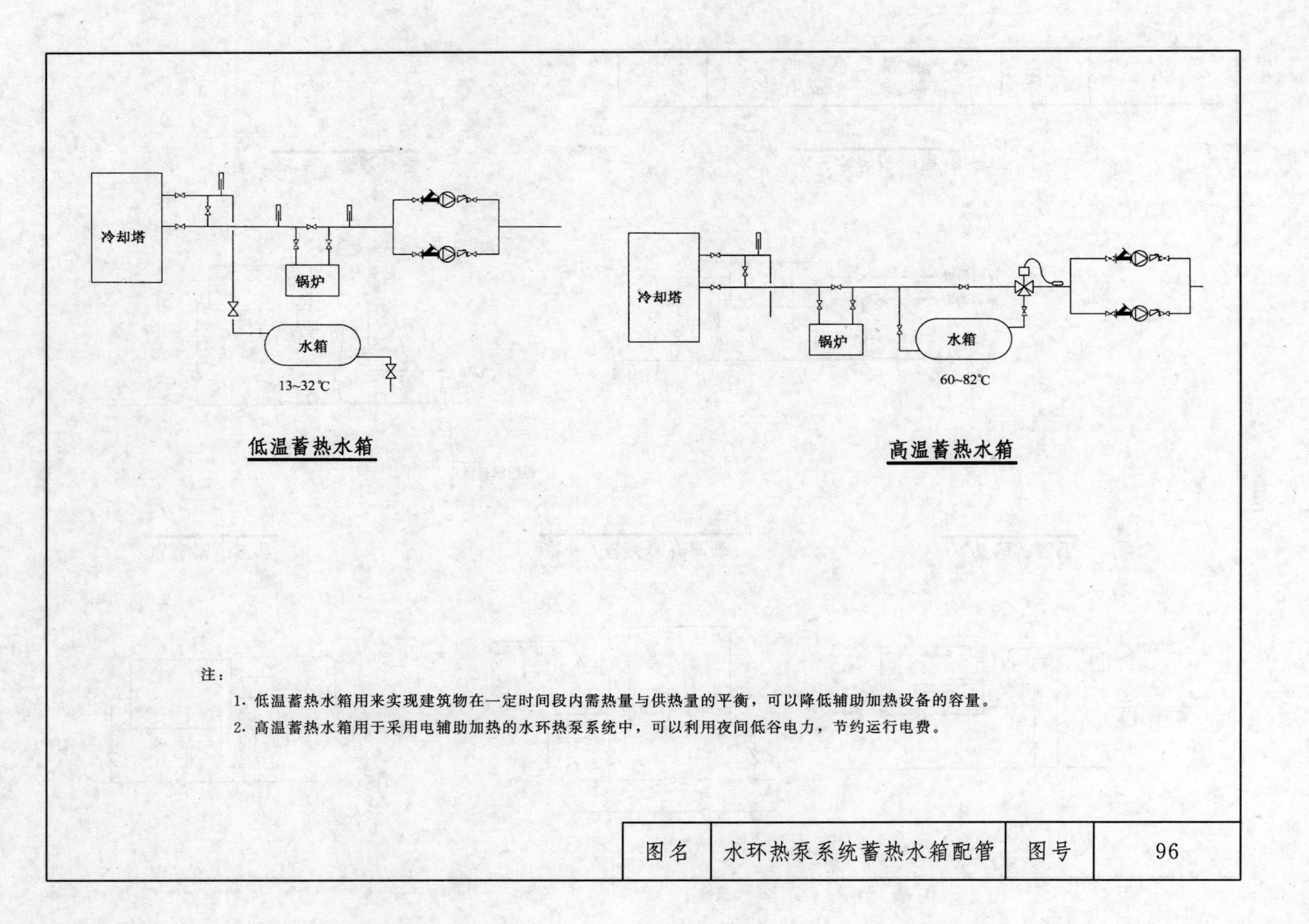

注：

1. 低温蓄热水箱用来实现建筑物在一定时间段内需热量与供热量的平衡，可以降低辅助加热设备的容量。
2. 高温蓄热水箱用于采用电辅助加热的水环热泵系统中，可以利用夜间低谷电力，节约运行电费。

图名	水环热泵系统蓄热水箱配管	图号	96

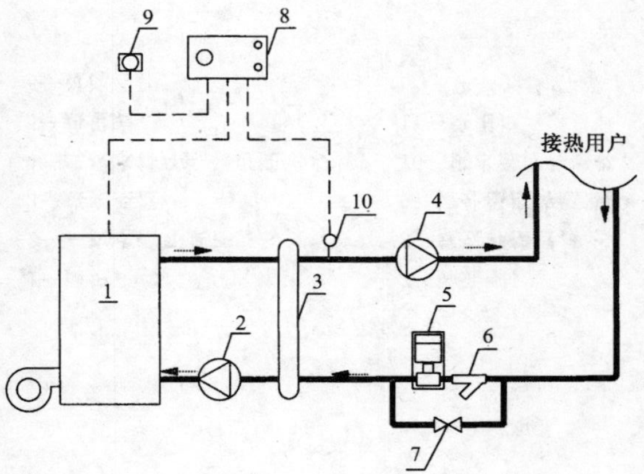

接热用户

二级泵系统图示

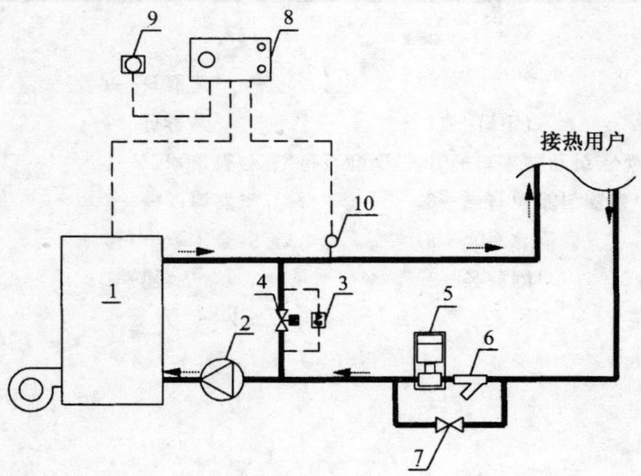

1—锅炉；
2—一次水循环泵；
3—混水器；
4—二次水循环泵（可变频）；
5—热量表；
6—过滤器；
7—旁通阀；
8—气候补偿器；
9—室外温度传感器；
10—供水温度传感器

接热用户

一级泵系统图示

1—锅炉；
2—循环水泵；
3—差压控制器；
4—电动阀；
5—热量表；
6—过滤器；
7—旁通阀；
8—气候补偿器；
9—室外温度传感器；
10—供水温度传感器

图名	热源一、二级泵系统图示	图号	97

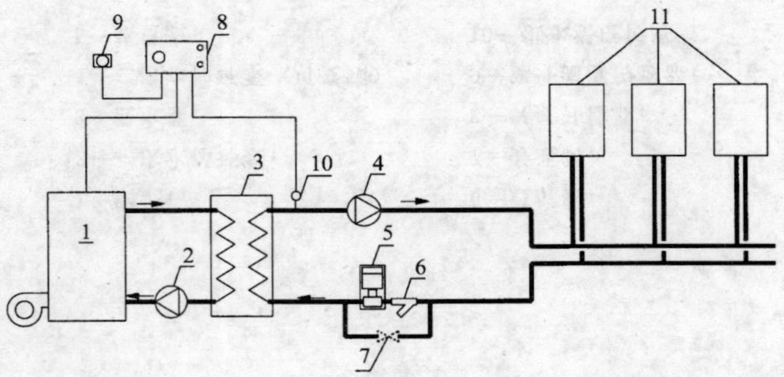

集中设置换热器划分一、二次水系统图示

1—锅炉；
2—一次水循环泵；
3—热交换器；
4—二次水循环泵（可变频）；
5—热量表；
6—过滤器；
7—旁通阀；
8—气候补偿器；
9—室外温度传感器；
10—供水温度传感器；
11—热用户

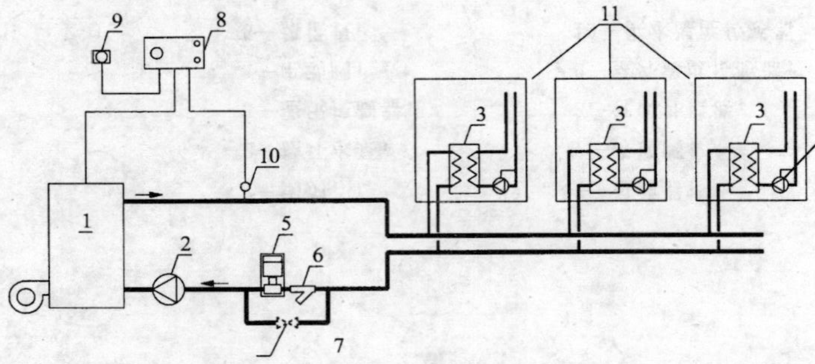

分散设置换热器划分一、二次水系统图示

1—锅炉；
2—一次水循环泵；
3—热交换器；
4—二次水循环泵(可变频)；
5—热量表；
6—过滤器；
7—旁通阀；
8—气候补偿器；
9—室外温度传感器；
10—供水温度传感器；
11—热用户

图名	换热站一、二级泵系统图示	图号	98

参 考 文 献

1 王随林等．不同居住建筑户间传热问题的探讨．全国暖通空调制冷 2002 年学术年会论文集
2 张晓亮等．邻室传热现象的动态分析．全国暖通空调制冷 2002 年学术年会论文集
3 刘晓华等．分户计量中的邻室传热问题．全国暖通空调制冷 2002 年学术年会论文集
4 伍小亭等．邻室传热及对户内系统影响的研究．全国暖通空调制冷 2002 年学术文集
5 董重成等．封闭阳台温差修正系数的实验研究．全国暖通空调制冷 2002 年学术文集
6 田贯三等．天然气锅炉采暖方式的比较分析．全国暖通空调制冷 2002 年学术年会论文集
7 杨善勤编著．民用建筑节能设计手册．北京：中国建筑工业出版社，1997
8 李向东编著．现代住宅暖通空调设计．北京：中国建筑工业出版社，2003
9 徐伟，周瑜主编．采暖系统温控与热计量技术．北京：中国建筑工业出版社，2000
10 于晓明，李向东，冯晓梅．新建集中采暖住宅分户热计量系统设计与施工技术要点．暖通空调，2002 (5)
11 董重成．实现按户热表计量的室内采暖系统制式的探讨．1998 全国暖通空调制冷学术年会论文集
12 黄希瑞，李向东等．住宅空调的特点及系统选择探讨．山东建材工业学院学报，2001 (2)
13 刘洪翠，李向东等．现代住宅暖通空调设计的几个问题．山东建材工业学院学报，2001 (5)
14 王宗华，李向东等．低温电热辐射采暖在住宅中的应用探讨．制冷空调与电力机械，第 23 卷 (1)
15 牟灵泉，李向东等．住宅按户计热与控制问题探讨．全国暖通空调制冷 2002 年学术年会论文集
16 郎四维．水环路热泵空调系统的特点和设计方法．暖通空调，1996 (6)
17 叶瑞芳．水环热泵中央空调系统在某工程中的应用．暖通空调，1997 (6)
18 美国特灵公司．水源热泵空调系统设计手册
19 蒋能照主编．空调用热泵技术及应用．北京：机械工业出版社，1997
20 大金工业株式会社技术资料．家用 VRV，超级家用多联空调机，单冷型/冷暖型
21 胡必俊编著．新型采暖散热器的选用．北京：机械工业出版社，2003